KB249297

의복 구성

김선희 · 배주형 · 안현숙 공저

일진사

머 리 말

21세기 전문화, 정보화, 고도산업화 시대에 패션디자인 산업은 큰 발전 가능성을 지닌 분야로 상품의 고부가가치를 위해 정부도 패션 산업을 전략 산업의 하나로 채택하고 있다.

패션디자인은 소재를 기본으로 디자인, 패턴, 봉제의 요소들이 서로 유기적인 관계를 맺으며 하나의 작품으로 완성되는 종합예술로써 의복 제작은 기획, 디자인 설정, 패턴 제작, 봉제 과정을 거쳐 각각의 과정이 적절히 조화되어야 좋은 옷이 완성될 수 있다. 특히 패턴과 봉제 과정은 패션디자인을 완성해 주는 중요한 과정으로 패션 산업 현장에서 패턴과 봉제를 이해하지 못하고는 패션디자인이 제 기능을 하기 어려울 정도로 중요한 부분을 차지하고 있다.

이 책은 저자들이 다년간 의류업체 현장에서 익힌 노하우와 대학 강단에서 의복 구성 분야의 강의를 담당하면서 느꼈던 경험을 바탕으로 기존의 학문적인 접근방법에서 벗어나 패션현장에서 바로 적용할 수 있는 보다 실제적이고 실용적인 의복 구성에 관한 내용을 다룸으로써 패션디자인 산업에 종사하는 전문인들뿐만 아니라 의복 제작에 관심이 있는 일반인들에게 보다 효과적으로 의복을 제작할 수 있도록 도움을 주고자 하였다.

이 책은 의복 제작을 위한 기본적인 내용인 인체 계측, 기본 원형 제도, 재봉틀 사용법, 기초봉 및 부분봉, 장식봉에 대한 내용을 다루고 있으며, 12가지 디자인의 스커트와 7가지 디자인의 바지 패턴 제도법을 자세히 설명함으로써 보다 편리하고 빠르게 의복을 제작할 수 있도록 내용을 구성하였다.

이 책이 현재 패션 산업 현장에 종사하고 있는 분들이나 대학에서 패션디자인을 공부하고 있는 학생들이나 의복 제작에 관심이 있는 일반인들에게 보다 실용적인 의복 구성에 대한 지침서로써 조금이나마 도움이 되기를 바라며, 앞으로 부족한 부분은 계속 수정 · 보완해 나갈 것이다.

끝으로 이 책의 출판을 맡아서 좋은 책으로 완성시켜 주신 일진사 편집부 여러분들에게 진심으로 감사드린다.

저지 일동

CoNTENTs

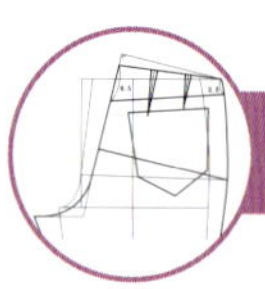

Chapter 04 바지 제도

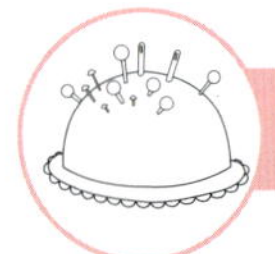

부록

01 체형과 인체 계측

1 체형
2 인체 계측

<table><tr><td>**01**</td><td>체 형</td></tr></table>

① 체형의 분류

체형이란 개인의 형태적 구조를 결정하는 요소로서 형태학적 관찰에 의한 최외표의 형상을 말한다. 체형분류는 인체의 형태를 수량적으로 파악하여 구분함으로써 의복원형과 치수를 보다 효율적으로 설정하기 위해서 이루어진다.

1-1 치수측정에 의한 체형분류

인체를 측정한 치수 또는 산출된 치수를 가지고 체형을 분류하는 방법으로서 우리나라의 의류 규격치수 역시 키, 젖가슴둘레, 허리둘레 등 중요한 부위의 1차원적 측정 치수에 의해 분류되어 있다.

1-2 형태측정에 의한 체형분류

2차원적 측정과 3차원적 측정에 의해 분류되는 방법으로서 쉘돈(W.H.Sheldon)의 체형분류(내배엽형, 중배엽형, 외배엽형)가 그 대표적인 예이다.

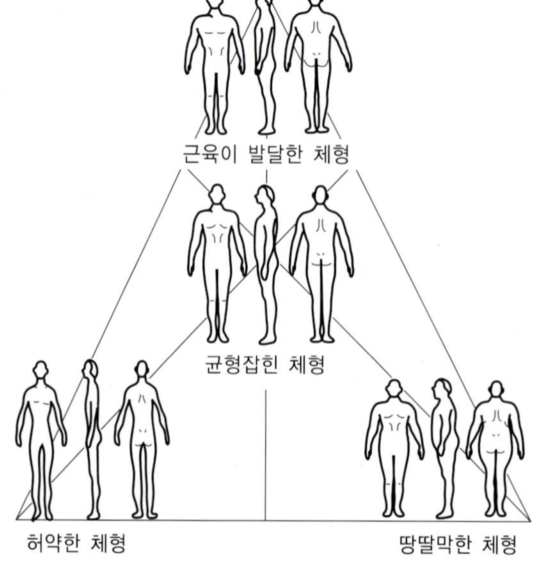

쉘돈의 체형분류

신체 각 부분의 특징에 따라 분류하는 방법으로 주로 체표각도를 측정하여 체형을 분류하는 방법이다.

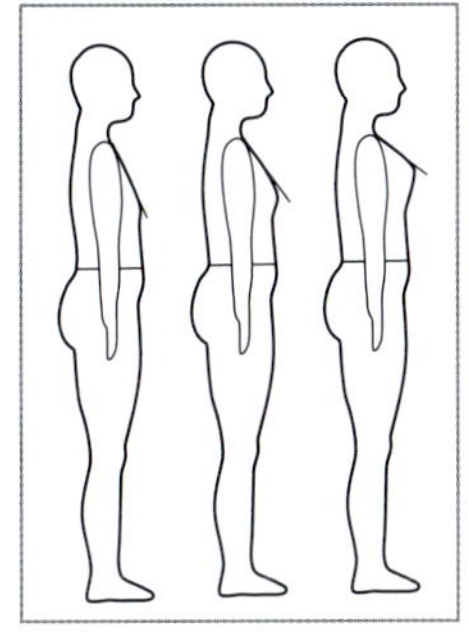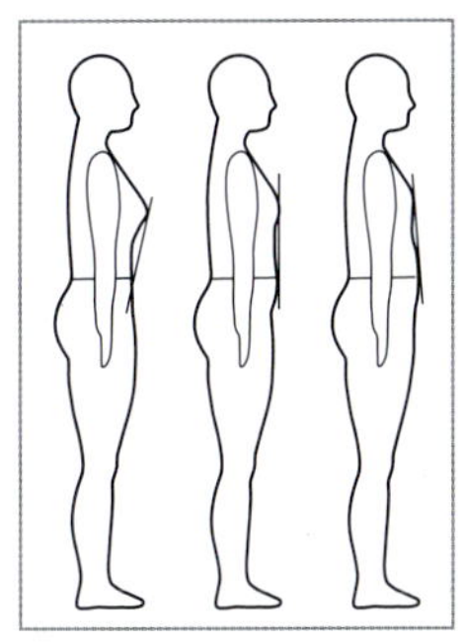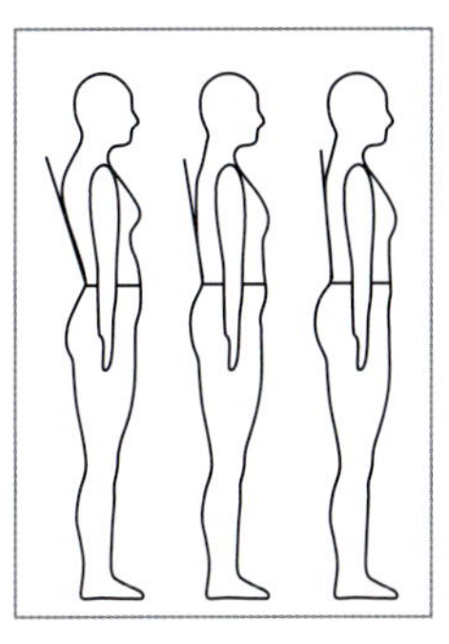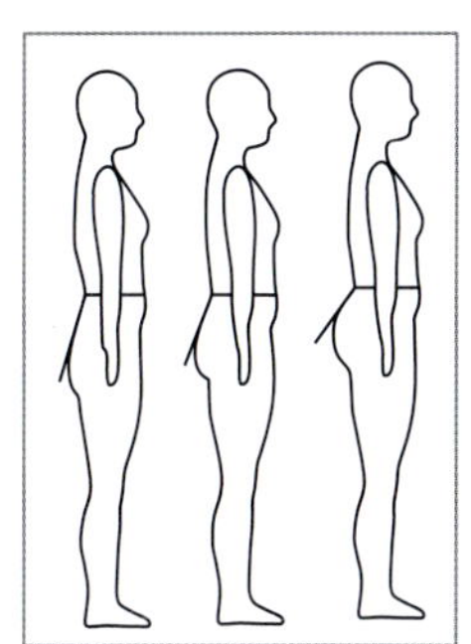

체표각도에 따른 체형분류

2 인체구조 및 관절의 운동범위

2-1 인체의 방위에 관한 용어

인체의 각 부위를 비교할 때 특정 기관과 다른 기관과의 상대적 위치 및 방향을 나타내기 위하여 사용되는 약정된 용어이다.

① **시상면** : 정중면에 평행하고 바닥에 수직인 면을 말한다.

② **관상면(舊 전두면)** : 시상면에 직접 교차하는 바닥에 수직인 면을 말한다.

③ **정중면(정중시상면)** : 앞뒤의 정중선으로 신체 좌우를 분할하는 면으로 바닥에 수직인 면을 말한다.

④ **수평면** : 수직면에 교차하고 바닥에 평행한 면을 말한다.

⑤ **앞/뒤(전면/후면)** : 앞면은 인체의 얼굴, 앞목, 가슴과 배, 앞무릎 등이 있는 면이고, 뒷면은 등, 엉덩이, 무릎 뒷면 등이 있는 면이다.

⑥ **위/아래(상/하)** : 인체가 바로 선 상태에서 수직상방, 수직하방을 말한다.

⑦ **안쪽/바깥쪽(내측/외측)** : 안쪽은 정중면에 가까운 방향이고 바깥쪽은 멀어지는 방향을 말한다.

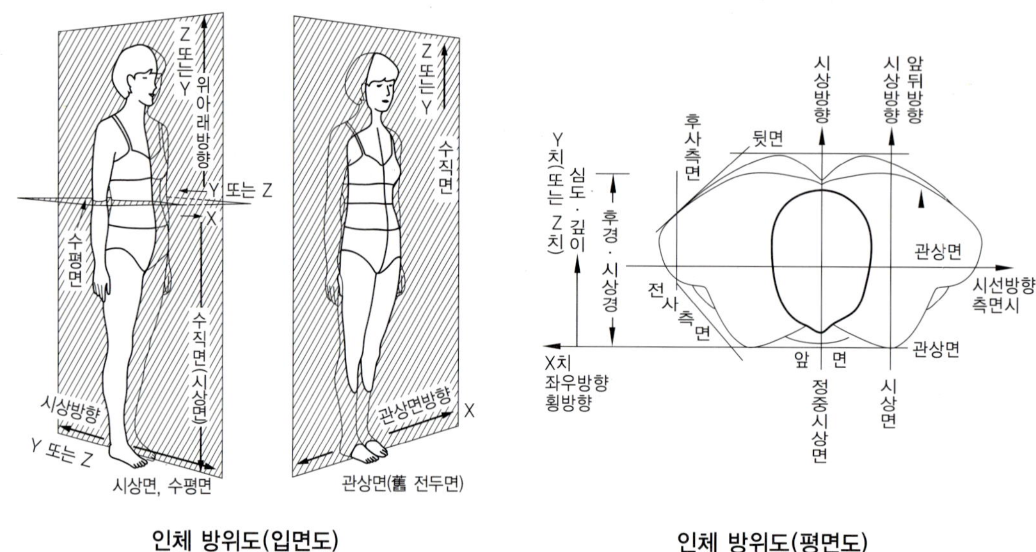

2-2 체표의 구분

❶ **해부학적 체표 구분** : 골격 및 근육의 주 행동에 따라서 체표를 구분하고 있다. 인체는 크게 머리, 목, 가슴, 배, 팔, 다리로 나누어지며, 그 중 머리, 목, 가슴, 배의 4체부는 체간부(體幹部 ; trunk)라 하고 팔, 다리의 2체부는 체지부(體肢部 ; limbs)라고 한다.

❷ **의복구성학적인 체표 구분** : 해부학적 체표 구분을 피복 구성에 적합하도록 변환시킨 것으로 인체의 구분은 두부, 경부, 상지, 하지를 제외한 신체의 몸통부분인 체간부와 상지, 하지의 체지부로 나누어진다.

2-3 인체구조-골격

뼈는 연골 및 인대와 더불어 신체의 기본형태를 이루고 유지하는데 이를 골격이라 한다. 골격은 200개의 뼈가 일정한 질서로 조립되어 있고, 뼈 모양과 크기에 따라 다음과 같이 나눌 수 있다.

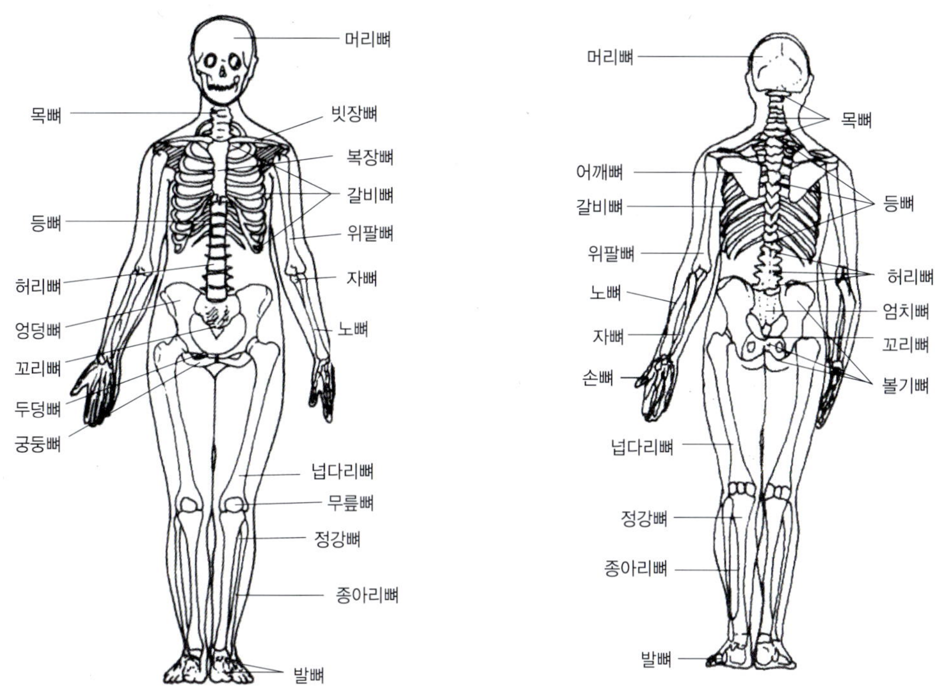

인체 골격의 명칭

❶ **체간골(體幹骨)** : 척추와 흉곽으로 구성된 몸통부분을 이루는 골격이다. 이중 척추는 경추 7 개, 흉추 12개, 요추 5개, 선미추 1개와 25개의 뼈가 관절에 의해 연결된 것으로 S자형 커브 를 형성하고 있다. 흉곽은 가슴과 등, 허리를 이루는 뼈부분으로 좌우 12개씩 늑골과 1개의 흉골로 구성된 원추형의 공간을 이룬다.

❷ **상지골(上肢骨)** : 상완골과 요골, 척골로 이루어지는 팔부분과 손부분으로 구성되어 있다.

❸ **하지골(下肢骨)** : 관골과 천골로 구성되는 골반부분과 대퇴골, 슬개골, 하퇴골, 족골로 구성 되는 다리부분으로 이루어져 있다.

2-4 인체구조-근육

신체의 운동이 일어나는 부위로 외적원 신체운동뿐만 아니라 심장과 혈관의 수축과 같은 내장 의 운동까지 담당하고 있다.

❶ **경부근(經部筋)**

• 목부위의 근육으로 7개의 경추에 의해 구성된다.

• 흉쇄유돌근(胸鎖乳突筋) : 흉골과 쇄골에 위치하며 머리 및 팔운동을 담당한다.

❷ **체간부 전면근(體幹部 前面筋)**

• 대흉근(大胸筋) : 가슴 부위를 덮고 있는 근육이다.

• 복직근(腹直筋) : 배 부위의 앞면을 덮고 있는 근육이다.

- 외복사근(外腹斜筋) : 배 부위의 옆면에 위치한 근육이다.

❸ 체간부 배면근(體幹部 背面筋)

- 승모근(僧帽筋) : 어깨 부위에 위치한 근육으로 가장 얇은 층을 이룬다.
- 광배근(廣背筋) : 제8흉추에서 시작하여 척추와 엉덩이뼈와 연결되고 양옆에서 사선으로 팔의 뼈 앞에 위치한 근육으로서 팔운동을 담당한다.
- 대전근(大殿筋) : 엉덩이 부위에 위치한 근육으로 다리운동을 담당한다.

❹ 상지부근(上肢部筋)

- 삼각근(三角筋) : 상완 외측부에 위치한 근육으로 상완, 즉 팔의 위쪽부분의 운동을 담당한다.
- 이두근(二頭筋) : 상완전면에 위치한 근육으로 팔꿈치를 구부리는 운동을 담당한다.
- 삼두근(三頭筋) : 상완후면에 위치한 근육으로 팔꿈치를 펴는 운동을 담당한다.
- 하완근(下腕筋) : 손목과 손바닥, 손가락 운동을 담당하는 근육이다.

❺ 하지부근(下肢部筋)

- 대퇴사두근(大腿四頭筋) : 대퇴부 전면에 위치하며 구부린 무릎을 펴는 운동을 담당한다.
- 대퇴이두근(大腿二頭筋) : 대퇴부 후면 외측에 위치하며 무릎을 구부리게 하고 엉덩이관절(고관절)을 펴는 운동을 담당한다.
- 반건양근(半腱樣筋) : 대퇴부 후면 내측에 위치하며 대퇴이두근과 같은 운동을 담당한다.
- 하퇴부근(下腿部筋) : 발목, 발부위 운동에 관여하는 근육이다.

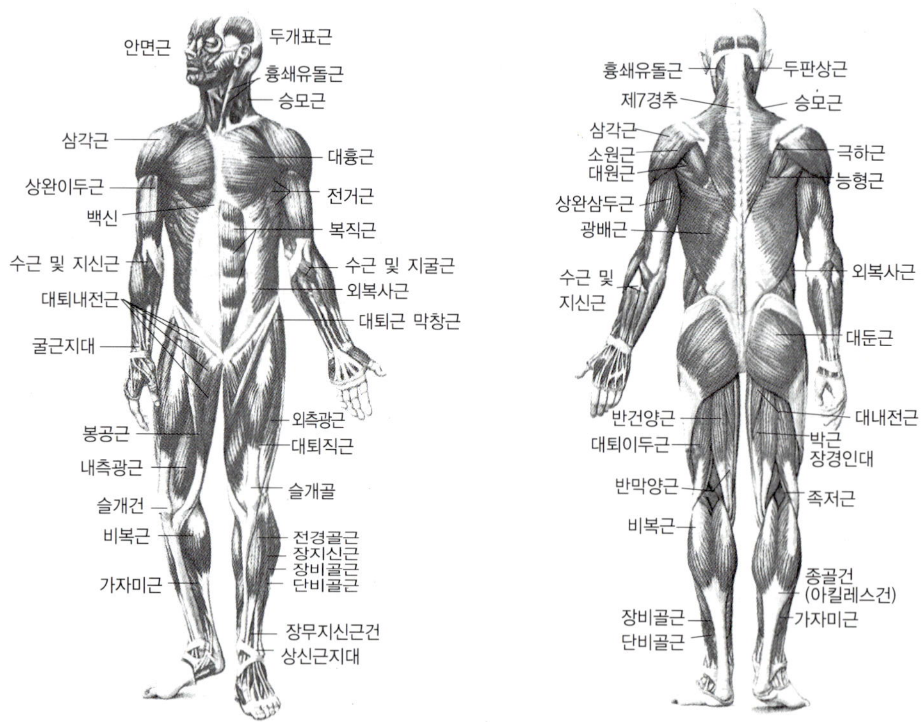

인체 근육의 명칭

뼈와 뼈 사이를 기능적으로 연결하는 부분을 관절이라 하며, 골격을 구성하고 지지해 주며 각종 운동을 할 수 있도록 도와준다.

❶ 주요 관절 부위

- 견관절 : 어깨 관절로서 상완의 운동을 도와 주는 역할을 하며 관절 중 운동의 범위가 가장 크다.
- 고관절 : 엉덩이 관절로서 회선을 제외한 굴곡, 신전, 내전, 외전, 회전 운동이 일어난다.
- 주관절 : 팔꿈치 관절로서 완척관절, 완요관절, 상요척관절 3부위로 구성되어 있다.
- 슬관절 : 무릎관절로서 굴곡과 신전 운동이 일어난다.

❷ 관절운동의 종류

- 굴곡 : 체지 또는 체절을 굽히는 운동. 시상면에서 일어난다.
- 신전 : 굴곡의 반대운동. 즉 체지 또는 체절을 펴는 운동이다.
- 외전 : 다리나 팔을 옆으로 드는 운동이다.
- 내전 : 다리나 팔이 외전된 상태에서 다시 되돌아 오는 운동이다.
- 회선 : 관절 축 자체가 원뿔모양으로 돌면서 굴곡, 신전, 외전, 내전 운동이 연속적으로 반복되는 운동이다.
- 회전 : 고정된 축을 중심으로 그 축의 주위를 도는 운동이다.

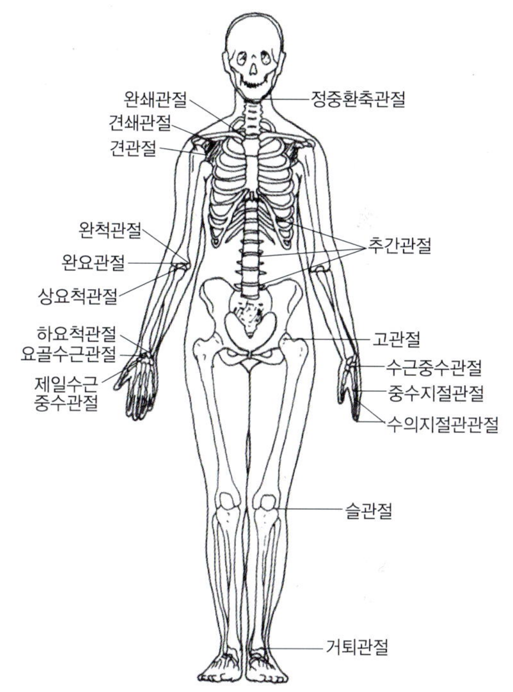

〈인체 관절의 명칭〉

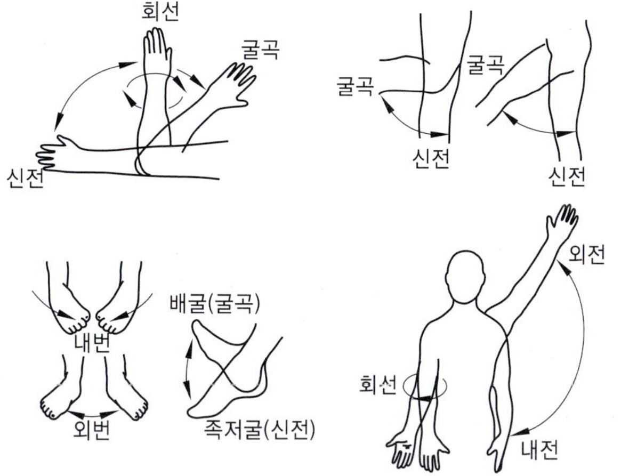

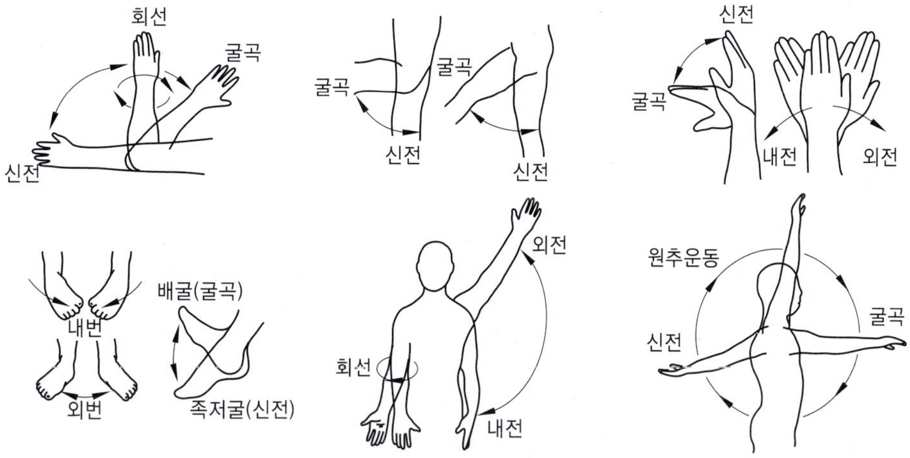

관절운동의 종류

① 인체 계측

　기능적이고 입기 편하며 아름다운 실루엣의 의복을 제작하는 데에는 우선 정확한 채촌을 하는 일이 중요하다. 본 장에서는 2004년 산업자원부 기술표준원에서 제시한 『인체 측정 표준용어집』을 근거로 표준화된 용어를 사용하였다. 따라서 이전의 용어가 사용되고 있는 타 저서와 혼돈될 수 있으니, 이점에 유의하기를 바란다.

■ **측정 준비**
① 정확한 기준점과 기준선을 표시한다.
② 겉옷의 용도에 따라 속옷을 갖추어 입는다.
③ 허리둘레의 가장 가는 곳에 웨이스트 벨트를 한다.
④ 측정자세 : 척추와 무릎을 곧게 한 정상 자세로 발은 좌우 발꿈치를 붙이고 발끝을 30° 정도 벌린다(인체 측정학적 선 자세).

■ **측정 용구**
줄자, 마틴식 인체 측정기, 웨이스트 벨트, 필기도구, 용지

1-1 기준점

❶ 목뒤점(Cervicale – 구 Back Neck Point)
머리를 숙였을 때 가장 튀어나온 목뼈(제 7경추)를 손가락으로 만지고 머리가 바로 되었을 때 '+' 표시한다. 등길이와 상의길이를 잴 때 기준점이 되는 곳이다.

❷ 목앞점(Anterior Neck – 구 Front Neck Point)
목밑둘레선에서 앞 정중선과 만나는 곳에 위치한 점이다.

❸ 목옆점(Lateral Neck – 구 Side Neck Point)
목밑둘레선에서 등세모근의 위가 앞쪽가장자리와 만나는 곳의 위치로 목옆젖꼭지허리둘레선길이와 목옆젖꼭지길이를 잴 때와 어깨선을 결정하는 기준점이다.

❹ 어깨가쪽점(Lateral Shoulder) – 구 어깨끝점(Shoulder Point)
오른쪽 옆에서 보아 위팔의 가장 굵은 부위를 이등분하는 수직선과 겨드랑이둘레선이 만나

는 곳에 위치한 점이다. 소매달림의 기준이 되는 소매산 위치점으로, 어깨폭과 소매길이의
기준점이 된다.

❺ 노뼈위점(Radiale)
노뼈 가쪽 가장자리에 가장 위쪽에 위치한 점으로, 소매길이나 화장을 잴 때 기준점이 되는
곳이다.

❻ 손목안쪽점(Ulnar Styloid) - 구 손목점(Waist Point)
자뼈 붓돌기 가장 아래쪽 점이다.

❼ 겨드랑앞벽점(Anterior MidAxilla) - 구 앞품점(Chest Width Point)
어깨가쪽점과 겨드랑앞점 사이 거리의 중간 위치이다.

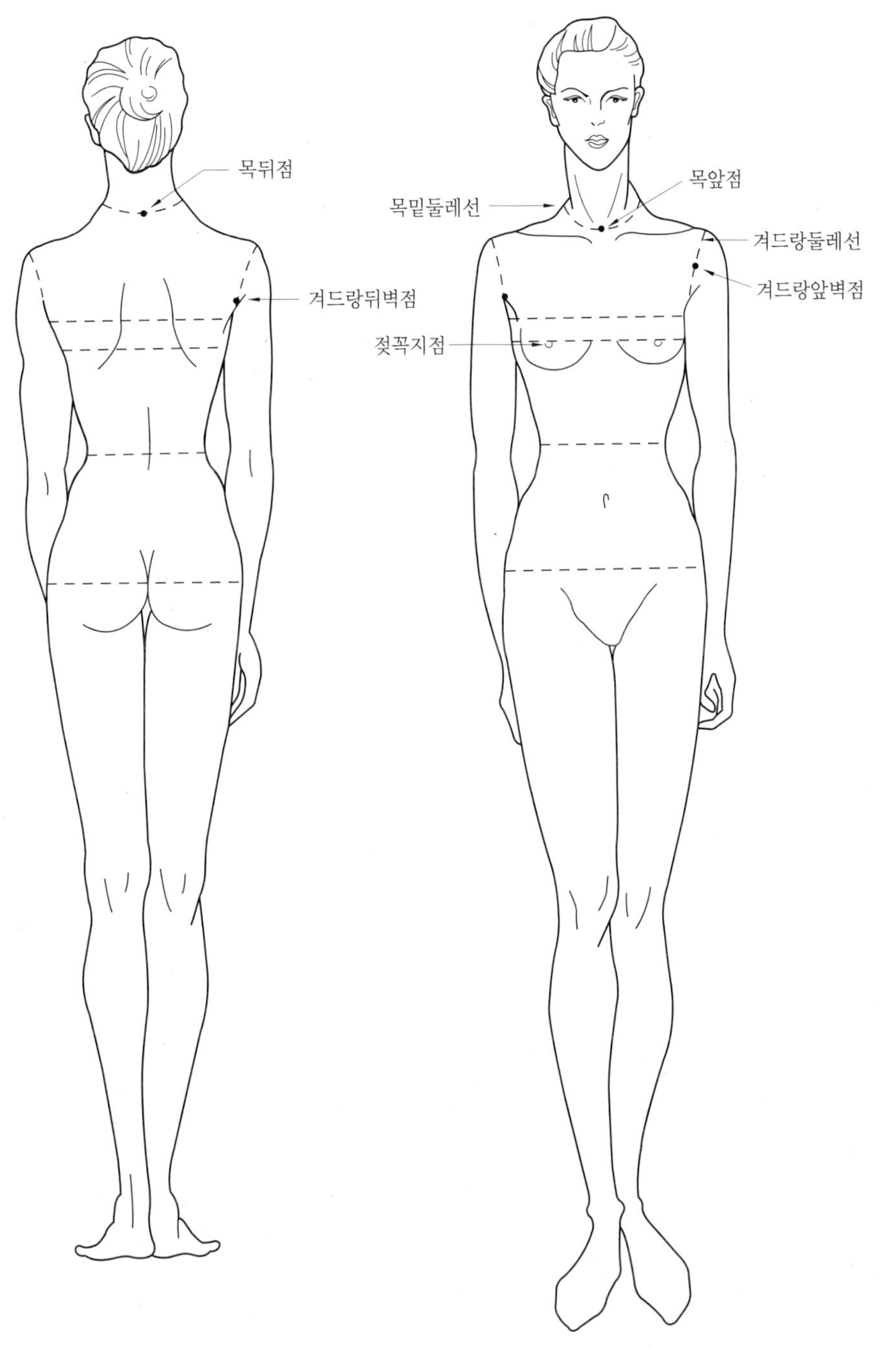

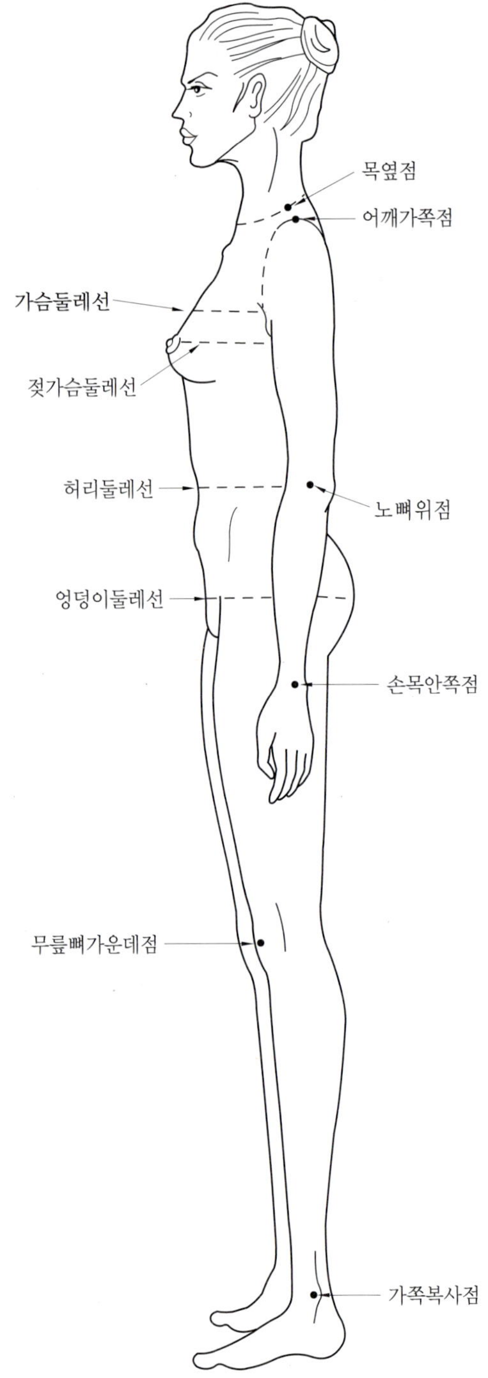

❽ 겨드랑뒤벽점(Posterior MidAxilla) – 구 뒤품점(Back Width Point)
어깨가쪽점과 겨드랑뒤점 사이 거리의 중간 위치이다.

❾ 젖꼭지점(Nipple) – 구 유두점(Bust Point)
흉부에서 가장 높은 곳, 젖꼭지의 중앙점으로 의복구성상 중요한 기준점이다.

❿ 무릎뼈가운데점(Midpatella) – 구 무릎점(Patella Center Point)
무릎뼈의 가운데에 위치하는 점이다.

⑪ **가쪽복사점(Lateral Malleous) – 구 발목점(Fibulae Point)**
종아리뼈의 아래쪽 돌기인 가쪽복사에서 가장 돌출한 곳에 위치한 점이다.

▷ 1-2 기준선

① **목밑둘레선(Neck Base Circumference Line – 구 Neck Base Line)**
뒷면에서는 목뒤점과 양쪽 목옆점, 앞면에서는 목앞점을 지나 목밑을 둘러서 연결되는 선이다.

② **가슴둘레선(Chest Circumference Line) – 구 윗가슴둘레선(Chest Girth Line)**
양쪽 겨드랑이점을 지나는 수평선이다.

③ **젖가슴둘레선(Bust Circumference Line) – 구 가슴둘레선(Bust Girth Line)**
젖꼭지점을 지나는 수평선이다.

④ **허리둘레선(Waist Circumference Line – 구 Waist Girth Line)**
허리의 가장 가는 곳에 벨트를 둘러서 표시한 선이다.

⑤ **엉덩이둘레선(Hip Circumference Line – 구 Hip Girth Line)**
엉덩이의 가장 돌출된 곳을 지나는 수평선이다.

⑥ **겨드랑둘레선(Armscye Circumference Line) – 구 진동둘레선(Armscye Line)**
어깨가쪽점과 겨드랑점을 지나는 곡선으로, 실고무줄을 겨드랑둘레 위치에 끼우고 표시한다.

▷ 1-3 측정 항목과 측정 방법

측정할 때는 측정 도구, 피측정자의 상태, 측정 방법 등이 일정한 약속 하에서 행해져야 한다.
측정에는 줄자를 사용하지만 측정하기 어려운 부위는 마틴 인체 측정기를 사용하기도 한다.

① **젖가슴둘레(Bust Circumference) – 구 가슴둘레(Bust Girth)**
줄자를 수평으로 돌려 재되 앞은 젖꼭지점을 지나도록 하고, 뒤는 견갑골이 튀어나와 있으
므로 아래로 쳐지지 않게 주의하며 잰다(측정자의 위치: 피측정자의 앞).

② **가슴둘레(Chest Circumference) – 구 윗가슴둘레(Chest Girth at Scye)**
양팔을 벌리고 양쪽 겨드랑이앞점, 겨드랑이뒤점을 지나는 둘레를 잰다. 이때 줄자는 피측
정자의 등쪽에서 수평을 유지하도록 주의한다(측정자의 위치: 피측정자의 앞).

③ **허리둘레(Waist Circumference – 구 Waist Girth)**
허리앞점, 양쪽허리옆점, 허리뒤점을 지나는 둘레를 피부가 눌리지 않게 잰다. 일반적으로
허리의 가장 가는 부분을 지나는 둘레를 잰다(측정자의 위치: 피측정자의 앞).

④ **엉덩이둘레(Hip Circumference – 구 Hip Girth)**
엉덩이의 제일 돌출된 곳을 수평으로 돌려 옆에서 잰다. 복부가 큰 사람이나 대퇴부에 살이

많은 사람의 경우에는 나와 있는 정도를 참고로 하여 부족하지 않도록 여유있게 잰다.

❺ 어깨가쪽사이길이(Biacromion Length) – 구 어깨너비(Shoulder Width)
양쪽 어깨가쪽점 사이의 길이를 잰다. 목뒤점을 지나도록 자를 눌러서 잰다(측정자의 위치 : 피측정자의 뒤).

❻ 겨드랑뒤벽사이길이(Back Interscye Length) – 구 뒤품(Back Width)
양쪽 겨드랑뒤벽점 사이의 거리를 잰다(측정자의 위치 : 피측정자의 뒤).

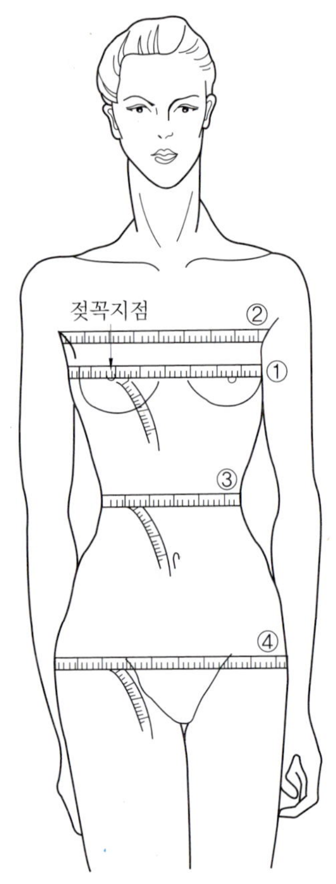

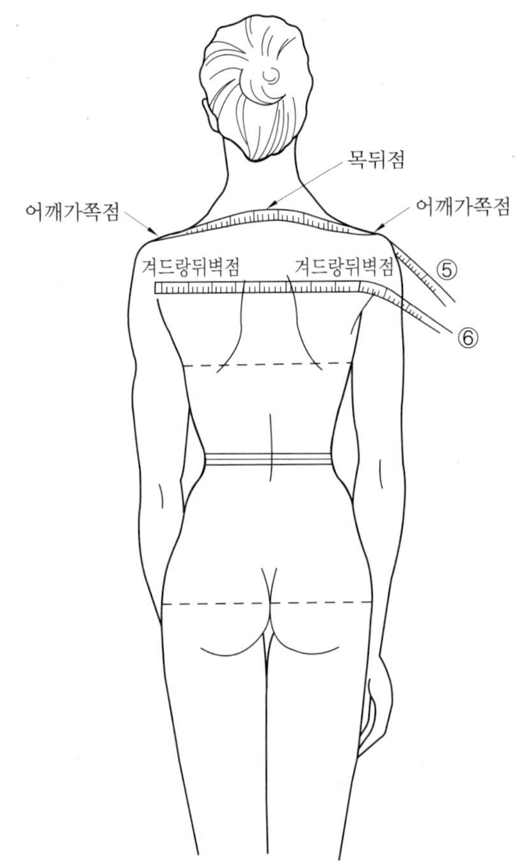

❼ 등길이(Waist Back Length – 구 Center Back Waist Length)

목뒤점에서부터 뒤정중선을 따라 허리뒤점까지의 길이를 잰다(측정자의 위치 : 피측정자의 뒤).

❽ 총길이(Total Length – 구 Center Back Full Length)

목뒤점에서부터 체표면을 따라 허리뒤점까지 잰 후, 엉덩이돌출점 수준까지 체표를 따라오고 이어서 바닥까지는 줄자를 수직선으로 내려 길이를 잰다(측정자의 위치 : 피측정자의 뒤).

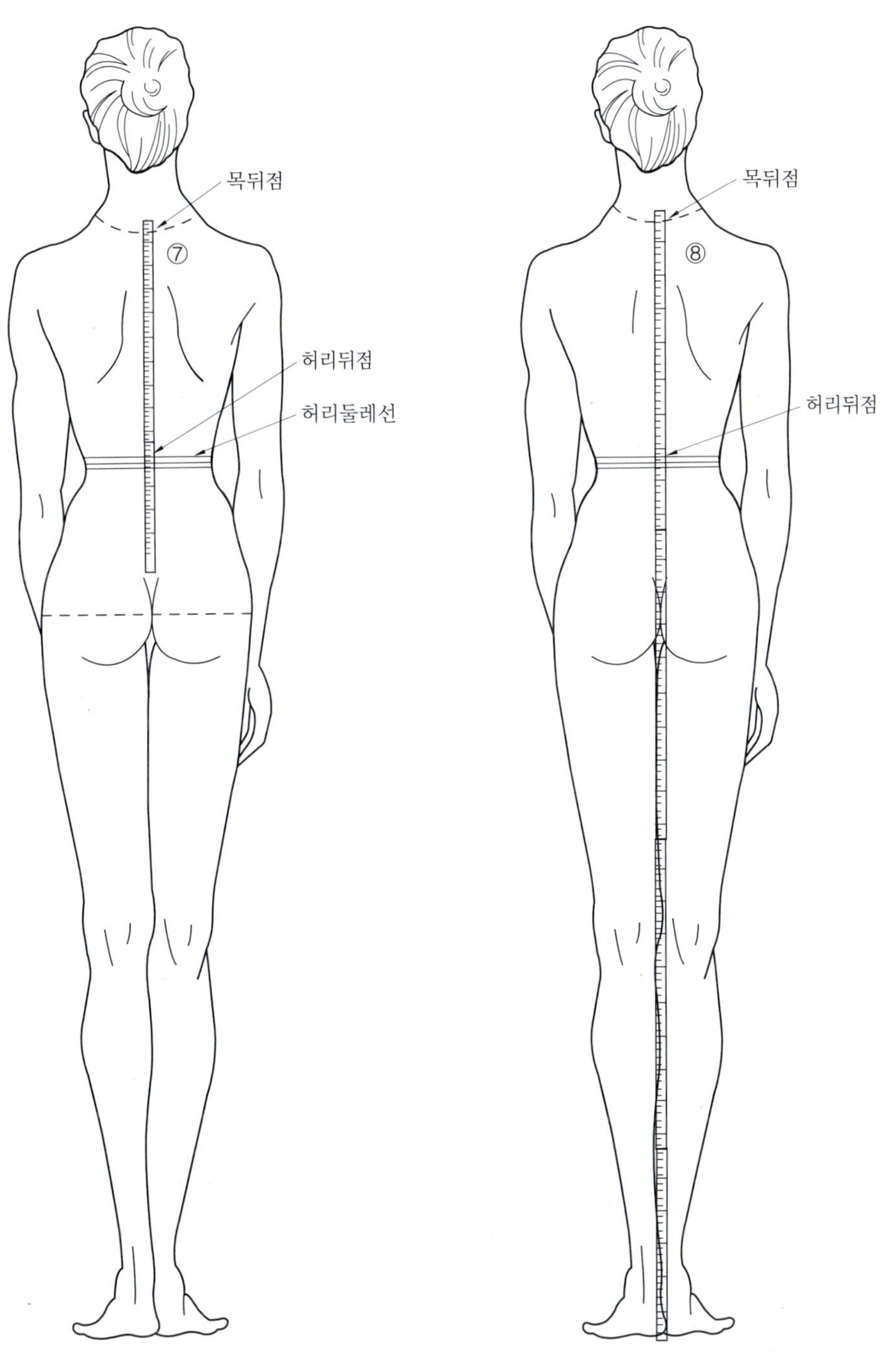

⑨ 목옆젖꼭지허리둘레선길이(Neck Point to Breast Point to Waistline) − 구 앞길이(Front Shoulder to Waist)
목옆점에서 젖꼭지점을 지나 허리둘레선까지의 길이를 잰다. 목옆젖꼭지길이를 연장해서 같이 잰다(측정자의 위치 : 피측정자의 오른쪽 옆).

⑩ 목옆젖꼭지길이(Neck Point to Breast Point) − 구 유장(Bust Point Length)
목옆점에서 젖꼭지점까지의 길이를 잰다(측정자의 위치 : 피측정자의 오른쪽 옆).

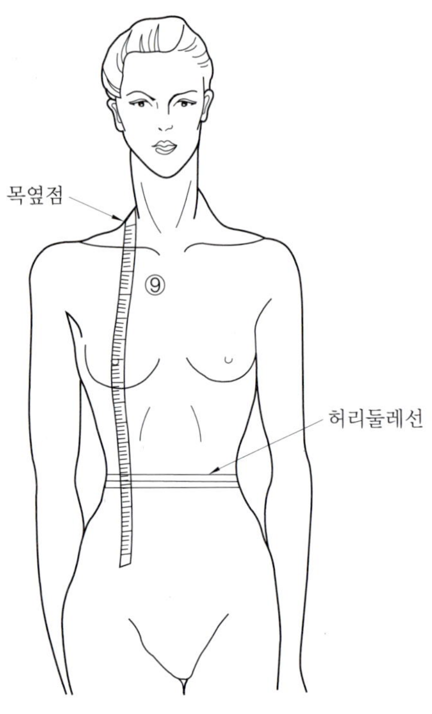

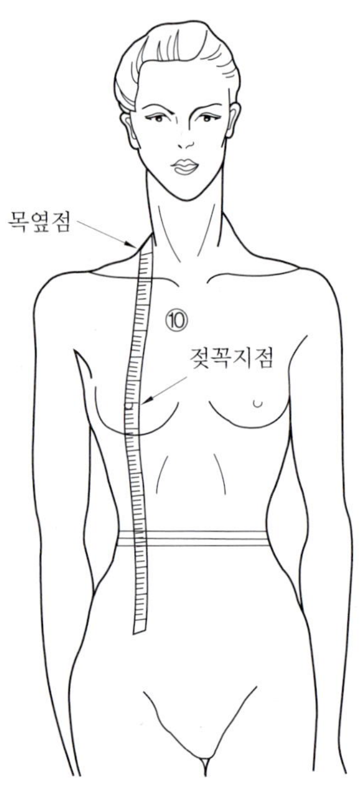

⑪ 젖꼭지사이수평길이(Bust Point − Bust Point) − 구 유폭(Bust Point Width)
양쪽 젖꼭지점 사이의 직선거리를 잰다(측정자의 위치 : 피측정자의 앞).

⑫ 겨드랑앞벽사이길이(Front Interscye Length) − 구 앞품(Chest Width)
양쪽 겨드랑앞벽점 사이의 거리를 잰다(측정자의 위치 : 피측정자의 앞).

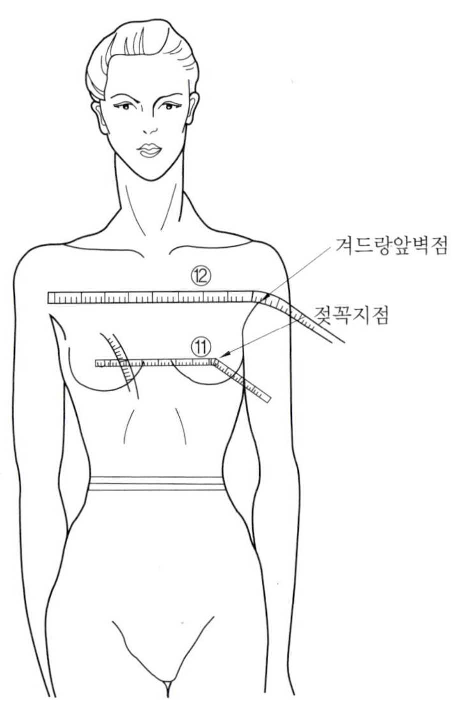

⑬ **엉덩이옆길이(Waist to Hip Length) – 구 엉덩이길이(Hip Length)**
허리옆점에서 엉덩이돌출점 수준까지의 체표길이를 잰다(측정자의 위치 : 피측정자의 오른
쪽 옆).

⑭ **밑위길이(Crotch Length)**
허리옆점에서부터 의자바닥까지의 길이를 잰다. 평평하고 딱딱한 의자에 바른 자세로 앉아
서 잰다(측정자의 위치 : 피측정자의 오른쪽 옆).

⑮ **위팔길이(Upperarm Length) – 구 팔꿈치길이(Elbow Length)**
어깨가쪽점에서 노뼈위점까지의 길이를 잰다(측정자의 위치 : 피측정자의 오른쪽 옆).

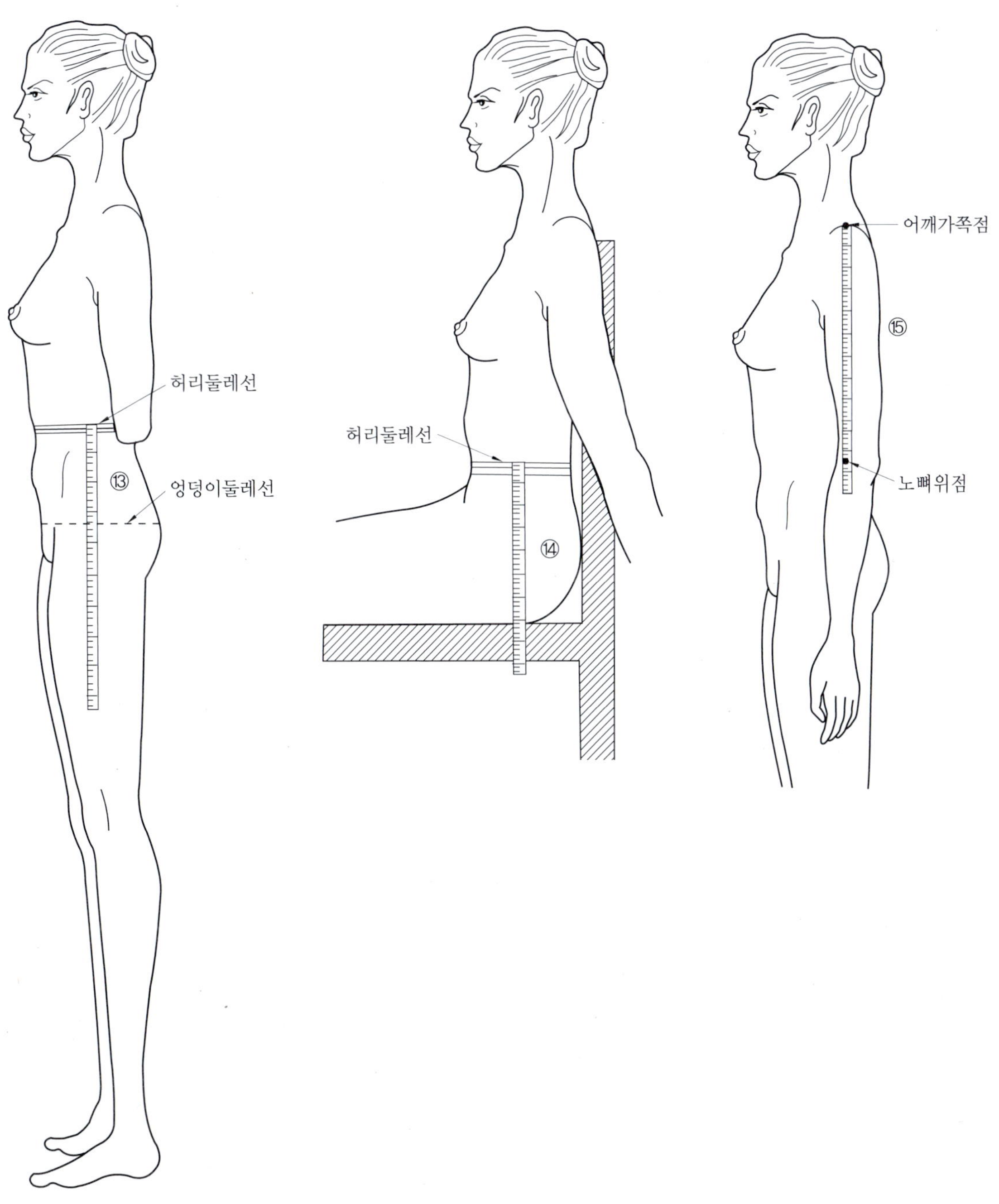

⑯ 팔길이(Arm Length) - 소매길이

팔을 자연스럽게 내리고, 어깨가쪽점으로부터 노뼈위점을 지나 손목안쪽점까지의 길이를 잰다(측정자의 위치 : 피측정자의 오른쪽 옆).

⑰ 위팔둘레(Upper Arm Circumference - 구 Top Arm)

팔을 올린 자세로 위팔두갈래근점의 가장 굵은 부위를 지나는 둘레 치수를 잰다. 이때 주먹을 꽉 쥐어 근육이 생기도록 한다(측정자의 위치 : 피측정자의 오른쪽 옆).

⑱ 팔꿈치둘레(Elbow Circumference - 구 Elbow Girth)

팔을 90° 구부린 상태에서 팔꿈치 가운데점을 지나도록 줄자를 한 바퀴 돌려 잰다. 타이트 소매를 제도하는 경우에 필요한 치수이다(측정자의 위치 : 피측정자의 오른쪽 옆).

⑲ 손목둘레(Wrist Circumference - 구 Wrist Girth)

손목가쪽점을 지나는 둘레를 잰다. 소매부리를 타이트하게 할 경우에 필요하다(측정자의 위치 : 피측정자의 오른쪽 옆).

⑳ 목밑둘레(Neck Base Circumference - 구 Neck Base Girth)

선 자세에서 목뒤점, 목옆점, 목앞점을 지나면서 줄자를 세워 한 바퀴 돌려 치수를 잰다(측정자의 위치 : 피측정자의 앞).

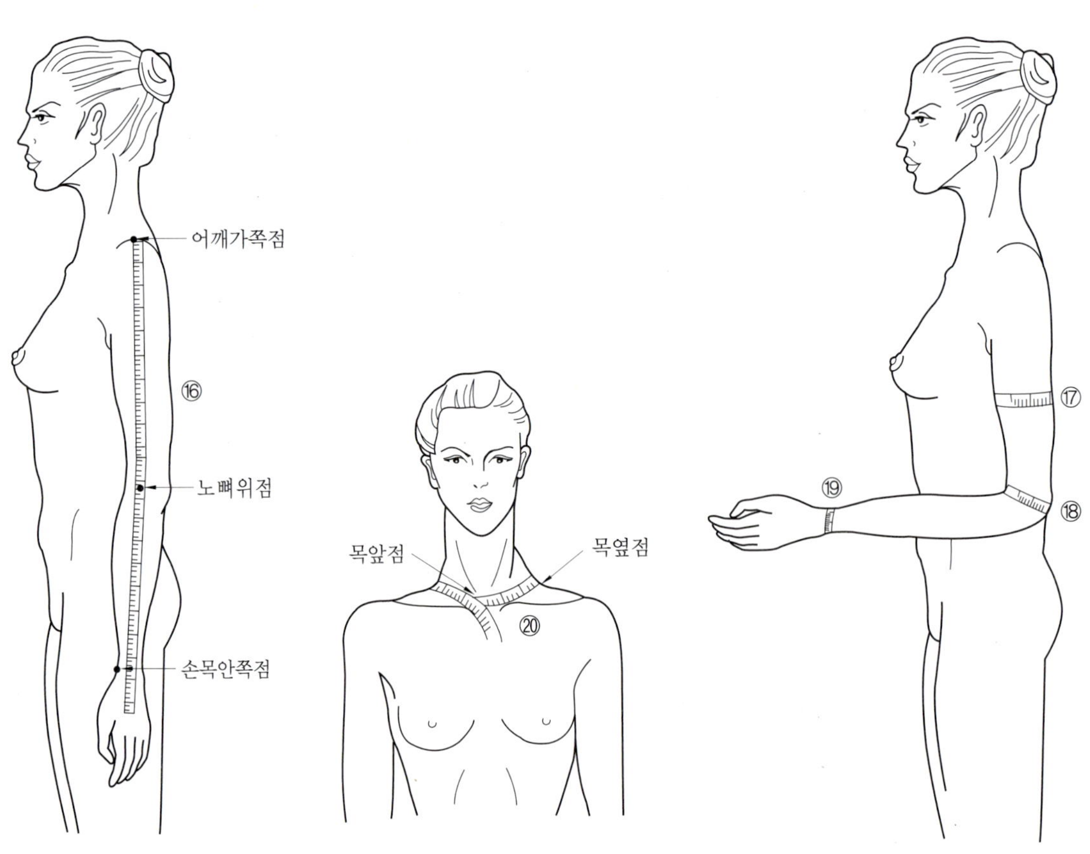

측정일자	년	월	일
피측정자		측정자	
측　정　항　목			(단위 : cm)
항　목	측정치	항　　목	측정치
가슴둘레 (구 윗가슴둘레)		위팔길이 (구 소매길이)	
젖가슴둘레 (구 가슴둘레)		팔길이 (소매길이)	
허리둘레		위팔둘레	
엉덩이둘레		팔꿈치둘레	
겨드랑앞벽사이길이 (구 앞품)		손목둘레	
목옆젖꼭지길이 (구 유장)		엉덩이옆길이 (구 엉덩이길이)	
목옆젖꼭지허리둘레선길이 (구 앞길이)		밑위길이	
젖꼭지사이수평길이 (구 유폭)		허벅지둘레	
어깨가쪽사이길이 (구 어깨너비)		무릎둘레	
겨드랑뒤벽사이길이 (구 뒤품)		스커트길이	
등길이		바지길이	

② 제도 · 재단 · 봉제 용구

2-1 제도 용구

평면 재단의 제도에 사용하는 것을 제도 용구라고 한다.

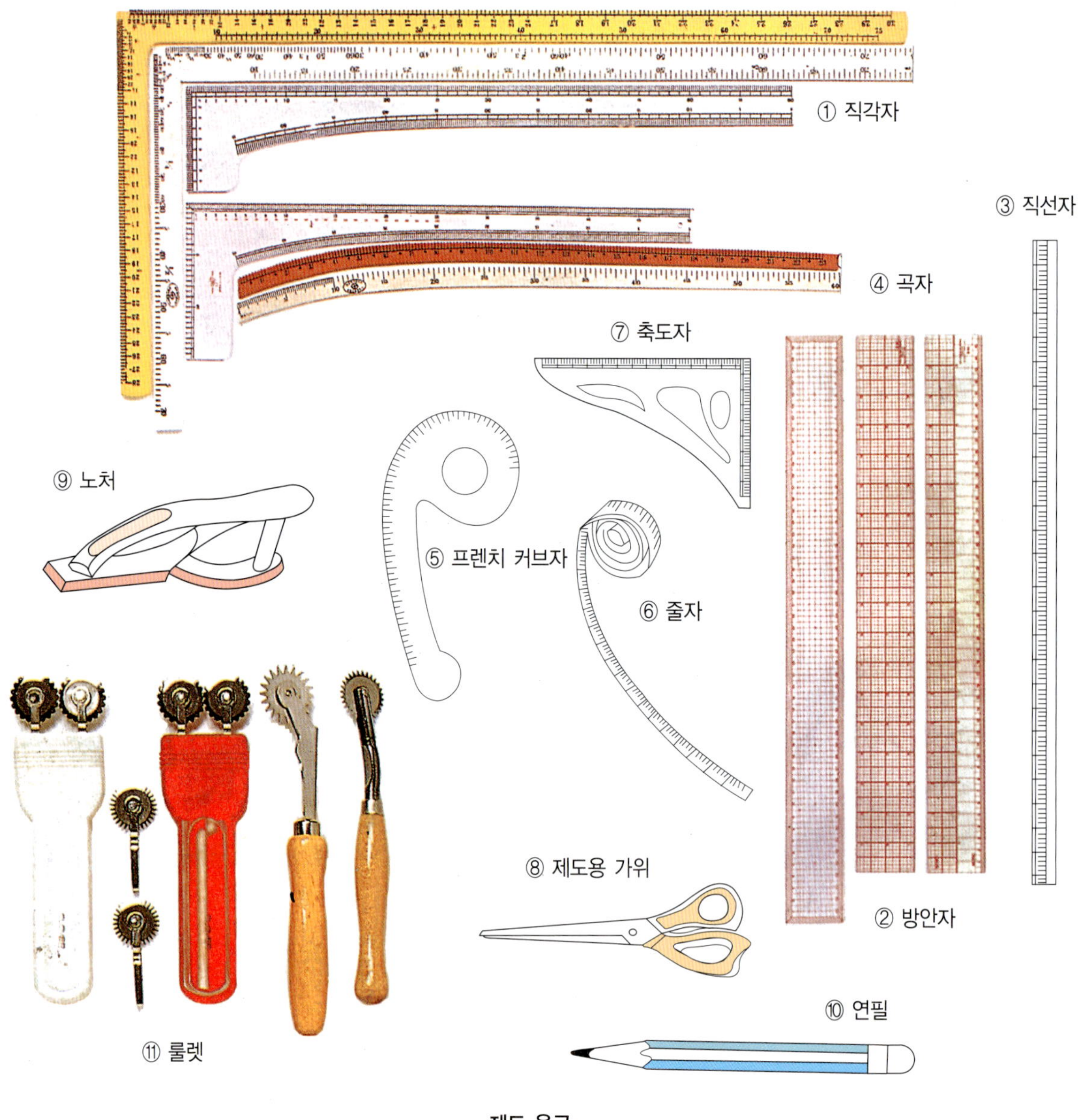

제도 용구

❶ 직각자(L-square)

90° 각을 가진 자로서 나무나 금속 또는 플라스틱으로 되어 있으며, 직각선을 그을 때 사용한다. 한 변이 35cm와 60cm로 되어 있는 직각자로 앞면에는 실제 치수, 뒷면에는 축소된 치수가 표시되어 있다.

❷ 방안자(grading ruller)

길이 50~60cm, 폭 5cm의 플라스틱자로 0.5cm 간격의 방안 눈금으로 되어 있는 투명한 경질의 비닐자로 일정한 넓이의 시접선을 그을 때 용이하며, 유연성이 있어 곡선계측 시 구부려 사용할 수 있어 편리하다.

❸ 직선자(meter measure)

길이 50cm, 100cm의 것으로 제도, 마름질, 봉제 시 직선을 그을 때 필수적인 용구이다. 자의 눈금이 정확하고 곧은 것을 선택해야 한다.

❹ 곡자(curve measure)

나무나 금속 또는 플라스틱으로 되어 있으며, 자의 한쪽 끝이 곡을 이루고 있다. 특히, 스커트나 슬랙스의 허리선, 옆선, 다트, 칼라, 기타 곡선을 그리는데 사용된다.

❺ 프렌치 커브자(french curve measure)

진동둘레나 목둘레선을 그리는데 사용한다.

❻ 줄자(tape measure)

길이가 1.5~2m로 천이나 비닐 등으로 만들어져 있으며, 인체계측이나 곡선을 재는데 주로 사용한다.

❼ 축도자(scale)

축도로 제도할 때 사용하는 자로서 한쪽은 1/4, 다른 한쪽은 1/5의 눈금이 있는 각자와 커브자를 겸한 삼각자 모양이다. 노트에 제도를 할 경우에 실제 치수를 1/4, 1/5로 축소하여 그릴 때 이용한다.

❽ 제도용 가위

종이를 자를 때 사용한다.

❾ 노처(notcher)

패턴에 너치 표시나 시접을 넣을 때 사용한다.

❿ 연필

필기용으로는 HB, 2H, H 연필을, 제도할 때는 2B, 4B와 같이 심이 무른 것을 사용한다.

⓫ 룰렛(roulette)

패턴을 다른 종이에 옮기거나 안감에 표시할 때 사용하는 도구로 톱니바퀴가 정확하게 돌고 중심이 헐겁지 않은 것이 좋다.

⓬ 제도지(pattern making paper)

원형을 제도하기 위한 용지로 찢어지기 쉬운 것이나 너무 두꺼운 것은 피하는 것이 좋다. 요즘은 일정한 간격으로 점선이 그려져 있어 편리하게 이용할 수 있는 것도 있다.

▶ 2-2 재단 용구

옷감을 재단할 때 사용하는 용구를 재단 용구라고 한다.

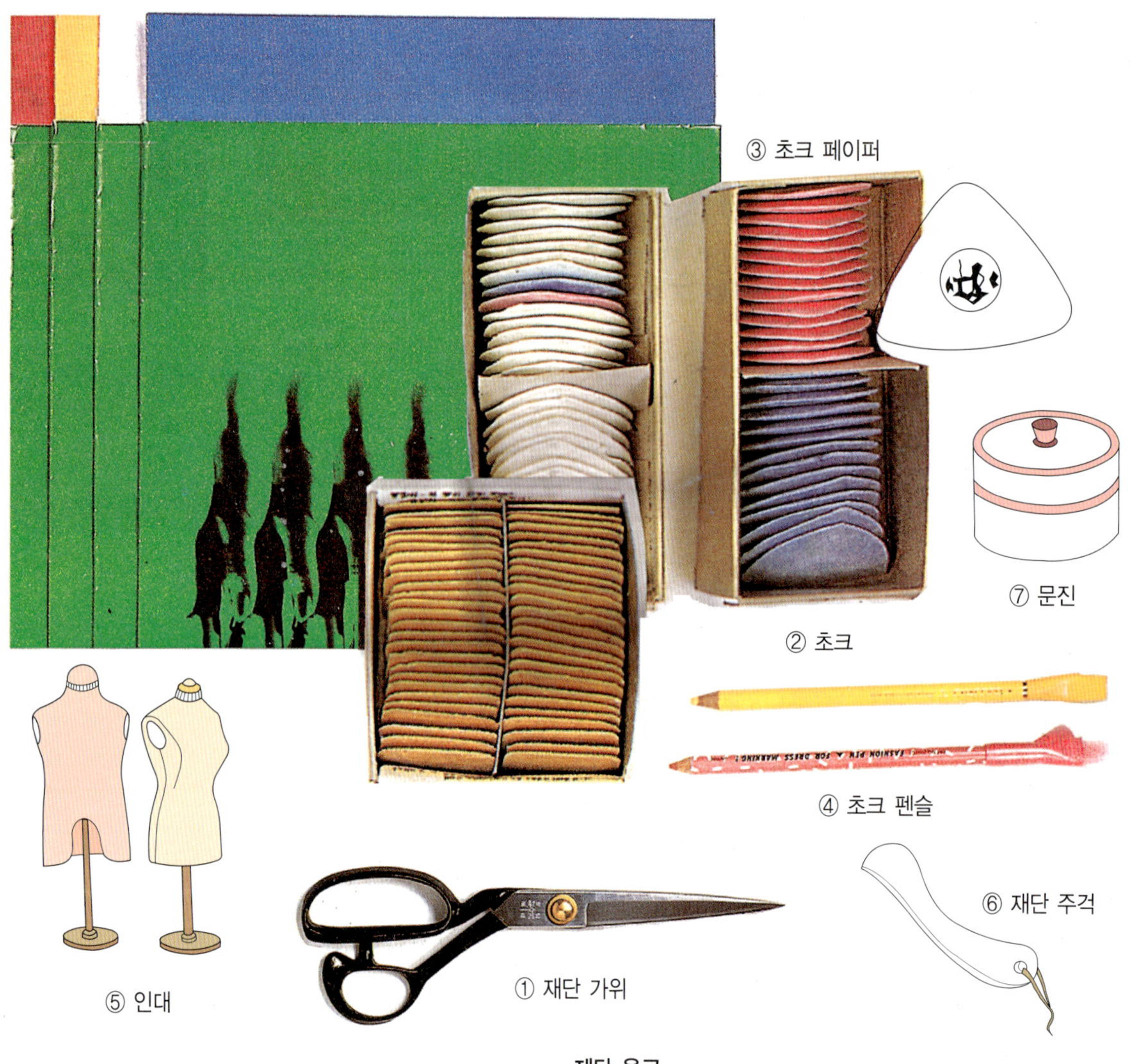

제단 용구

❶ 재단 가위(scissor, shears)

옷감을 재단할 때 사용하는 경우에는 30cm 정도의 것이 좋으며, 봉제용을 겸하는 것은 24, 26, 28cm 정도의 길이가 적당하다. 제도용 가위와 구별해 사용한다.

❷ 초크(chalk)

옷감 위에 패턴을 놓고 그릴 때 사용하는 것으로 흰색, 빨강, 파랑, 노란색이 있다. 초크는 표시 후에 손으로 털면 없어지는 부드러운 것을 선택한다. 선을 가늘고 뚜렷하게 그리고 싶을 때는 초크를 깎아 사용한다. 분필 성분의 것과 열을 가하면 지워지는 파라핀 성분의 초초크도 있다.

❸ 초크 페이퍼(chalk paper)

맞춤표시나 본뜨기 할 때 사용한다. 옷감 사이에 초크 페이퍼를 끼워 룰렛을 이용해 표시한다. 두 장을 함께 표시할 수 있으므로 작업을 빨리 할 수 있다. 색은 흰색, 빨강, 노랑, 파랑 등이 있으며, 양면과 단면이 있다.

❹ 초크 펜슬(chalk pencil)

심이 초크로 된 연필로, 한쪽에는 지우기 위한 브러시가 달려 있다. 가늘게 표시할 때 편리 하다.

❺ 인대(dress form)

인대에 옷감을 직접 입혀 디자인을 구상하거나 가봉 봉제 시 의복을 입체적으로 마무리하는 과정에서 사용한다.

❻ 재단주걱(spatular)

목면류에 선 표시를 할 때 사용하며, 옷감이 상하지 않게 날이 매끄러운 것을 사용한다. 뾸 칼(tracing knife)이라고도 한다.

❼ 문진(weight)

재단 시 옷감이나 패턴이 움직이지 않도록 사용한다.

▶ 2-3 봉제 용구

봉제할 때 사용하는 용구를 봉제 용구라고 한다.

❶ 바늘(needle)
▶손바늘 : 손바느질에 사용하는 바늘이다. 1~12번까지 있고, 번호가 작을수록 굵다. 8~12 번은 얇은 옷감용이고, 보통 사용되는 것은 6~9번이다.
▶미싱바늘 : 크게 가정용, 공업용, 특수용으로 분류하며, 번호가 커질수록 굵어진다. 일반적 으로는 9, 11, 14번이 많이 사용되고 있다.

❷ 실(yarn)

옷감과 같은 질의 것을 택하며, 색은 옷감보다는 약간 짙은 것을 선택하는 것이 좋다.

❸ 골무

금속이나 가죽으로 되어 있으며, 손바느질 할 때 빼놓을 수 없는 용구이다.

❹ 쪽가위

11cm 크기의 작은 가위로 봉제 시 실을 끊을 때나 실표뜨기용으로 사용한다.

❺ 핑킹 가위(pinking shears)

톱니형으로 되어 있으며, 올의 끝이 잘 풀리지 않는 옷감의 시접처리나 장식용으로 쓸 경우 에 사용한다.

❻ 솔기 뜨는 칼(seam ripper)

칼 끝을 박은 땀 사이에 넣어서 실을 끊는데 사용하거나 박은 솔기를 뜰 때 사용한다.

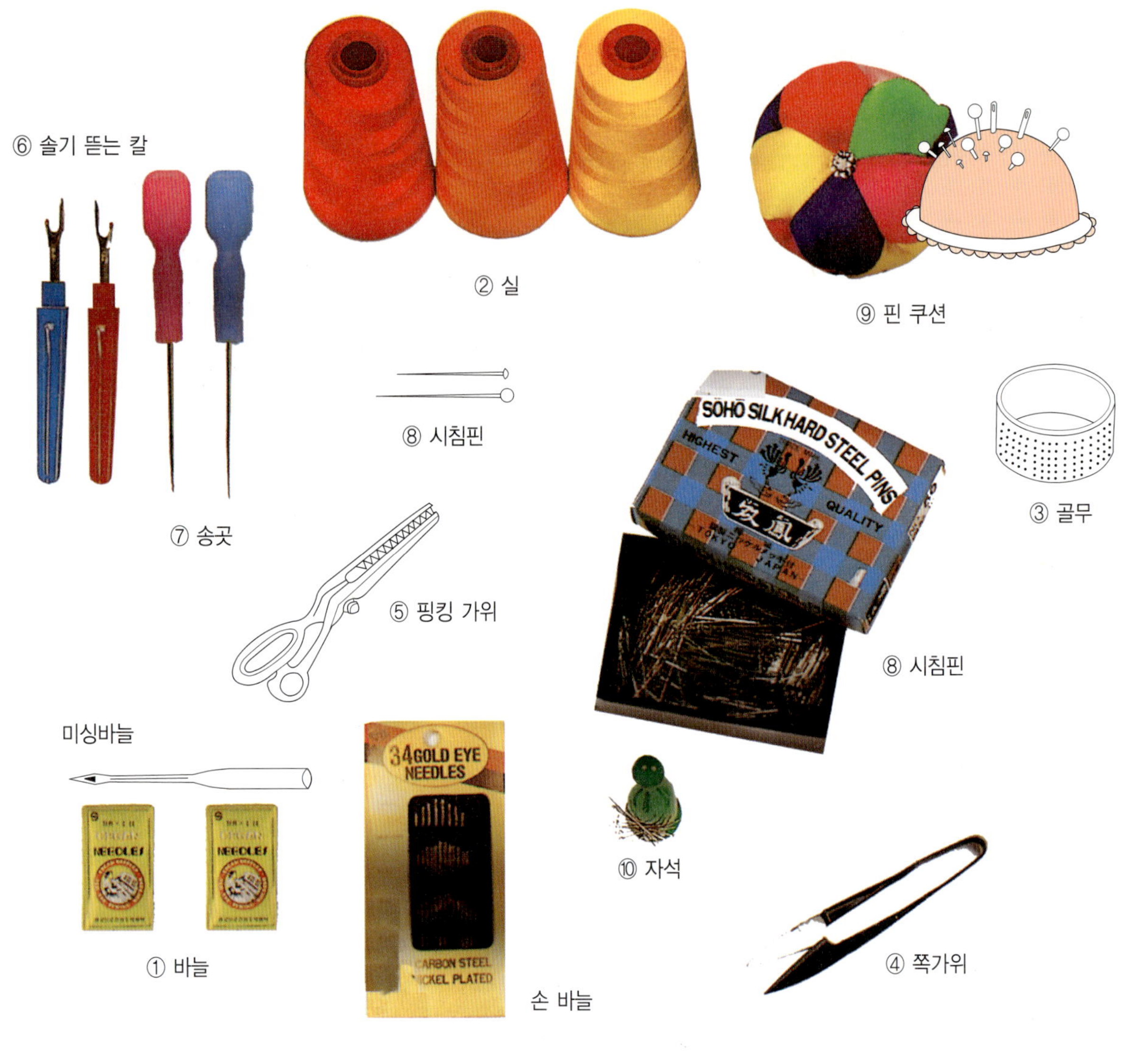

봉제 용구

7 송곳(awl)

다트의 끝이나 포켓 위치를 표시할 때, 칼라 끝이나 바느질선의 모난 곳을 처리할 때 사용한다.

8 시침핀(pin)

종이나 옷감이 움직이지 않도록 고정시킬 때 또는 가봉을 보정할 때 등에 사용한다.

9 핀 쿠션(pin cushion)

바늘꽂이라고도 한다. 핀이나 미싱바늘을 꽂아 보관을 보다 용이하게 하는데 사용한다.

10 자석

바늘이나 핀을 정리할 때 사용하면 편리하다.

③ 제도에 사용되는 명칭, 약자 및 부호

3-1 상의 원형

❶ 상의 원형의 각 부분의 명칭

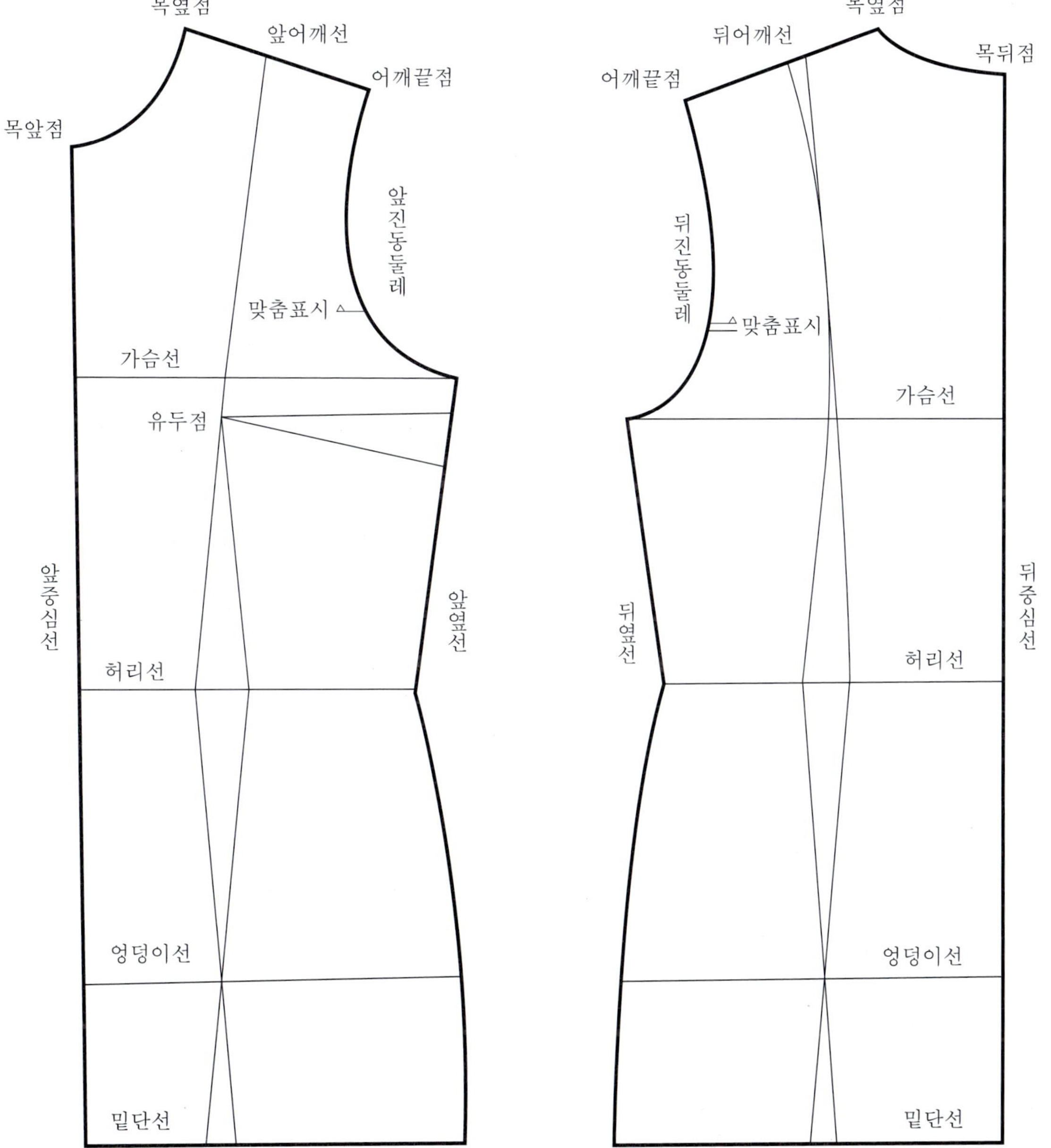

상의 원형과 각 부분의 명칭

(1) 상의원형 제도에 필요한 약자

약 자	영 어	설 명
B	Bust Circumference	가슴둘레
W	Waist Circumference	허리둘레
H	Hip Circumference	엉덩이둘레
B.L	Bust Line	가슴선
W.L	Waist Line	허리선
H.L	Hip Line	엉덩이선
B.P	Bust Point	젖꼭지점
B.P.L	Bust Point Line	젖꼭지점을 지나는 선
S.P	Shoulder Point	어깨끝점
S.L	Shoulder Line	어깨선
S.S	Side Seam	옆선
C.L	Center Line	중심선
A.H	Arm Hole	진동둘레선
S.N.P	Side Neck Point	목옆점
F.N.P	Front Neck Point	목앞점
B.N.P	Back Neck Point	목뒤점
C.B.L	Center Back Line	뒤중심선
C.F.L	Center Front Line	앞중심선
Hm.L	Hem Line	밑단선
Fn	Front notch	앞진동 맞춤표시
Bn	Back notch	뒤진동 맞춤표시
M.P	Manipulation	원형종이만 접는다는 뜻

(1) 소매 원형의 각 부분의 명칭

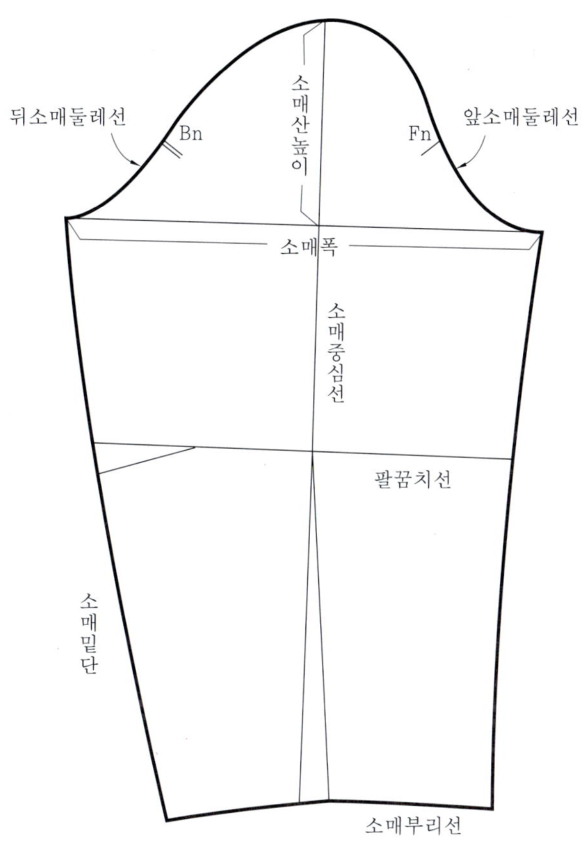

(2) 소매 원형 제도에 필요한 약자

약 자	영 어	설 명
A.H	Arm Hole	진동둘레선
F.A.H	Front Arm Hole	앞진동둘레선
B.A.H	Back Arm Hole	뒤진동둘레선
E.L	Elbow Line	팔꿈치선
Hw	Hand wrist	소맷부리
Fn	Front notch	앞진동 맞춤표시
Bn	Back notch	뒤진동 맞춤표시

3-3 스커트 원형

(1) 스커트 원형의 각 부분의 명칭

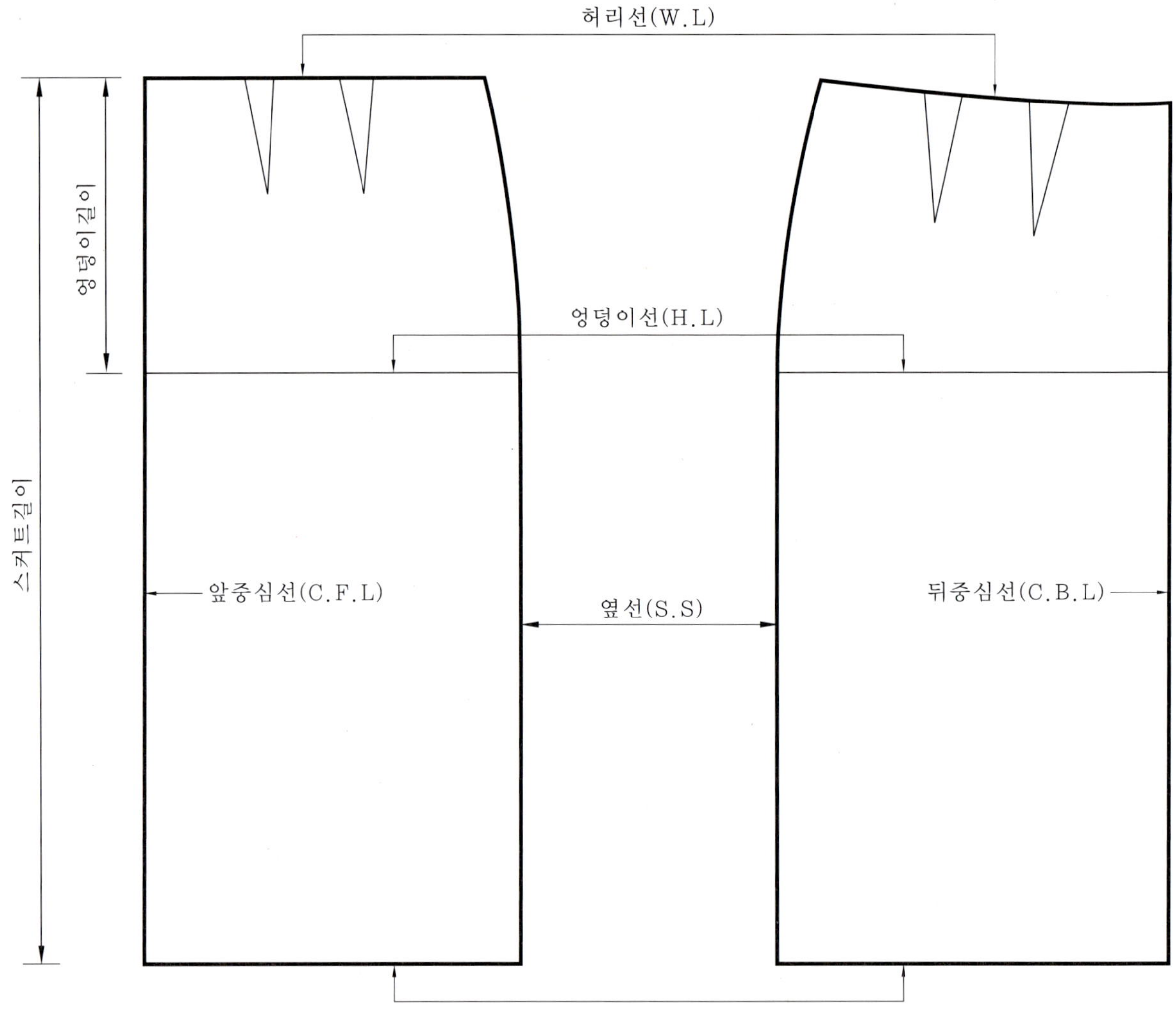

(2) 스커트 원형 제도에 필요한 약자

약 자	영 어	설 명	약 자	영 어	설 명
W	Waist Circumference	허리둘레	H	Hip Circumference	엉덩이둘레
W.L	Waist Line	허리선	H.L	Hip Line	엉덩이선
C.B.L	Center Back Line	뒤중심선	C.F.L	Center Front Line	앞중심선
S.S	Side Seam	옆선	Hm.L	Hem Line	밑단선
H.L	Hip Length	엉덩이길이	Sk.L	Skirt Length	스커트길이

(1) 바지 원형의 각 부분의 명칭

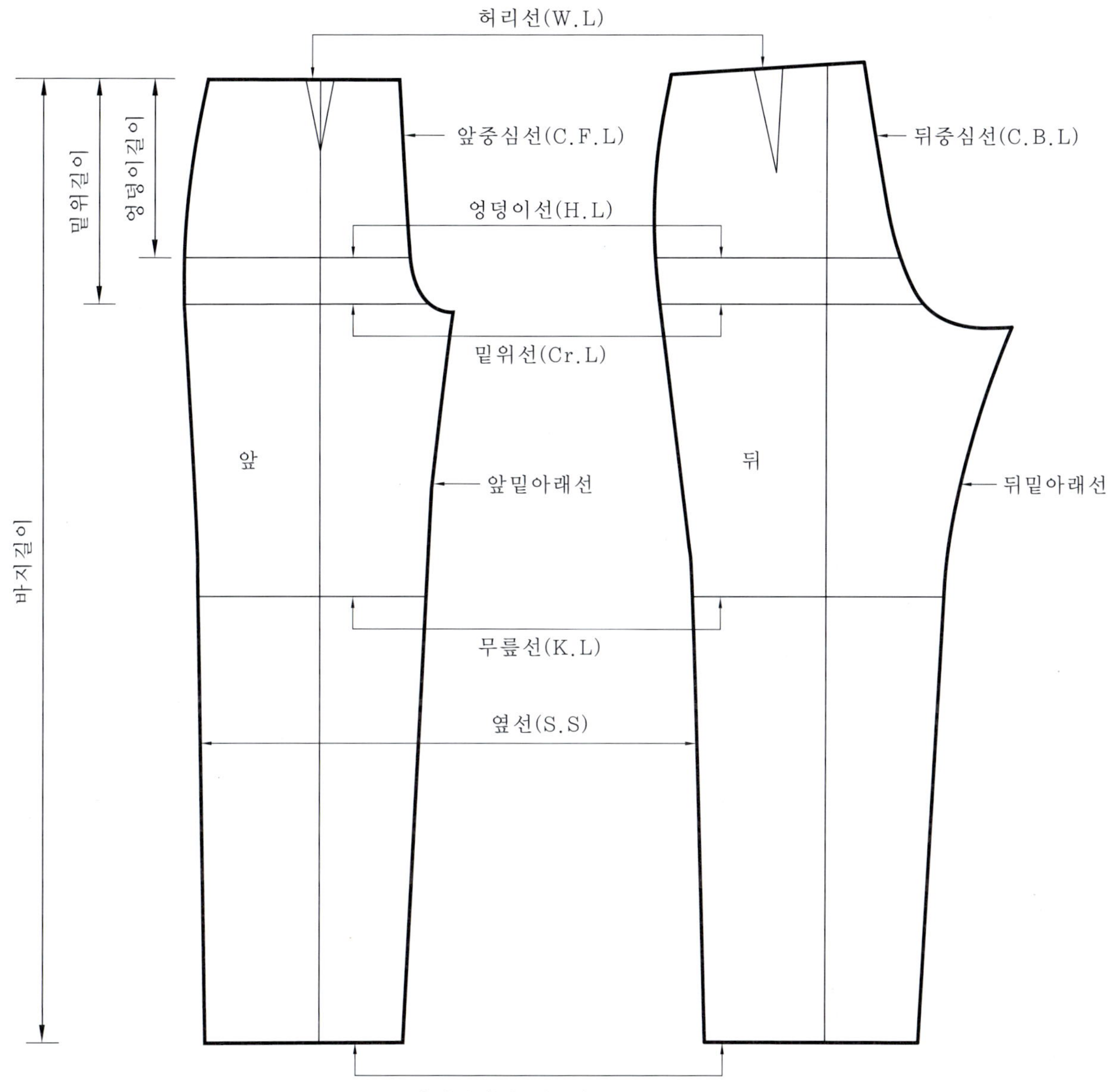

(2) 바지 원형 제도에 필요한 약자

약 자	영 어	설 명	약 자	영 어	설 명
W	Waist Circumference	허리둘레	H	Hip Circumference	엉덩이둘레
W.L	Waist Line	허리선	H.L	Hip Line	엉덩이선
Cr.L	Crotch Line	밑위선	K.L	Knee Line	무릎선
Hm.L	Hem Line	밑단선	C.B.L	Center Back Line	뒤중심선
C.F.L	Center Front Line	앞중심선	S.S	Side Seam	옆선
H.L	Hip Length	엉덩이 길이	Cr.L	Crotch Length	밑위길이

3-5 제도에 필요한 부호

기 호	항 목	기 호	항 목
	안내선		다트표시
	완성선		직각표시
	안단선		심지표시
	꺾임선		줄임
	골선		늘림
	스티치선		줄이기
	등분선		선의 교차
	바이어스 방향		맞주름
	올 방향		외주름
	털 방향		패턴맞춤표시

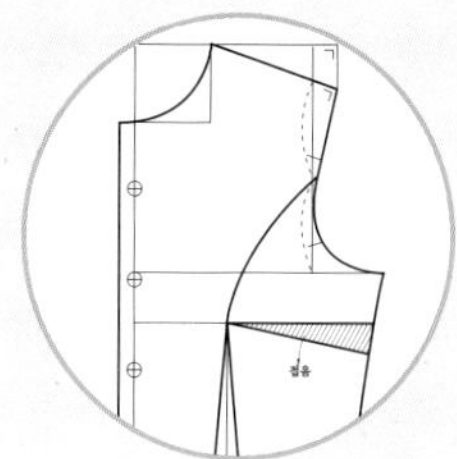

02 기본 원형 제도

01 원 형

① 원형의 정의

원형이란 평면재단을 통해 의복 구성을 할 때 기본이 되는 인체형 패턴(basic pattern)으로 인간의 동적 기능을 방해하지 않는 범위 내에서 몸에 밀착되는 기본 옷을 말하며, 원형에는 동작에 필요한 최소한의 여유분이 포함되어 있다. 이상적인 원형은 누구에게나 잘 맞고, 인체계측방법과 제도방법이 쉽고 간단하며, 어떠한 디자인이나 의복 종류에도 쉽게 응용 발전시킬 수 있는 것이어야 한다.

② 원형 제도 방법의 종류

원형은 여러 가지 방법으로 제도를 할 수 있는데 크게 단촌식 제도법과 장촌식 제도법, 그리고 병용식 제도법으로 나눈다.

2-1 단촌식 제도법

인체의 각 부위를 세밀하게 계측하여 제도하는 방법으로 인체의 많은 부위를 계측하여 제도하기 때문에 체형에 잘 맞는 원형을 얻을 수 있으나 인체계측에 숙련된 기술이 필요하며 계측이 서툰 초보자에게는 계측에 의한 오차가 발생할 여지가 많다.

2-2 장촌식 제도법

인체 부위 중 대표가 되는 부위의 치수를 기준으로 하여 다른 부위의 치수를 계산해내어 제도하는 방법으로 가장 대표가 되는 부위를 재기 때문에 인체계측의 수고가 적고 계측하는 것이 숙달되지 않아도 오차가 적어 비교적 정확하며 일정한 균형을 가진 원형을 얻을 수 있으나 표준체형이 아닌 경우나 더욱 잘 맞도록 하기 위해서는 보정과정을 거쳐야 한다.

단촌식 제도법과 장촌식 제도법을 함께 이용해서 제도하는 방법이다.

③ 원형의 종류

원형의 종류는 인체 부위와 기능에 따라 길 원형, 소매 원형, 스커트 원형으로 이루어지며 이러한 원형을 어떻게 전개하여 다양한 디자인을 활용할 수 있느냐가 의복 구성에 가장 중요한 문제이다.

(단위 : cm)

항 목	치 수	항 목	치 수
가슴둘레(舊 윗가슴둘레)	83	젖가슴둘레(舊 가슴둘레)	81
허리둘레	64	엉덩이둘레	90
겨드랑앞벽사이길이(舊 앞품)	32.5	겨드랑뒤벽사이길이(舊 뒤품)	35
목옆젖꼭지허리둘레선길이(舊 앞길이)	40.5	등길이	38
목옆젖꼭지길이(舊 유장)	24.5	젖꼭지사이수평길이(舊 유폭)	17
어깨사이길이(舊 어깨너비)	37	엉덩이옆길이(舊 엉덩이길이)	18
팔길이(舊 소매길이)	59	소매통	24

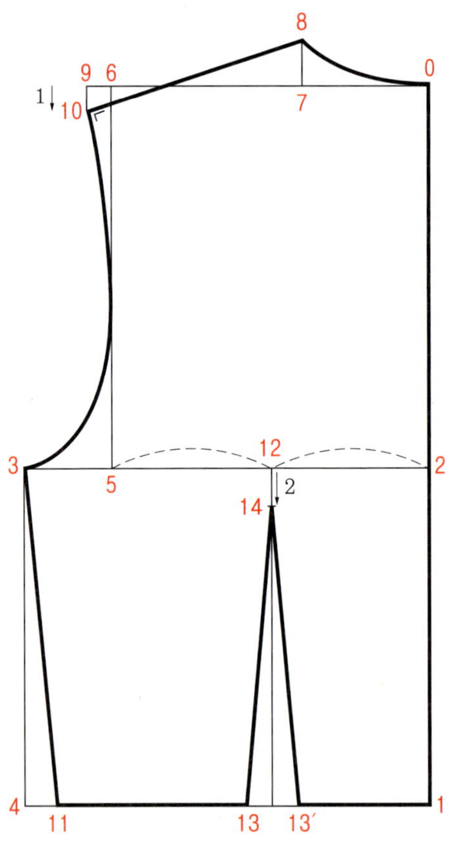

뒤판 제도

(1) 뒤판 제도

〈기초선 그리기〉

① 0-1 : 등길이(38cm)

② 진동깊이(0-2) : B / 4

③ 2-3 : B / 4 + 여유분(2cm)

④ 3-4를 직선 연결한다.

⑤ 2에서 뒤품 / 2 간 후(5) 수직선을 그린다 (6).

〈완성선 그리기〉

① 뒤목너비(0-7) : B / 12 또는 7cm

② 7에서 2.5cm 올린 후 0-8을 연결하는 뒷목둘레선을 그린다.

③ 0에서 어깨너비 / 2를 간 지점(9)에서 1cm 내린 후 뒤어깨선(8-10)을 그린다.

④ 10에서 1cm 정도의 직각선을 그린 후 3(겨드랑점)에 이르는 뒤진동둘레선을 그린다.

⑤ 1-11 : W / 4 + 다트량(2.5cm) + 여유분(2cm)

⑥ 3-11을 연결하는 옆선을 그린다.

⑦ 허리 다트 그리기

  ▶ 12 : 2-5를 이등분한 점.

  ▶ 허리 다트량(13-13′) : 2.5cm

  ▶ 12에서 2cm 내린 후(14) 허리다트를 그린다(14-13, 14-13′).

(2) 앞판 제도

〈기초선 그리기〉

① 0-1 : 앞길이(40.5cm)

② 진동깊이(0-2) : B / 4

③ 2-3 : Br(가슴둘레) / 4 + 여유분(2cm)

④ 3-4를 직선 연결한다.

⑤ 2에서 앞품 / 2 간 후(5) 수직선을 그린다 (6).

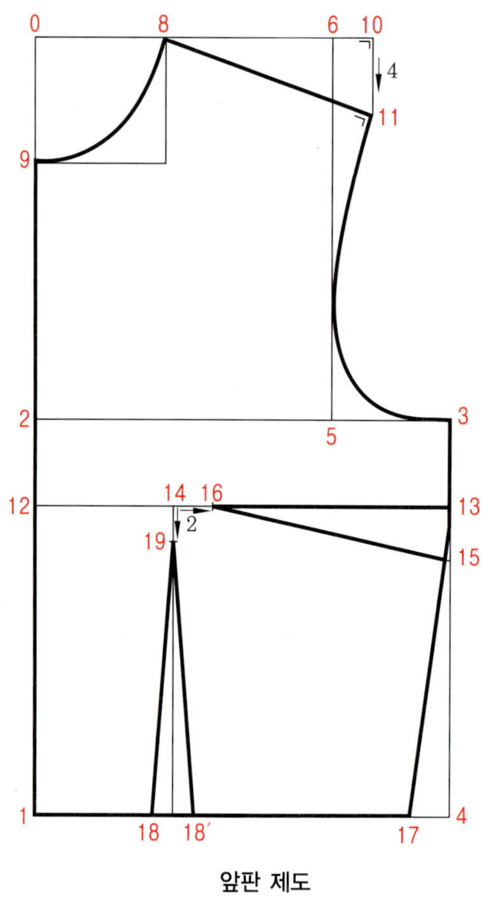

앞판 제도

〈완성선 그리기〉

❶ 앞목너비(**0-8**) : 뒤목너비(**0-7**)-0.3cm

❷ 앞목깊이(**0-9**) : 뒤목너비(**0-7**)

❸ 8-9를 연결하는 앞목둘레선을 그린다.

❹ 0에서 어깨너비/2를 간 지점(**10**)에서 직선으로 4cm내린 후(**11**) **8-11**을 연결하는 앞어깨선을 그린다.

❺ 11에서 1cm 정도의 직각선을 그린 후 **3** (겨드랑점)에 이르는 앞진동둘레선을 그린다.

❻ 0에서 유장(24.5cm)치수만큼 내린 지점(**12**)에서 수평선을 그린다(**13**).

❼ 12-14 : 유폭/2

❽ 13-15 : 다트량(2.5cm, 앞길이와 등길이의 차)

❾ 14에서 2cm 간 지점(**16**)과 **15**를 직선으로연결한다.

❿ 1-17 : W/4+다트량(2.5cm)+여유분(2cm)

⓫ 3-17 : 옆다트를 접은 후 옆선을 그린다.

⓬ 허리 다트 그리기

   ▶ **허리 다트량**(**18-18´**) : 2.5cm

   ▶ **14**에서 2cm 내린 후(**19**) 허리 다트를 그린다(**19-18, 19-18´**).

소매 원형

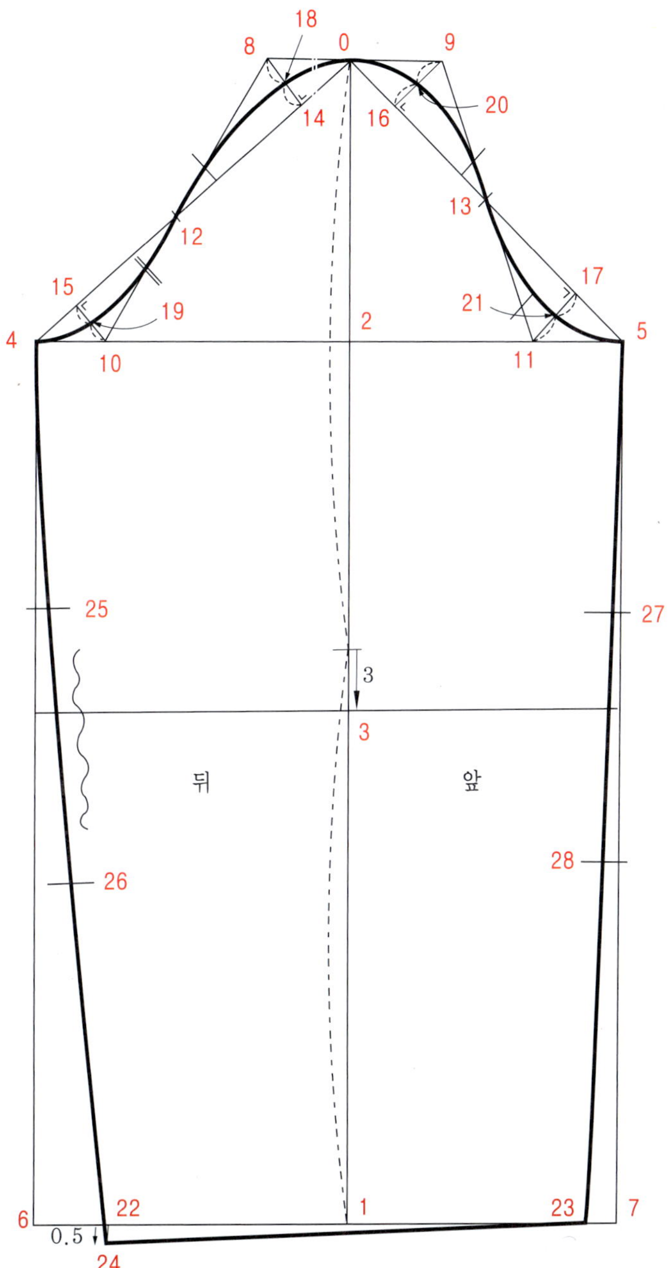

8
18
0
9
14
16
20
12
13
15
19
2
21
17
4
10
11
5
25
27
3
3
뒤
앞
26
28
6
22
1
23
7
0.5
24

소매 제도

〈기초선 그리기〉

❶ **소매길이**(0-1) : 59cm

❷ **소매산높이**(0-2) : $AH/4 + 3.8cm$

❸ **팔꿈치길이**(0-3) : 소매길이/2를 한 후 3cm 내린 지점이다.

❹ 점 0, 1, 2, 3에서 좌우로 직각선을 그린다.

❺ 0-4 : 뒤진동둘레

❻ 0-5 : 앞진동둘레 $-0.3cm$

❼ 4, 5에서 수직선을 그린다(6, 7).

〈완성선 그리기〉

❶ 0-8 = 0-9 = 5-11 : 4.5cm, 4-10 : 3.5cm

❷ 8-10, 9-11을 직선 연결한다.

❸ 0-4, 0-5에서 점 8, 9, 10, 11을 만나는 직각선(14, 15, 16, 17)을 그린 후 이등분(18, 19, 20, 21)한다.

❹ 0-18-12, 12-19-4를 지나는 뒤진동둘레선을 그린다.

❺ 0-20-13, 13-21-5를 지나는 앞진동둘레선을 그린다.

❻ 1-22, 1-23 : 소매통/2

❼ 22에서 0.5cm 내린 후, 4-24, 5-23을 직선 연결한다.

❽ 24-23을 연결한다.

❾ 너치(notch) 표시

   ▶ 4-25 = 5-27 : 14cm

   ▶ 24-26 = 23-28 : 18.5cm

1-1 기본 블라우스

(1) 뒤판 제도

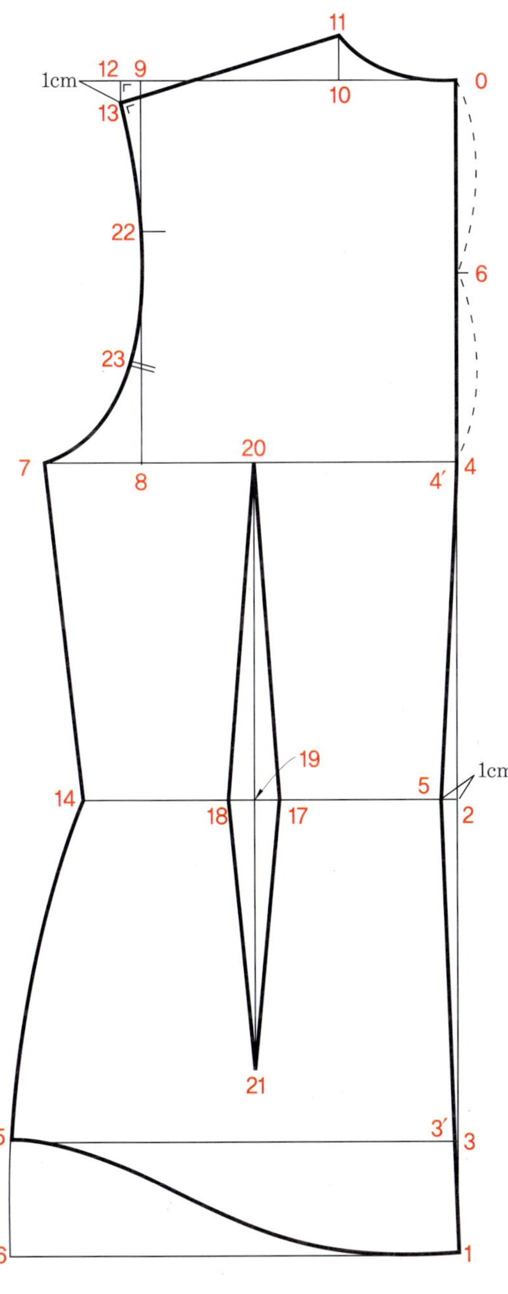

1. 블라우스 길이(**0-1**) : 62cm
2. 등길이(**0-2**) : 38cm
3. 엉덩이길이(**2-3**) : 18cm
4. 진동깊이(**0-4**) : B/4
5. 점 **0,1,2,3,4**의 좌측으로 직각선을 그려준다.
6. 뒤중심선 그리기
   - ▶ 허리선 위치에서 1cm 들어간 후(**5**) 밑단선(**1**)까지 직선을 그린다.
   - ▶ **6** : 진동깊이(**0-4**)를 이등분한 점
   - ▶ **5-6**을 직선으로 연결한 후 각진 부분을 곡선 처리한다.
7. **4′-7** : B/4+여유분(2cm)
8. **4-8** : 뒤품/2 간 후 수직선을 그린다(**8-9**).
9. 뒤목너비(**0-10**) : B/12 또는 7cm
10. **10**에서 2.5cm 올린 후 **0-11**을 연결하는 뒤목둘레선을 그린다.
11. **0**에서 어깨너비/2를 간 지점(**12**)에서 1cm 내린 후(**13**) 뒤어깨선(**11-13**)을 그린다.
12. **13**(어깨끝점)에서 1cm 정도의 직각선을 그린 후 **7**(겨드랑이점)에 이르는 뒤진동둘레선을 그린다.
13. **5-14** : W/4+다트량(2.5cm)+여유분(1cm)
14. **3′-15** : H/4+여유분(1cm)
15. **7-14-16**을 연결하는 옆선을 그린 후 **14**지점에 각진 부분을 곡선 처리한다.
16. 디자인을 따라 밑단선을 그린다.
17. 허리다트 그리기
    - ▶ **5-17** : 9cm
    - ▶ **17-18** : 다트량(2.5cm)
    - ▶ **19** : 다트량의 이등분점
    - ▶ **19-21** : 14~15cm
    - ▶ **20-21**를 수직선 연결한 후 허리다트를 그린다.
18. 진동둘레선에 너치(notch)를 표시 : **13**(어깨끝점)에서 7cm씩(**22,23**) 너치(notch)를 표시한다.

(2) 앞판 제도

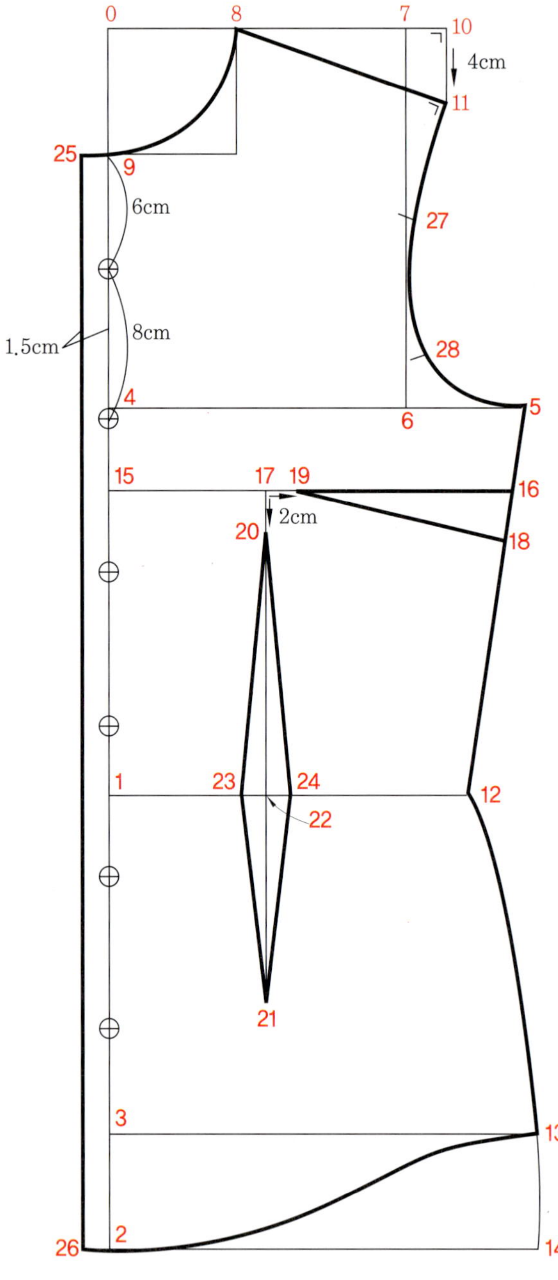

❶ 앞길이(**0-1**) : 40.5cm

❷ **1-2** : 뒤판 1-2와 동일한 길이로 한다.

❸ 엉덩이길이(**1-3**) : 18cm

❹ 진동깊이(**0-4**) : B/4

❺ 점 **0,1,2,3,4**의 우측으로 직각선을 그려준다.

❻ **4-5** : Br/4＋여유분(2cm)

❼ **4-6** : 앞품/2 간 후 수직선을 그린다(**6-7**).

❽ 앞목너비(**0-8**) : 뒤목너비(**0-10**)－0.3cm

❾ 앞목너비(**0-9**) : 뒤목너비(**0-10**)

❿ **0**에서 어깨너비/2를 간 지점(**10**)에서 직각선으로 4cm 내린 후(**11**) **8-11**을 직선 연결하는 앞어깨선을 그린다.

⓫ **11**(어깨끝점)에서 1cm 정도의 직각선을 그린 후 **5**(겨드랑이점)에 이르는 앞진동둘레선을 그린다.

⓬ **1-12** : W/4＋다트량(2.5cm)＋여유분(1cm)

⓭ **3-13** : H/4＋여유분(1cm)

⓮ **5-12-14**를 연결하는 옆선을 그린 후 **12**지점에 각진 부분을 곡선 처리한다.

⓯ 디자인을 따라 밑단선을 그린다.

⓰ 다트(옆다트, 허리다트) 그리기
  ▶ **0**에서 유장(24.5cm) 치수만큼 내린 지점(**15**)에서 수평선을 그린다(**16**).
  ▶ **15-17** : 유폭/2
  ▶ **16-18** : 다트량(2.5cm, 앞길이와 등길이의 차)

  ▶ **17**(젖꼭지점)에서 2cm간 지점(**19**)과 **18**을 직선 연결한다.
  ▶ **17**(젖꼭지점)에서 수직선을 그린다.
  ▶ **17**(젖꼭지점)에서 2cm 내린 지점에서 허리다트를 그린다(다트량(**23-24**) : 2.5cm).

⓱ 낸단분(**9-25, 2-26**) : 1.5cm

⓲ 진동둘레선에 너치(notch)를 표시
  ▶ **11**(어깨끝점)에서 6.5cm(**27**), 7.5cm(**28**)씩 너치(notch)를 표시한다.

⓳ 단추 다는 위치 표시 : 앞목점(**9**)에서 6cm 내린 지점을 첫 단추 위치로 표시하고 8cm 간격으로 단추 다는 위치를 표시한다.

(3) 소매 제도

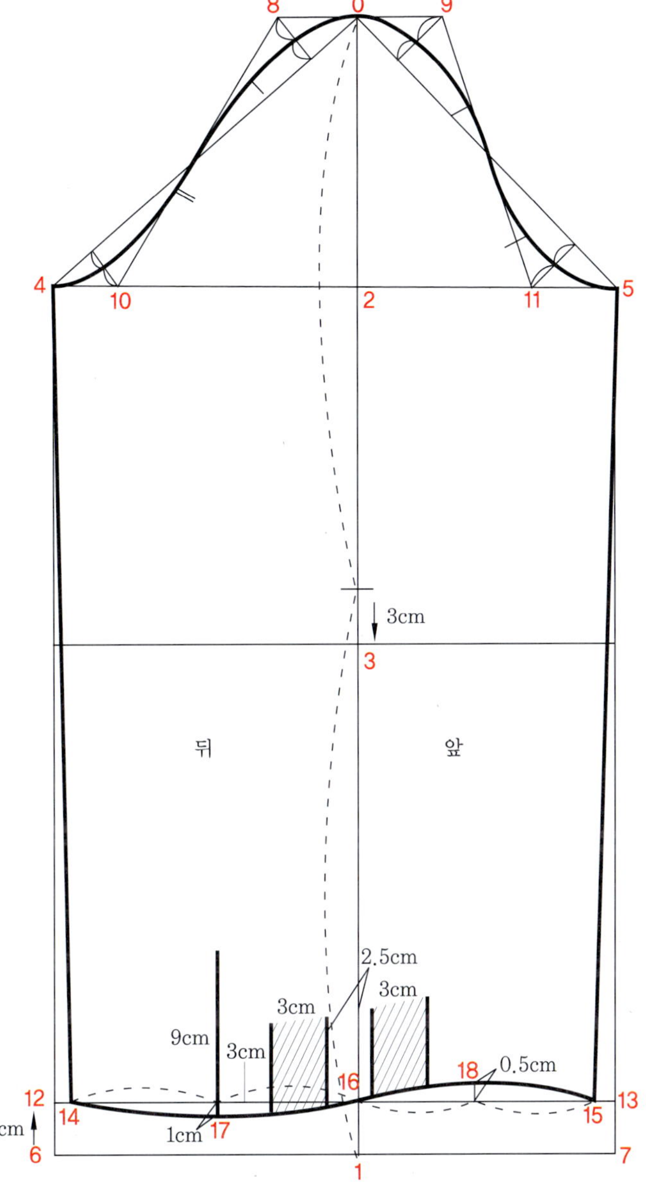

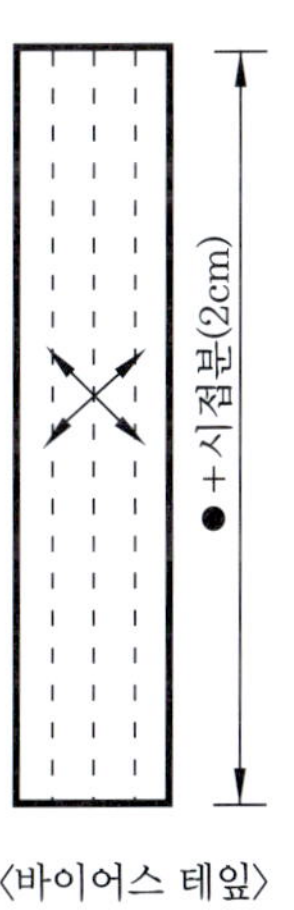

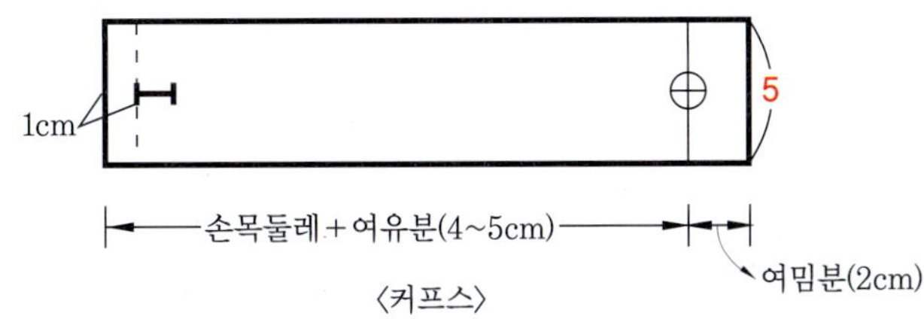

〈기초선 그리기〉

❶ 소매길이 (0-1) : 팔길이＋1.5cm

❷ 소매산 높이 (0-2) : AH/4＋3.8cm

❸ **팔꿈치 길이(0-3)** : 소매길이/2 한 후 3cm 내린 지점

❹ 점 0,1,2,3에서 좌우로 직각선을 그린다.

❺ 0-4 : 뒤진동둘레

❻ 0-5 : 앞진동둘레-0.3cm

❼ 4,5에서 수직선을 그린다(6,7)

〈완성선 그리기〉

❶ 0-8=0-9=5-11 : 4.5cm, 4-10 : 3.5cm

❷ 8-10, 9-11을 연결한 후 앞, 뒤진동둘레선을 그린다(p.44 참고)

❸ 6에서 커프스폭(5cm)-2cm 만큼을 줄인다.

❹ 14-15 : 커프스길이(여밈분포함)+주름분(3cm,2개)

❺ 옆선(4-14, 5-15)을 직선으로 그린다.

❻ 소매밑단 그리기

▶ 14-16을 이등분한 후 1cm 내리고(17), 15-16을 이등분한 후 0.5cm 올린다(18).

▶ 14-17-16, 16-18-15를 연결하는 밑단선을 그린다.

▶ 소매부리 트임 : 14-16을 이등분한 지점에서 9cm 트임을 준다.

▶ 주름분 표시 : 소매부리 트임에서 3cm 떨어진 부분에 첫 번째 주름을 주고 다시 2.5cm 떨어진 부분에 두 번째 주름분을 준다.

❼ 진동둘레에 너치(notch) 표시

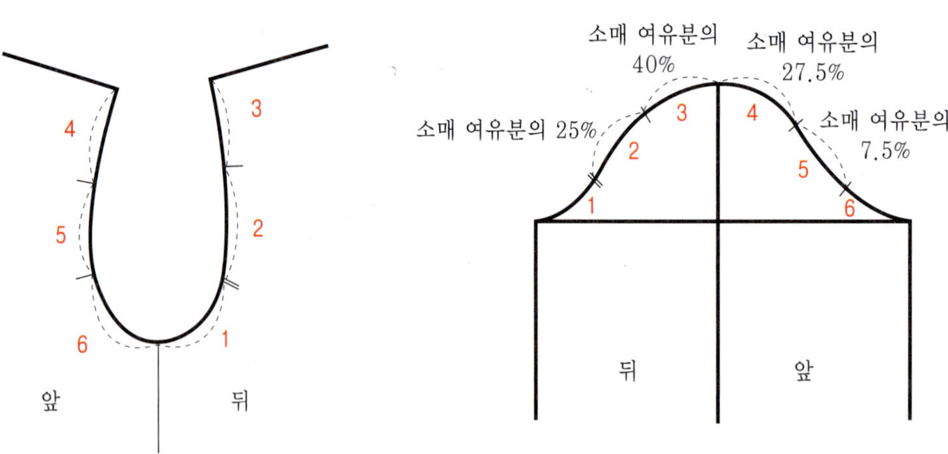

❽ 커프스 그리기

▶ 커프스폭 : 5cm

▶ 커프스길이 : 손목둘레+여유분(4~5cm)+여밈분(2cm)

▶ 단추구멍길이 : 단추의 지름+두께

(4) 셔츠 칼라 제도

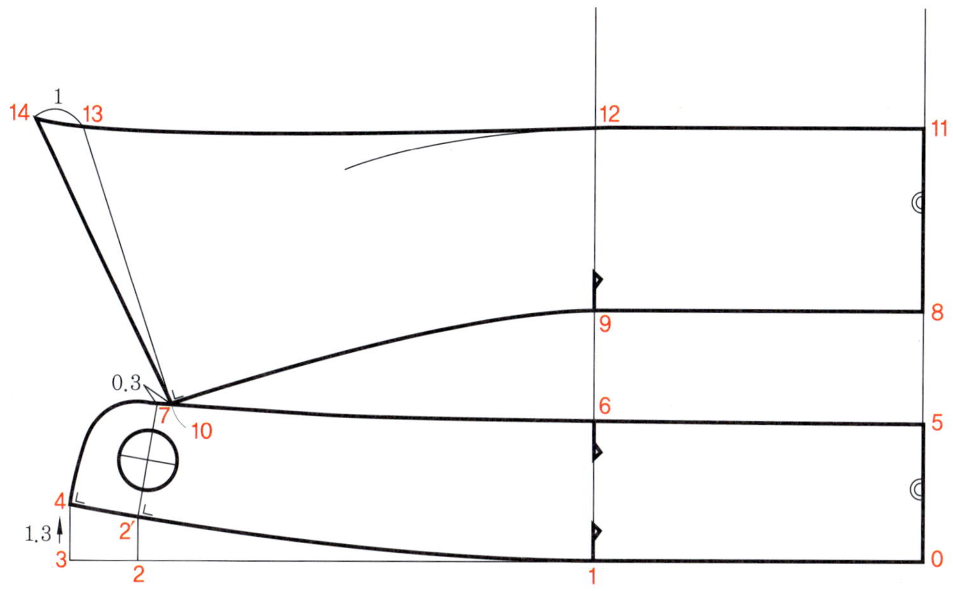

〈밴드 그리기〉

❶ 0-2 : 몸판의 뒷목둘레(0-1)+앞목둘레(1-2)

❷ 2에서 여밈분(1.5cm)만큼 간 후(3) 직각으로 1.3cm 올려서(4) 목둘레선을 그린다(1-4).

❸ 0에서 뒤밴드폭(3cm) 만큼 간 후 (5) 직선으로 6과 연결한다.

❹ 2′에서 직각선으로 그려 앞밴드폭(뒤밴드폭-0.5cm)을 그린다(2′-7).

❺ 6-7, 4-7을 곡선으로 그린다.

〈칼라 그리기〉

❶ 밴드(5)에서 2.5cm 떨어져(8) 4cm에 칼라폭을 정한다(8-11).

❷ 8-9, 11-12를 연결하는 직선을 그린다.

❸ 7에서 0.3cm 들어간 지점(10)과 9를 곡선 연결한다. 이때 9-10과 6-7은 같은 길이여야 한다.

❹ 10에서 직각선을 그려 앞칼라폭(뒤칼라폭+2~2.5cm)을 그린다(10-13).

❺ 13에서 1cm 나간 후(14) 10과 다시 직선 연결한다.

❻ 12-14를 연결하는 칼라외곽선을 그린다.

 1-2 암홀프린세스라인이 들어간 블라우스

기본 블라우스를 이용하여 제도한다.

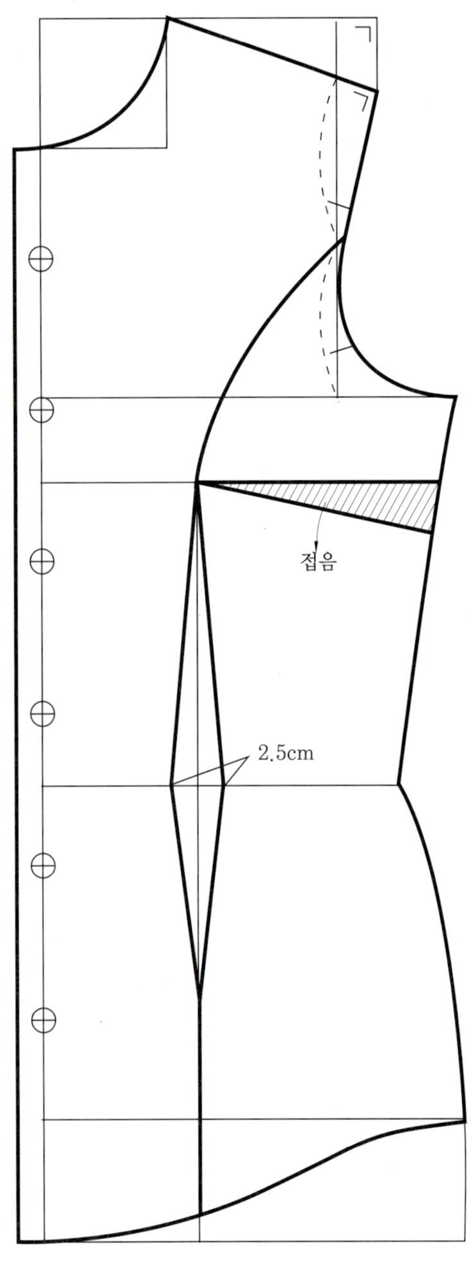

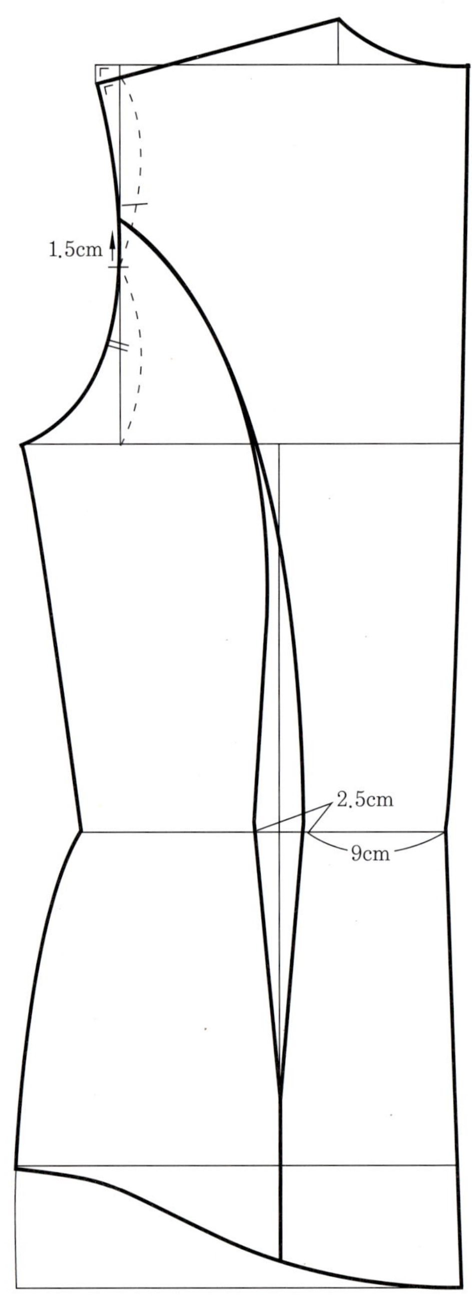

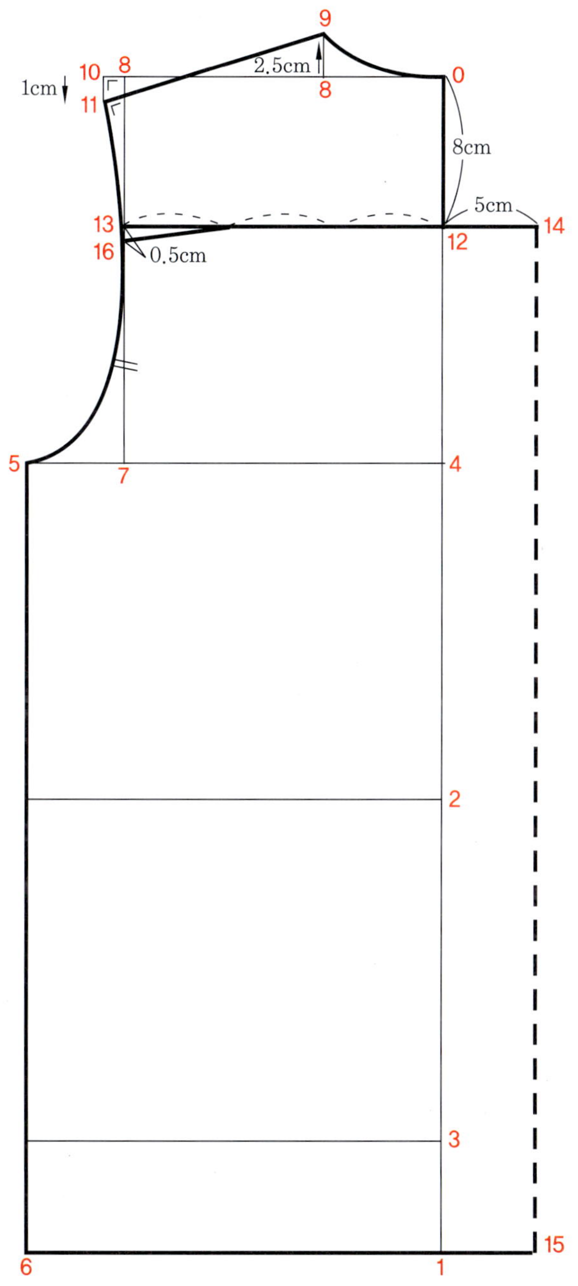

(1) 뒤판 제도

❶ 블라우스 길이(**0-1**) : 62cm

❷ 등길이(**0-2**) : 38cm

❸ 엉덩이길이(**2-3**) : 18cm

❹ 진동깊이(**0-4**) : B/4＋1cm

❺ 점 **0,1,2,3,4**의 좌측으로 직각선을 그려준다.

❻ **4-5** : B/4＋여유분(2.5cm)

❼ **5**에서 밑단선까지 수직선을 그린다(**5-6**).

❽ **4-7** : 뒤품/2 간 후 수직선을 그린다(**7-7ʹ**).

❾ 뒤목너비(**0-8**) : B/12 또는 7cm

❿ **8**에서 2.5cm 올린 후 **0-9**를 연결하는 뒤목둘레선을 그린다.

⓫ **0**에서 어깨너비/2를 간 지점(**10**)에서 1cm 내린 후 (**11**) 뒤어깨선(**9-11**)을 그린다.

⓬ **11**(어깨끝점)에서 1cm 정도의 직각선을 그린 후 **5**(겨드랑이점)에 이르는 뒤진동둘레선을 그린다.

⓭ 요크선 그리기

▶ 뒤목점(**0**)에서 8cm 내려가서 요크선을 그리고(**12-13**), 주름분(5cm)을 연장해 준다.

▶ **13**에서 0.5cm 내린 후(**16**) 요크선에서 1/3 지점과 곡선 연결한다.

(2) 앞판 제도

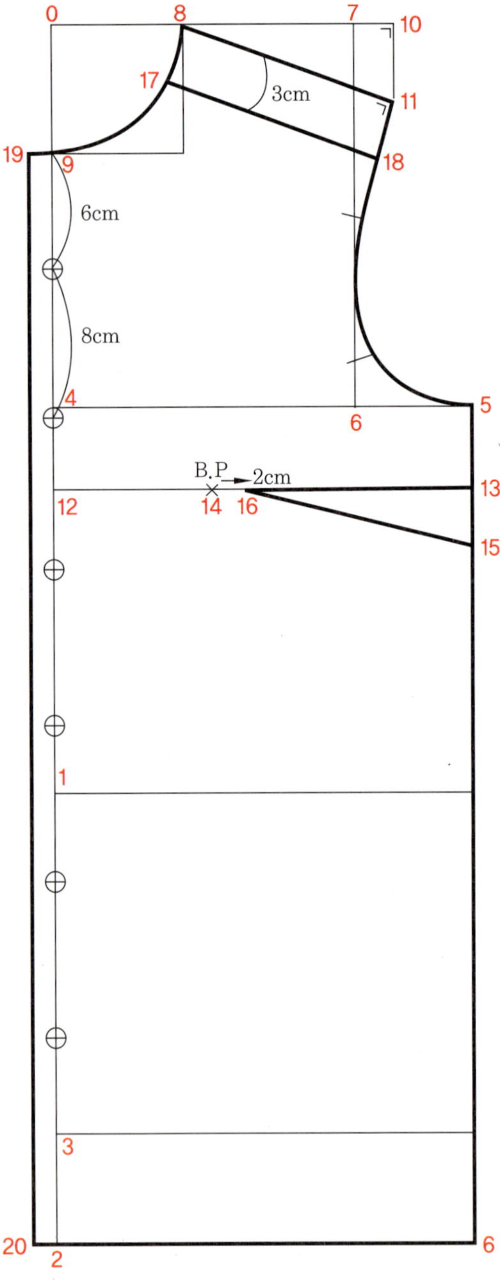

❶ 앞길이(**0-1**) : 40.5cm

❷ **1-2** : 뒤판 **1-2**와 동일한 길이로 한다.

❸ 엉덩이길이 (**1-3**) : 18cm

❹ 진동깊이 (**0-4**) : B/4＋1cm

❺ 점 **0,1,2,3,4**의 우측으로 직각선을 그려준다.

❻ **4-5** : Br/4＋여유분(2cm)

❼ **5**에서 밑단선까지 수직선을 그린다(**5-6**).

❽ **4-6** : 앞품/2 간 후 수직선을 그린다(**6-7**).

❾ 앞목너비(**0-8**) : 뒤목너비(**0-8**)－0.3cm

❿ 앞목너비(**0-9**) : 뒤목너비(**0-8**)

⓫ **8-9**를 연결하는 앞목둘레선을 그린다.

⓬ **0**에서 어깨너비/2를 간 지점(**10**)에서 직각선으로 4cm 내린 후(**11**) **8-11**을 직선 연결하는 앞어깨선을 그린다.

⓭ **11**(어깨끝점)에서 1cm 정도의 직각선을 그린 후 **5**(겨드랑이점)에 이르는 앞진동둘레선을 그린다.

⓮ 다트(옆다트) 그리기
  ▶ **0**에서 유장(24.5cm) 치수만큼 내린 지점(**12**)에서 수평선을 그린다(**12-13**).
  ▶ **12-14** : 유폭/2
  ▶ **13-15** : 다트량(2.5cm, 앞길이와 등길이의 차)
  ▶ **14**(젖꼭지점)에서 2cm간 지점(**16**)과 **15**를 직선 연결한다.

⓯ 요크 그리기 : 3cm폭의 요크선을 그린다(**17-18**)

⓰ 낸단분(**9-19, 2-20**) : 1.5cm

⓱ 단추 다는 위치 표시 : 앞목점(**9**)에서 6cm 내린 지점을 첫 단추 위치로 표시하고 8cm 간격으로 단추 다는 위치를 표시한다.

(3) 소매 제도

기본 블라우스를 이용하여 제도한다.

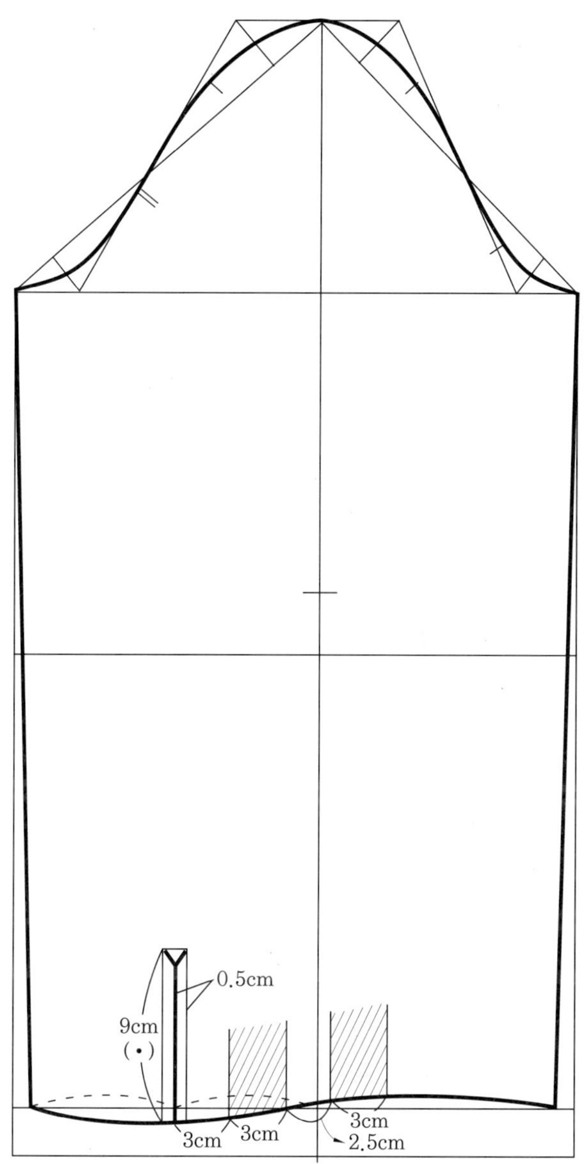

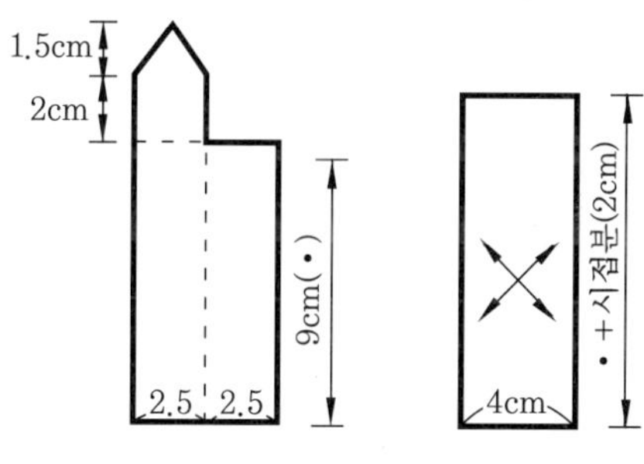

(1) 뒤판 제도

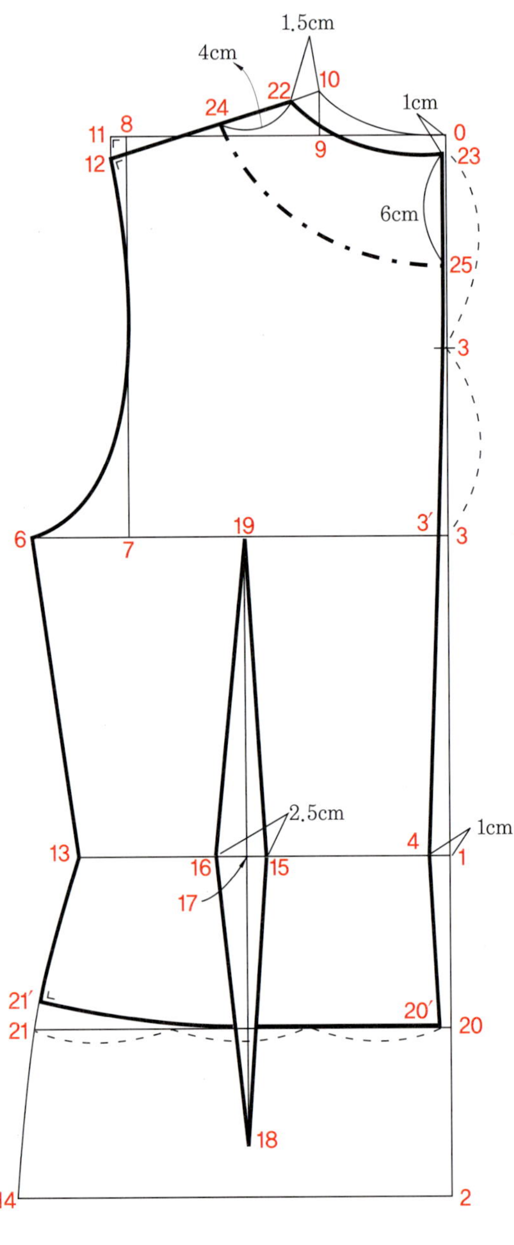

❶ **등길이(0-1)** : 38cm

❷ **엉덩이 길이(1-2)** : 18cm

❸ **진동깊이(0-3)** : B/4＋1cm

❹ 점 0,1,2,3의 좌측으로 직각선을 그려준다.

❺ **뒤중심선 그리기**
▶ 허리선 위치에서 1cm 들어간 후(4) 밑단선 (2)까지 직선을 그린다.
▶ 5 : 진동깊이(0-3)를 이등분한 점
▶ 4-5를 직선으로 연결한 후 각진 부분을 곡선 처리한다.

❻ **3′-6** : B/4＋여유분(2.5cm)

❼ **3-7** : 뒤품/2 간 후 수직선을 그린다(7-8).

❽ **뒤목너비(0-9)** : B/12 또는 7cm

❾ 9에서 2.5cm 올린 후 0-10을 연결하는 뒷목둘 레선을 그린다.

❿ 0에서 어깨너비/2를 간 지점(11)에서 1cm 내린 후(12) 뒤어깨선(10-12)을 그린다.

⓫ 12(어깨끝점)에서 1cm 정도의 직각선을 그린 후 6(겨드랑이점)에 이르는 뒤진동둘레선을 그린다.

⓬ **4-13** : H/4＋다트량(2.5cm)＋여유분(1cm)

⓭ **2-14** : H/4＋여유분(1cm)

⓮ 6-13-14를 연결하는 옆선을 그린 후 13지점에 각진 부분을 곡선 처리한다.

⓯ **허리다트 그리기**
▶ 4-15 : 9cm
▶ 15-16 : 다트량(2.5cm)
▶ 17 : 다트량의 이등분점
▶ 17-18 : 14~15cm
▶ 19-18을 수직선 연결한 후 허리다트를 그린다.

⑯ 허리선(1)에서 9cm를 내려 베스트 길이를 결정한 후(20) 수평선을 그린다(20-21).

⑰ 20´-21를 3등분한 후 밑단선을 정리한다.

⑱ 뒷목둘레선 수정

 ▶ 10-22 : 1.5cm

 ▶ 0-23 : 1cm

 ▶ 22-23을 곡선으로 연결하여 뒷목둘레선을 수정한다.

⑲ 안단

 ▶ 22-24 : 4cm

 ▶ 23-25 : 6cm

 ▶ 24-25를 연결하는 안단선을 그린다.

(2) 앞판 제도

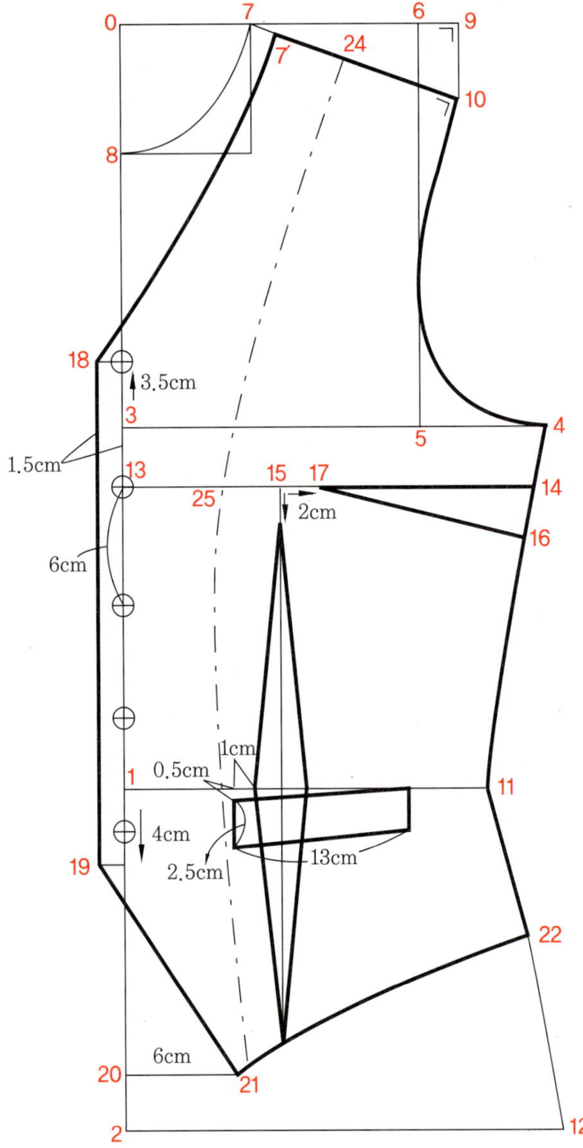

❶ 앞길이(**0-1**) : 40.5cm

❷ 엉덩이길이(**1-2**) : 18cm

❸ 진동깊이(**0-3**) : B/4+1cm

❹ 점 **0,1,2,3**의 우측으로 직각선을 그려준다.

❺ **3-4** : Br/4+여유분(2.5cm)

❻ **3-5** : 앞품/2 간 후 수직선을 그린다(**5-6**).

❼ 앞목너비(**0-7**) : 뒤목너비(**0-9**)-0.3cm

❽ 앞목너비(**0-8**) : 뒤목너비(**0-9**)

❾ **7-8**을 연결하는 앞목둘레선을 그린다.

❿ **0**에서 어깨너비/2를 간 지점(**9**)에서 직각선으로 4cm 내린 후(**10**) **7-10**을 직선 연결하는 앞어깨선을 그린다.

⓫ **10**(어깨끝점)에서 1cm 정도의 직각선을 그린 후 **4**(겨드랑이점)에 이르는 앞진동둘레선을 그린다.

⓬ **1-11** : W/4+다트량(2.5cm)+여유분(1cm)

⓭ **2-12** : H/4+여유분(1cm)

⓮ **4-11-12**를 연결하는 옆선을 그린 후 **11**지점에 각진 부분을 곡선 처리한다.

⓯ 다트(옆다트, 허리다트) 그리기

▶ **0**에서 유장(24.5cm) 치수만큼 내린 지점(**13**)에서 수평선을 그린다(**14**).

▶ **13-15** : 유폭/2

▶ **14-16** : 다트량(2.5cm, 앞길이와 등길이의 차)

▶ **15**(젖꼭지점)에서 2cm간 지점(**17**)과 **16**을 직선 연결한다.

▶ **15**(젖꼭지점)에서 수직선을 그린 후 허리다트를 그린다.

⓰ 낸단분

▶ 가슴선(**3**)에서 3.5cm 올라간 지점에서 1.5cm낸단분을 준다(**18**).

▶ 허리선(**1**)에서 4cm 내린 지점에서 1.5cm 낸단분을 준다(**19**).

▶ **18-19**를 직선 연결한다.

⑰ **앞목둘레선 수정**

▶ **7–7′** : 1.5cm

▶ **7′–18**을 곡선 연결한다.

⑱ **밑단선 그리기**

▶ 허리선에서 15cm 내려간 지점(**20**)에서 6cm 들어간(**21**) 후 **19**와 직선 연결한다.

▶ **11–22** : 뒤판 **13–21′**와 동일한 길이

▶ **21–22**를 곡선으로 연결한다.

⑲ **주머니 그리기**

▶ 허리다트에서 1cm 나간 지점에서 0.5cm 내린다.

▶ 주머니폭 : 2.5cm

▶ 주머니길이 : 13cm

⑳ **안단선 그리기**

▶ **7′–24** : 4cm

▶ **13**에서 5cm 들어간 지점(**25**)에서 수직선을 그린다.

▶ **24–25**를 곡선 연결한다. 안단선 아랫부분은 밑단선에 기울기에 맞추어 약간 사선이 되게 그린다.

03 스커트 제도

01 스커트 원형(basic skirt)

● **필요치수**

(단위 : cm)

구 분	신체치수	패턴치수
허리둘레(W)	67	69
엉덩이둘레(H)	94	94
엉덩이길이(H.L)	18	18
스커트길이(Sk.L)	54	54

1-1 기초선

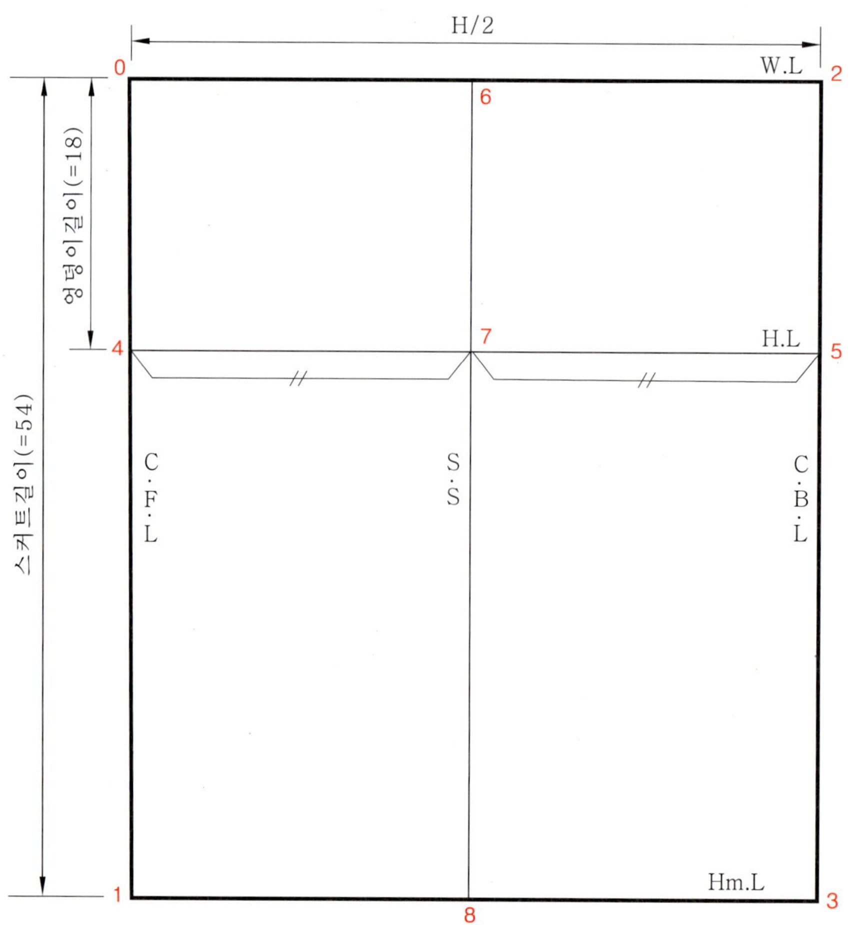

① 스커트길이(0-1) : 54cm

② 스커트폭(0-2) : H/2

③ 엉덩이길이(0-4, 2-5) : 18cm

④ 옆선(6-8) : 스커트폭을 2등분한 후 수직선을 그린다.

1-2 완성선

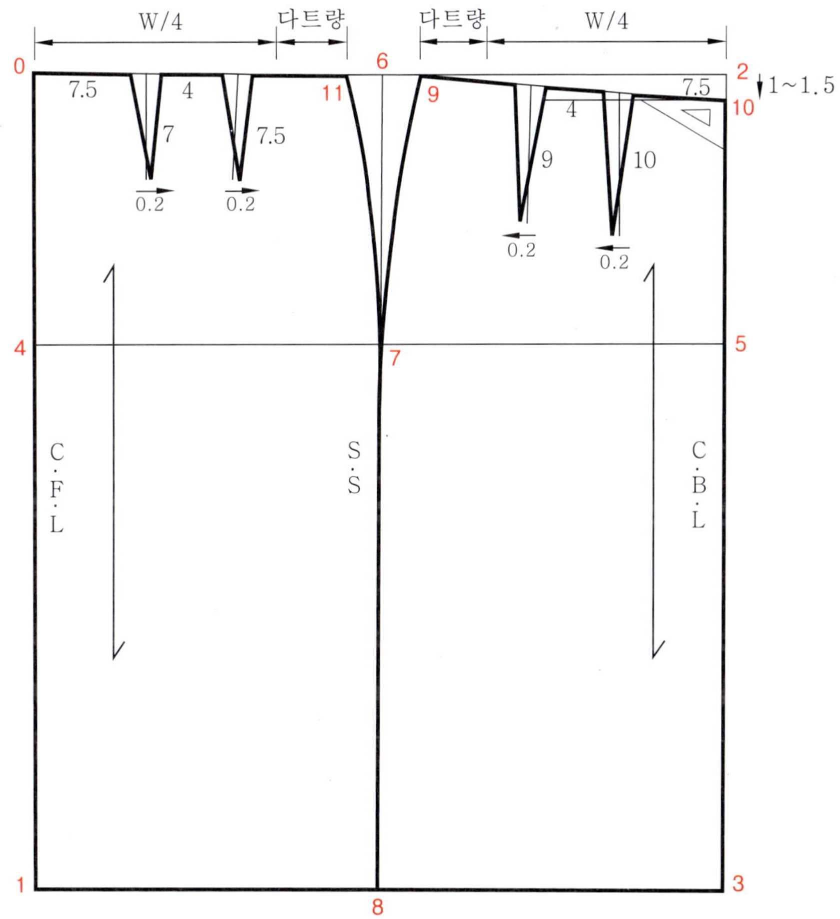

(1) 뒤판

① 옆선 깎임량(6-9)을 2.5cm 준 후 7과 9를 연결하여 옆선을 그린다.

② 뒤허리내림(2-10) : 뒤허리 중심을 1~1.5cm 내려준다.

③ 뒤허리선 : 뒤중심이 약 95° 되게 하여 완만한 곡선을 그린다.

④ 뒤다트량 : 9-10에서 허리둘레/4 한 나머지량

　　　　(중심다트가 옆선다트보다 다트량이 많아야 한다. 예를 들어 4.1cm인 경우, 중심
　　　　다트 2.1cm, 옆선다트 2cm를 준다.)

❺ 다트 그리기

▶ 중심다트 : 뒤중심선에서 7.5cm 들어가 중심선을 그린다.

다트길이 10cm을 그린 다음 옆선쪽으로 0.2cm 정도 이동시켜 다트 끝점을 잡은 후 다트를 그린다.

▶ 옆다트 : 중심다트에서 4cm 떨어진 위치에서 다트량을 잡는다.

다트량을 2등분한 후 중심선을 그린다.

다트길이 9cm을 그린 다음 옆선쪽으로 0.2cm 정도 이동시켜 다트 끝점을 잡은 후 다트를 그린다.

(2) 앞판

❶ 옆선깎임량(**6－11**)을 2.5cm 준 후 **7**과 **11**을 연결하여 옆선을 그린다.

❷ 앞다트량 : **0－11**에서 허리둘레/4 한 나머지량

(중심다트가 옆선다트보다 다트량이 많아야 한다.)

❸ 다트 그리기

▶ 중심다트 : 앞중심선에서 7.5cm 들어가 중심선을 그린다.

다트길이 7cm을 그린 다음 옆선쪽으로 0.2cm 정도 이동시켜 다트 끝점을 잡은 후 다트를 그린다.

▶ 옆다트 : 중심다트에서 4cm 떨어진 위치에서 다트량을 잡는다.

다트량을 2등분한 후 중심선을 그린다.

다트길이 7.5cm을 그린 다음 옆선쪽으로 0.2cm 정도 이동시켜 다트 끝점을 잡은 후 다트를 그린다.

타이트 스커트(tight skirt)

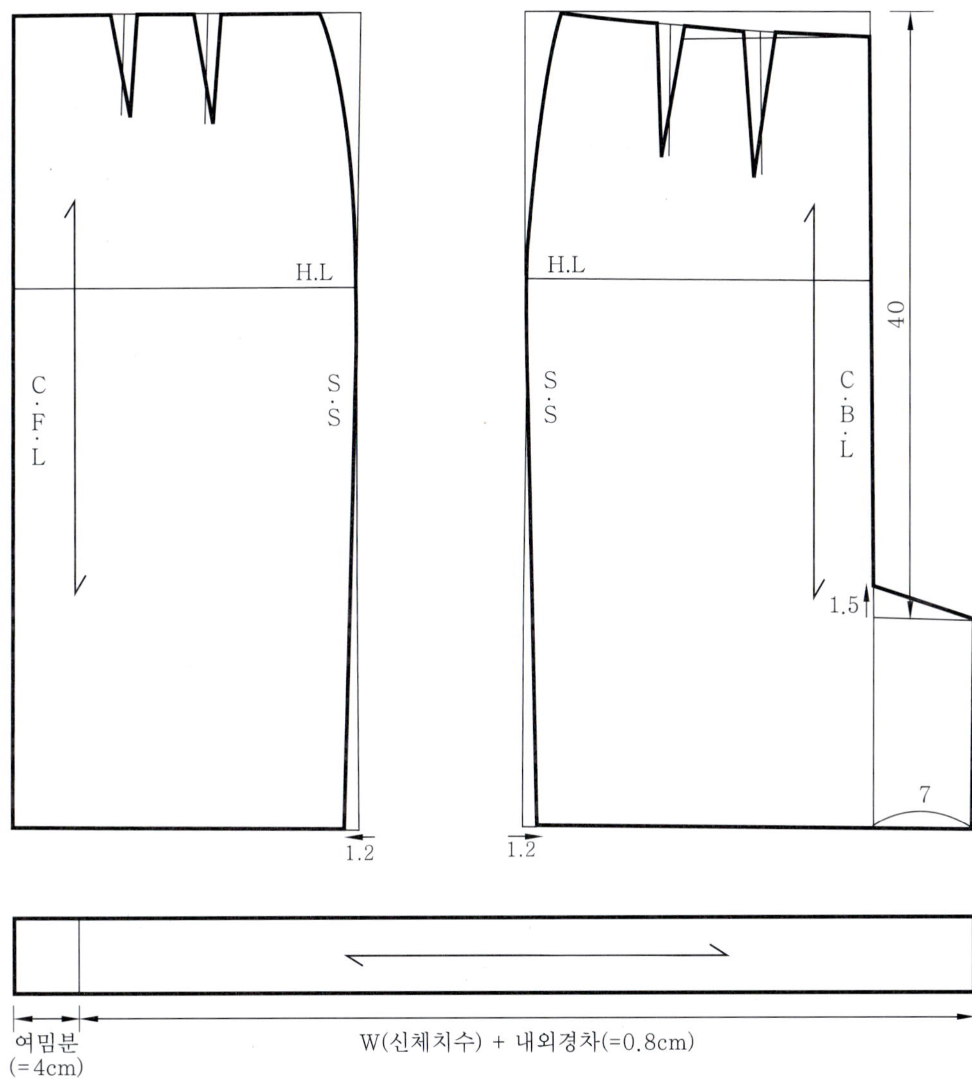

타이트 스커트

● **기본 스커트를 사용한다.**

❶ **밑단폭 :** 기본 밑단선에서 1.2cm 정도를 줄인다.

❷ 트임 폭은 7cm 정도로 하며 트임 위치는 기본 허리선에서 40cm 내린 지점으로 한다.

A라인 스커트(A-line skirt)

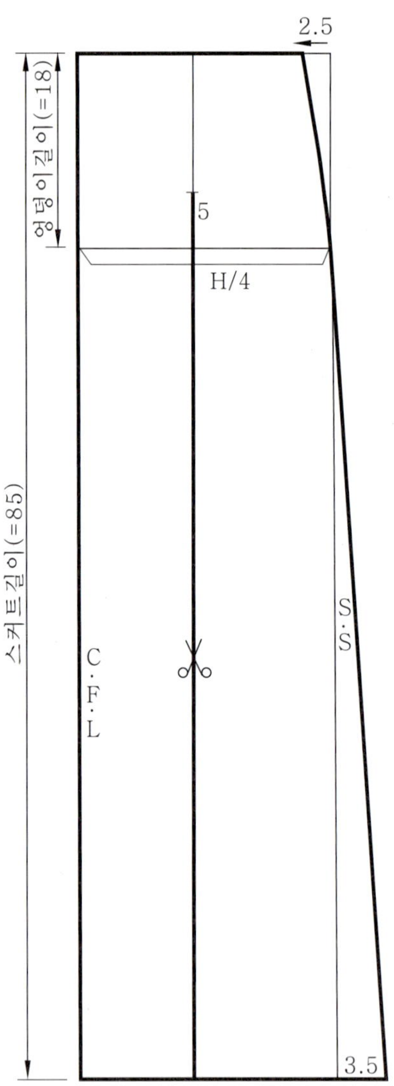

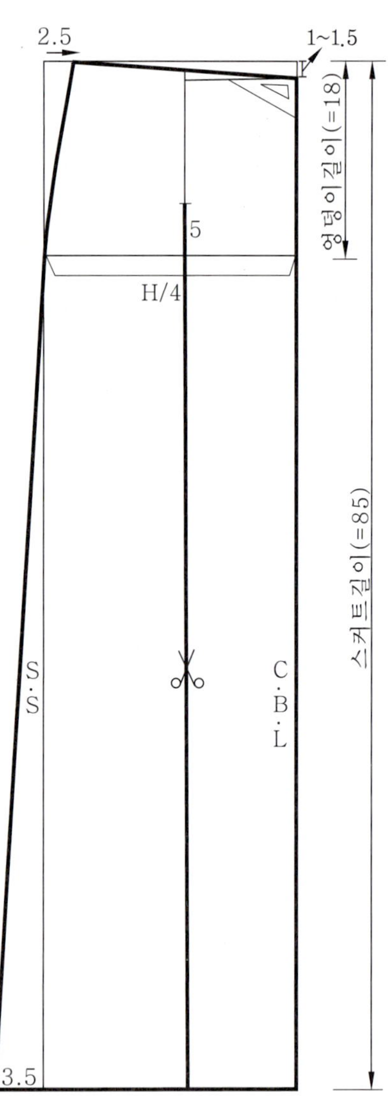

A라인 스커트(기초선)

---

tip 플레어 분량에 관하여

세미플레어 제도시 플레어 분량을 얼마나 주는가의 문제는 초보자뿐만 아니라 전문가인 패턴사들도 원단이나 디자인상의 실루엣에 따라 달라지기 때문에 그 분량을 정하기가 쉽지 않다.

의류업체에서는 여러 차례의 가봉과 수정을 걸쳐 얻은 실전 경험을 토대로 감각적으로 플레어 분량을 주는 것이 일반화되어 있다.

얼마를 벌려야 될까? 하는 질문보다는, 직접 가봉을 해보면서 스스로 감각을 익혀야 한다.

1 스커트길이 : 85cm

2 스커트폭 : H/4

3 엉덩이길이 : 18cm

4 옆선 깎임량을 2.5cm을 준 후 곡선 처리한다.

5 허리선 그리기

뒤 : 1~1.5cm 내린 지점을 연결하는 허리선을 그린다(이때 뒤중심선의 각이 100° 정도 나
오게 그린다).

6 밑단에서 얼마나 나갈지 정한다(일반적으로 3.5cm 정도 나가며, 이때 너무 많이 나가면 엉
덩이 부분의 둘레가 부족하게 된다).

7 다트가 없는 상태의 허리둘레선 이등분점에서 앞중심선과 평행으로 선을 그린 후 엉덩이둘
레선에서 5cm 올라간 지점까지 절개하여 벌려준다.(벌리는 분량은 스커트 길이와 디자인에
따라 다르나 A라인 실루엣을 벗어나지 않도록 한다.)

8 다트 그리기

벌린 위치를 기준으로 위쪽의 남는 분량을 접어준다.
허리다트량은 접은 상태에서 허리둘레를 재어 W/4를 제외하고 남은 분량으로 한다.
다트길이 : 앞다트 : 9cm, 뒤다트 : 11cm

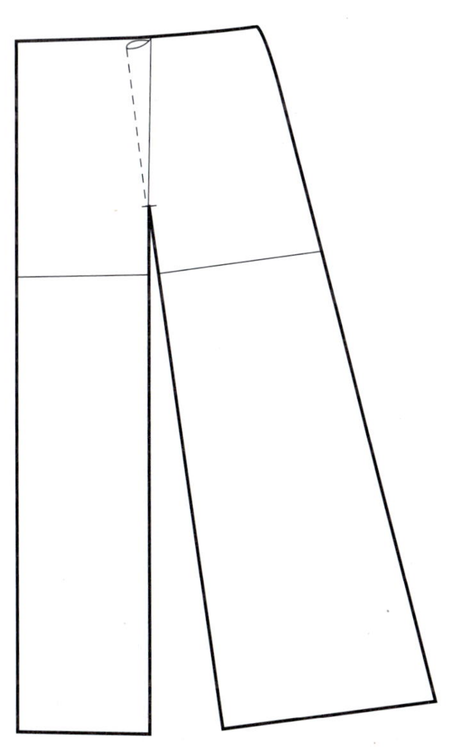

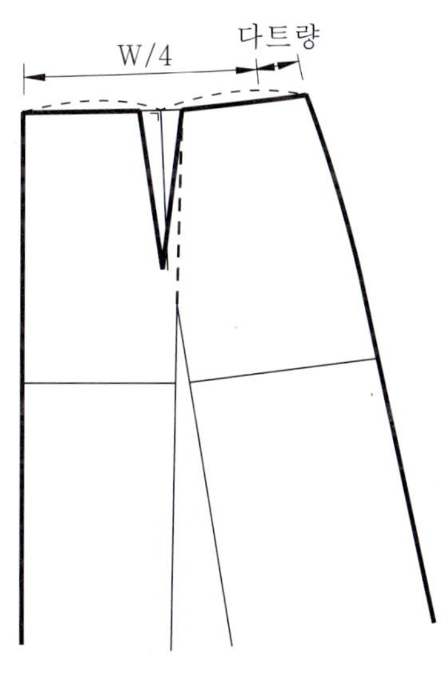

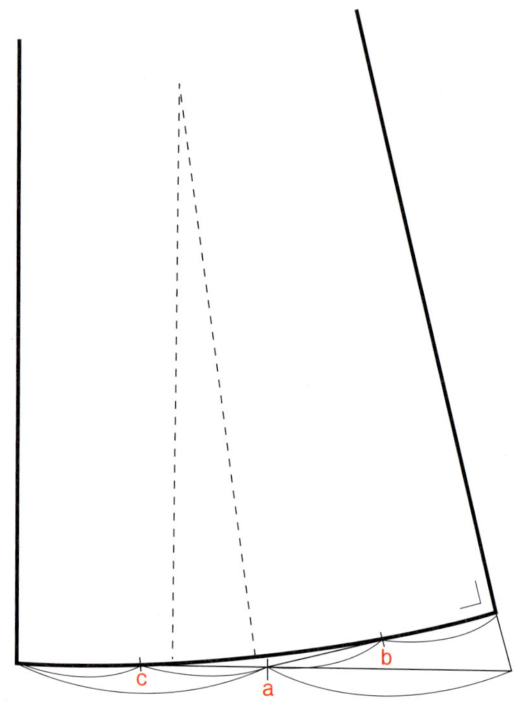

9 밑단정리

밑단을 2등분한 점(a)에서 옆선에 직각이 되는 선을 긋는다. 이 선을 다시 이등분한(b) 후 앞중심선에서 (a)까지 이등분한 점(c)을 직선으로 긋는다. 각이 진 부분을 곡자를 사용하여 곡선 처리한다.

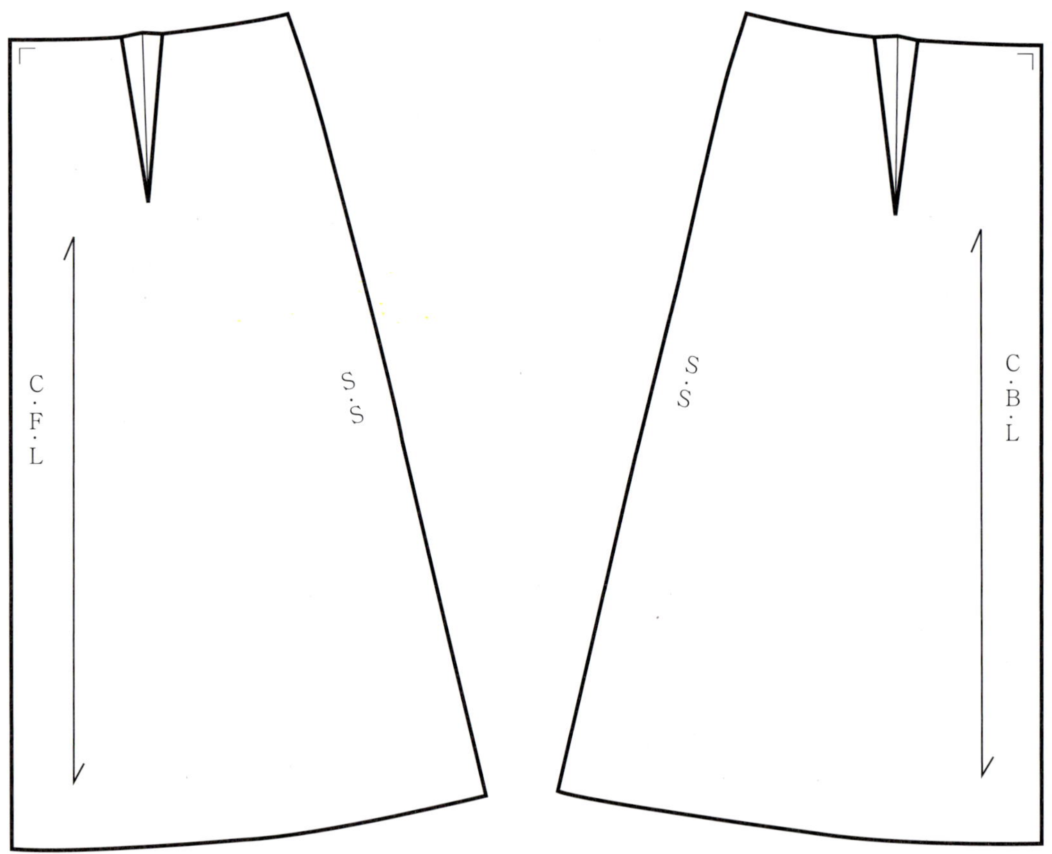

A라인 스커트(완성선)

04 플레어 스커트(flare skirt)

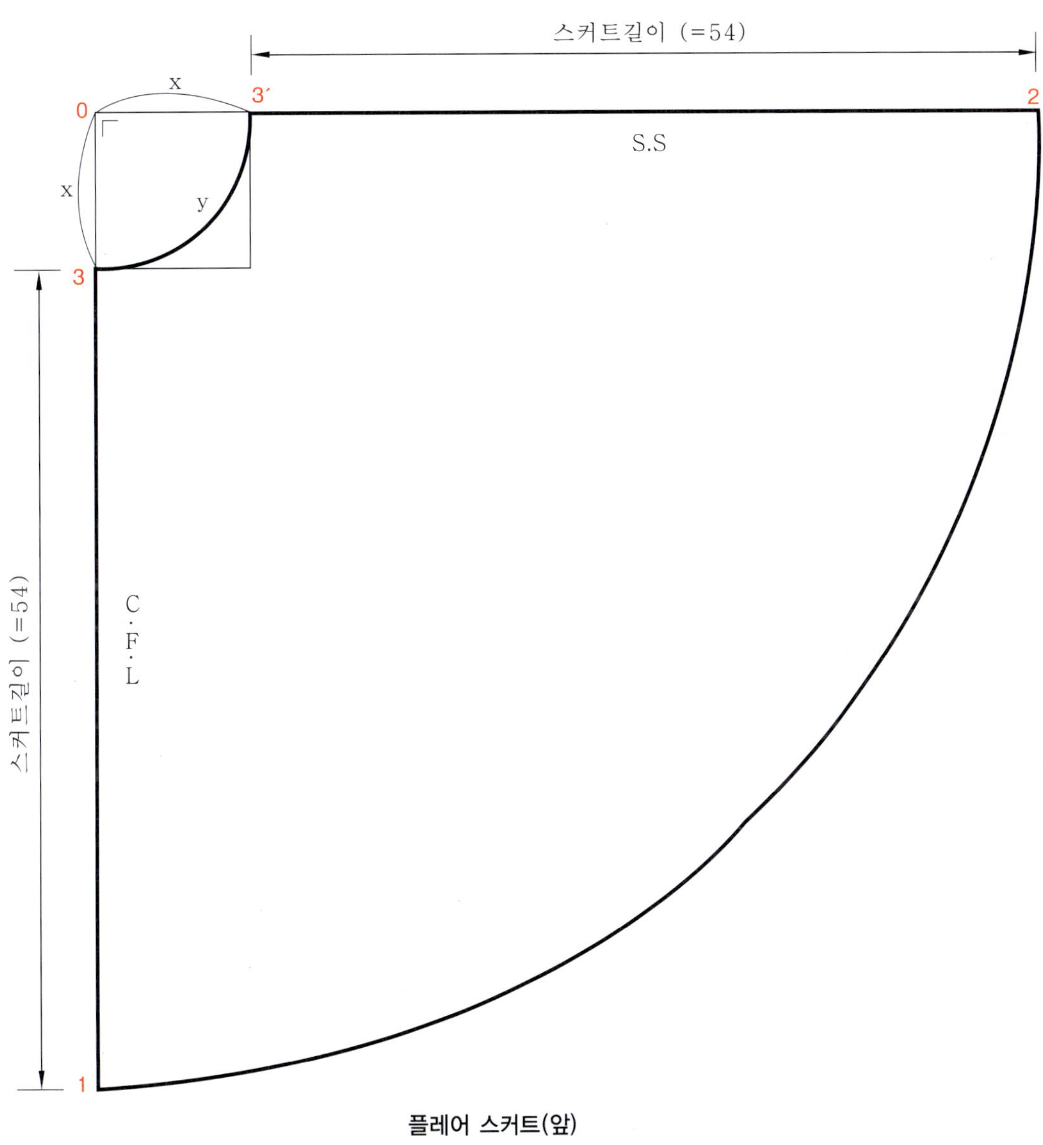

플레어 스커트(앞)

(1) 앞판

❶ 직각자를 사용해서 앞중심선(0-1)과 옆선(0-2)을 긋는다.

❷ x의 길이(0-3, 0-3´)을 정한다.(x를 만드는 공식은 P.69 참고)

❸ **허리둘레** : $W/4-1.3cm(y)$
  x점 위치에서 허리둘레선 y를 만들어준다.

❹ **스커트길이** : 바이어스 방향으로 더 많이 늘어나므로 벨트를 달고 다시 길이를 재어 정리한다.

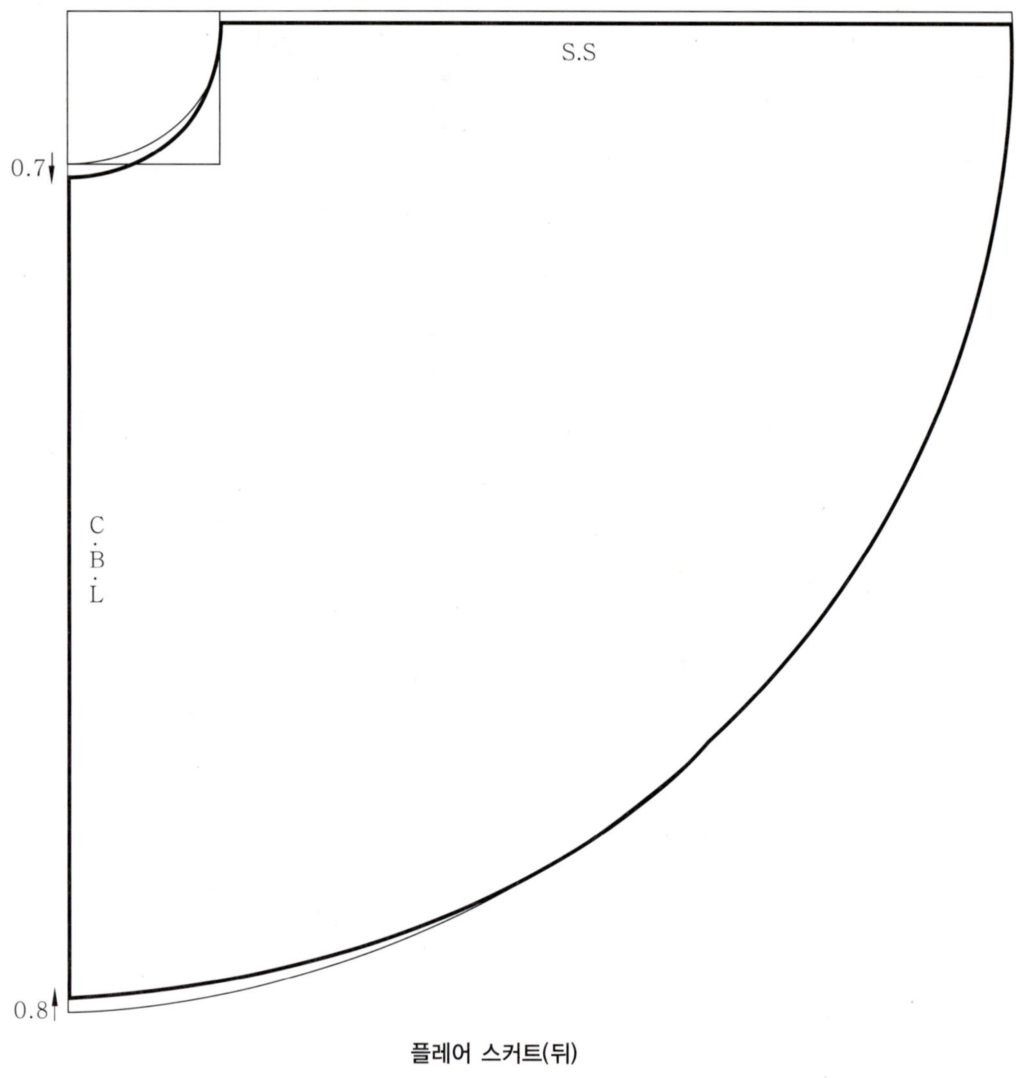

플레어 스커트(뒤)

(2) 뒤판

❶ 앞판을 trace한다.

❷ **뒤허리 내림** : 0.7cm 정도만 내려주고, 나머지 0.8cm는 밑단에서 줄여준다.
 (이론상 뒤허리선을 내리는데, 허리선이 위로 들리고 중심쪽으로 플레어가 물리는 현상이 생겨 외관이 좋지 못하므로 봉제 후 밑단을 깎아주는 것이 좋다.)

❸ **옆선결정** : 허리둘레 치수를 정한 후 옆선을 그린다.

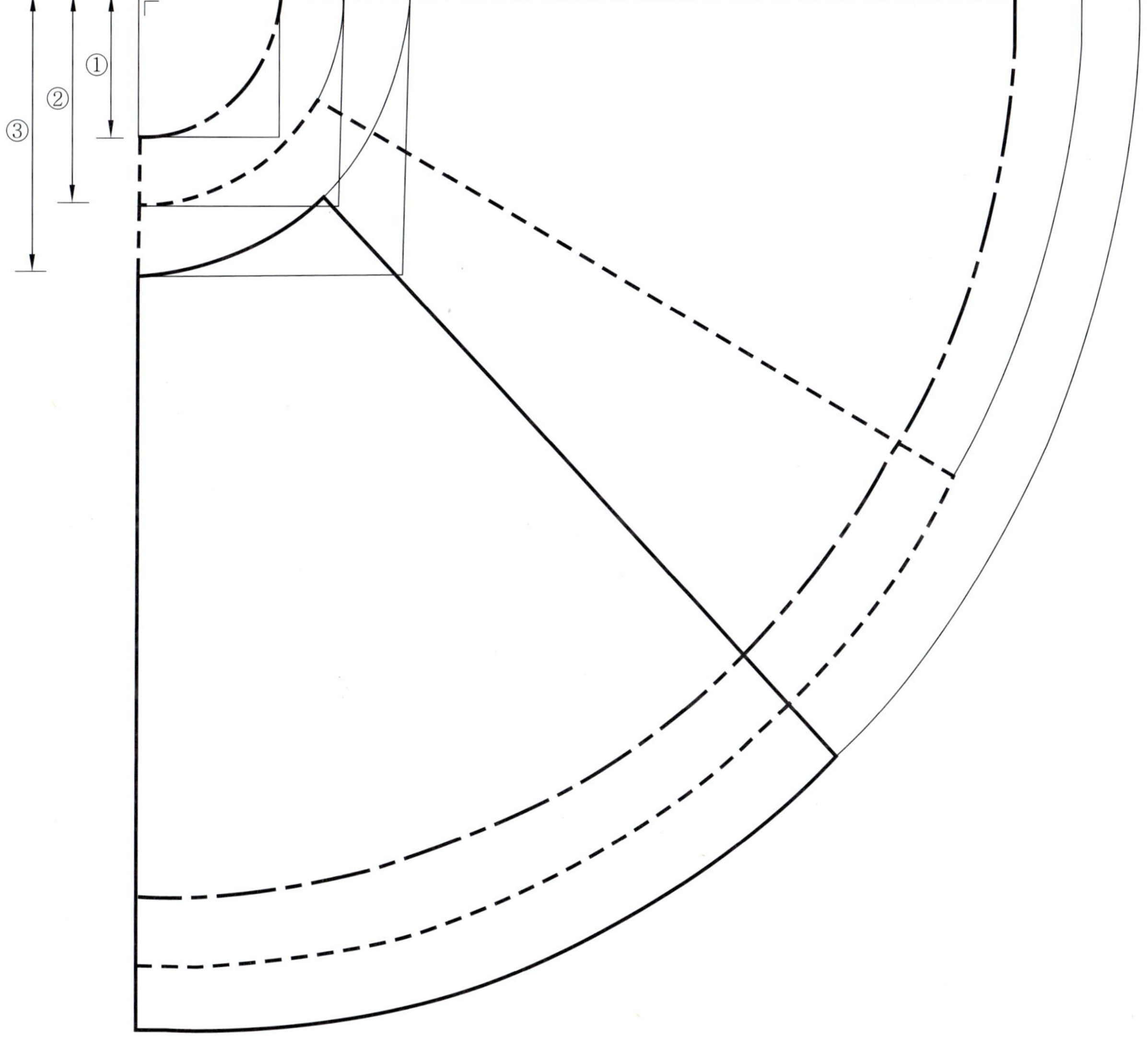

tip · **허리둘레에 관하여**

플레어 스커트는 타이트 스커트와 같이 원통형으로 몸매를 따라 맞추는 것이 아니라 허리선만 맞추고 플레어가 예쁘게 만들어 지도록 해야 한다. 따라서, 허리부분에 여유분을 주는 것이 아니라 제 허리 사이즈보다 작게 하여 허리벨트를 달아주어야 한다.

1-1 6쪽 고어 스커트(6 gored skirt)

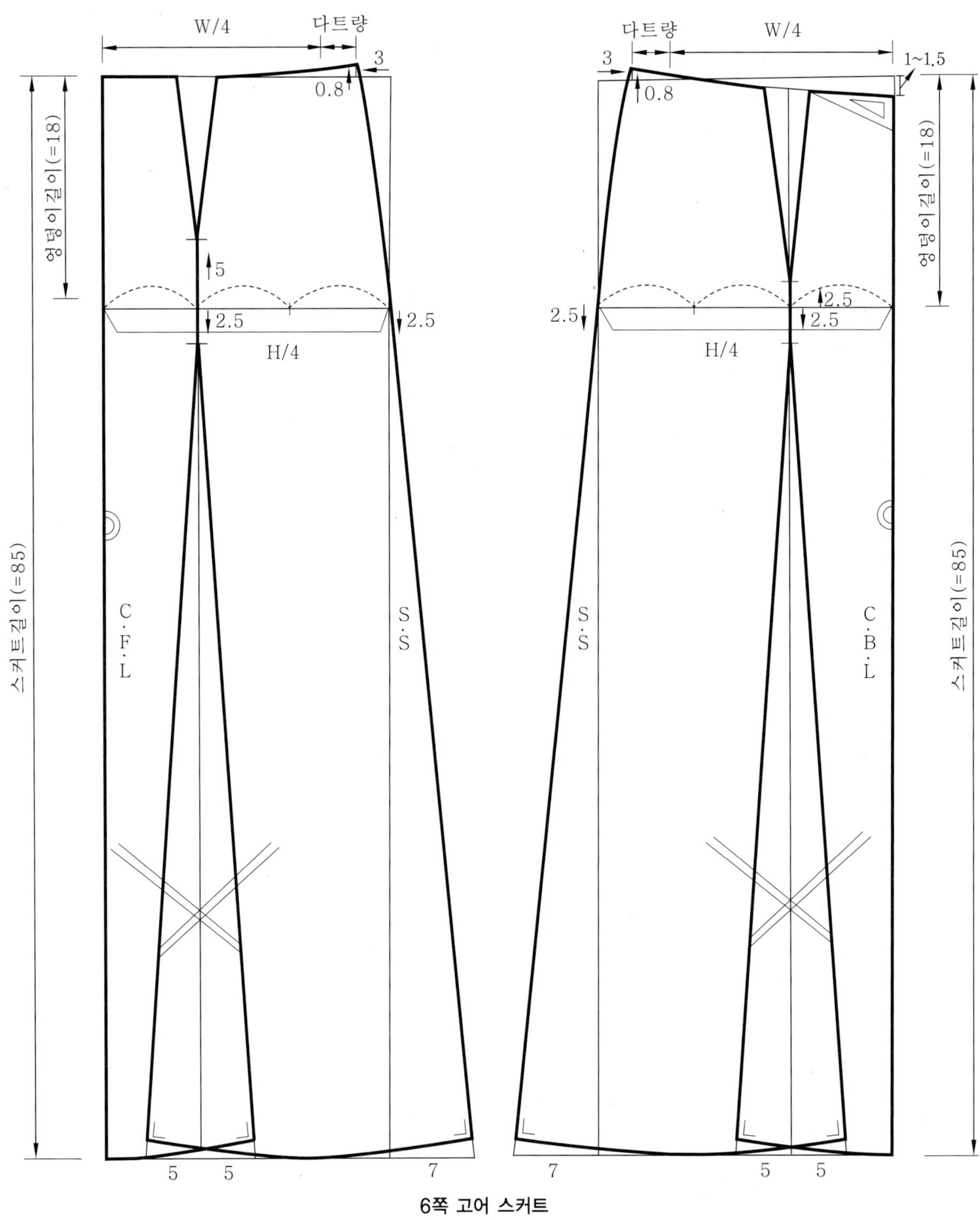

6쪽 고어 스커트

① **스커트길이** : 85cm

② **스커트폭** : H/4

③ **엉덩이길이** : 18cm

④ **옆선 깎임량** : 3cm을 준 후 옆선을 그린다.

⑤ **뒤허리선 그리기** : 뒤중심선에서 1~1.5cm을 내린 후 허리선을 그린다.

⑥ **허리선 그리기**
- ▶ 뒤 : 뒤중심선에서 1~1.5cm을 내린 후 옆선에서 0.8cm 올라간 지점과 연결하여 허리선을 그린다.
- ▶ 앞 : 0.8cm 올라간 지점을 연결하는 허리선을 그린다.

⑦ **고어 중심선 그리기**
앞 · 뒤 엉덩이선을 3등분한 후 1/3 위치에 중심선을 그린다.

⑧ **다트 그리기**
- ▶ 앞 · 뒤 다트량 : 허리둘레선에서 W/4를 뺀 분량
- ▶ 다트길이　앞 : 엉덩이선에서 5cm 올라간 지점까지
　　　　　　뒤 : 엉덩이선에서 2.5cm 올라간 지점까지

⑨ **플레어 분량** : 고어 중심선 5cm, 옆선 7cm한 후 엉덩이둘레선에서 2.5cm 내린 지점과 연결한다(허리선부터 밑단까지 각진 부분이 없도록 자연스러운 선을 그린다).

⑩ 밑단선을 정리한다.

 1-2 8쪽 고어 스커트(8 gored skirt)

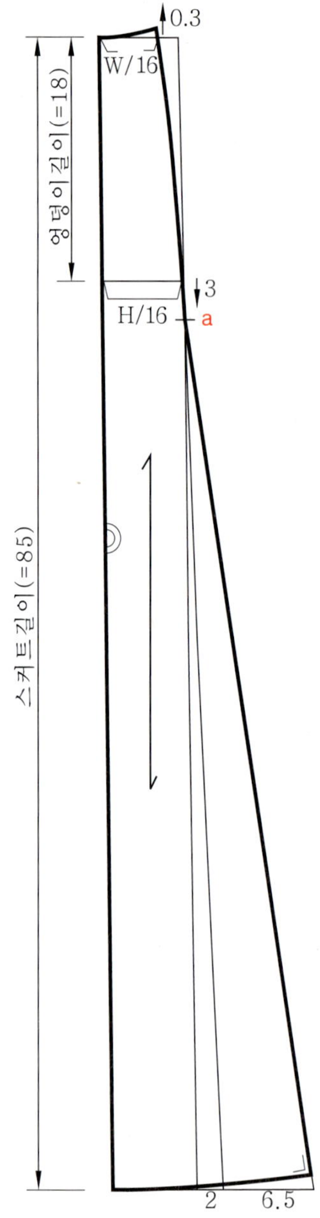

8쪽 고어 스커트

① **스커트길이** : 85cm

② **스커트폭** : H/16(고어 스커트의 경우 엉덩이둘레에 여유를 주지 않는 것이 외관상 더 좋다.)

③ **엉덩이길이** : 18cm

④ 허리에서 W/16을 잡고 허리선에서 엉덩이둘레선까지 옆선을 그린 후 기본 밑단에서 2cm(실루엣에 따라 달라질 수 있음) 나간 점과 엉덩이둘레선을 연결한다.

⑤ **허리선 그리기**

▶ 앞 : 허리선에서 0.3cm 올라간 지점과 연결한다.

▶ 뒤 : 두 개의 패턴을 연결해 놓은 상태에서 뒤허리선 처짐분을 그린다.(p.73 참고)

⑥ **플레어 분량**

밑단에서 6.5cm 나가 플레어 분량을 주고 엉덩이선에서 3cm 내린 지점(a)과 직선으로 연결한 후 a지점(플레어의 형태를 결정짓는 중요한 지점으로 이 위치에 따라 여러 형태의 스커트를 제도할 수 있다.)이 각이 지지 않도록 곡선 처리한다.

⑦ 밑단을 정리한다.

---

tip 제도 전에

고어 스커트는 양쪽이 대칭인 패턴이므로 패턴지를 반으로 접어놓고 제도하는 것이 좋다. 양쪽을 따로 그리다보면 선이 똑같이 나오기가 쉽지 않기 때문이다.

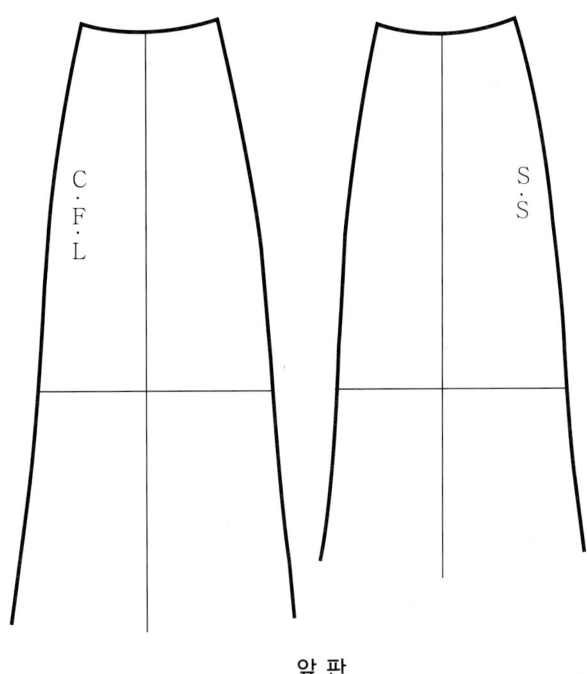

앞 판

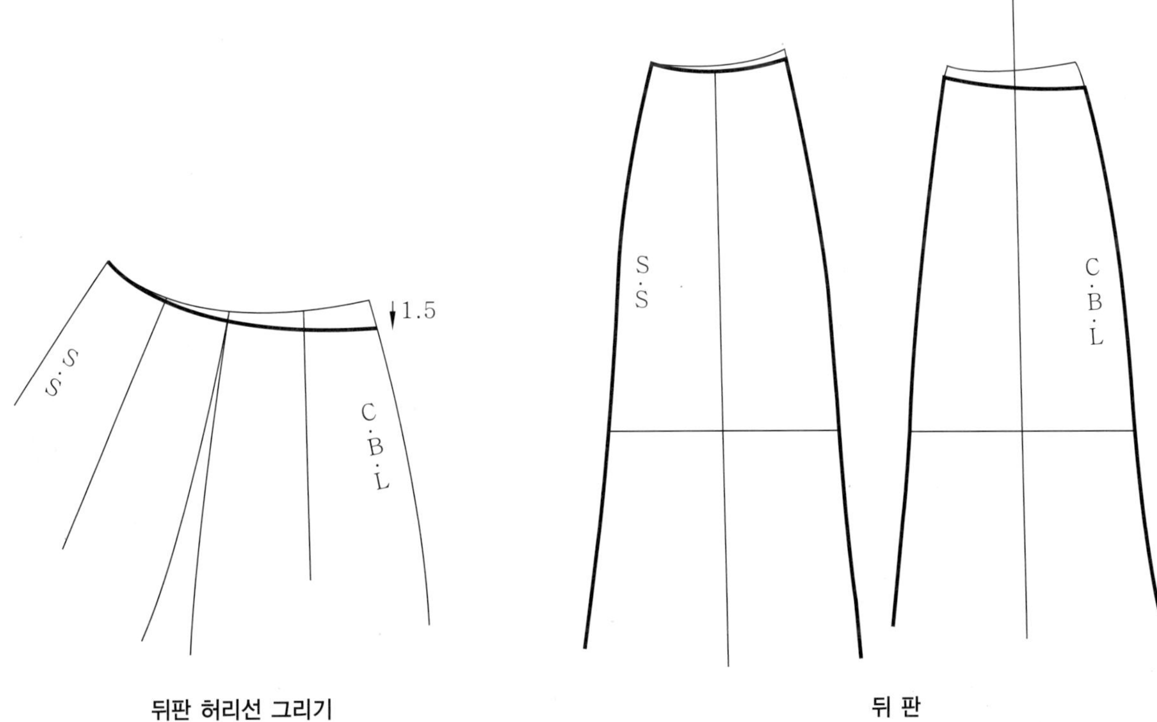

뒤판 허리선 그리기

뒤 판

1-3 12쪽 고어 스커트(12 gored skirt)

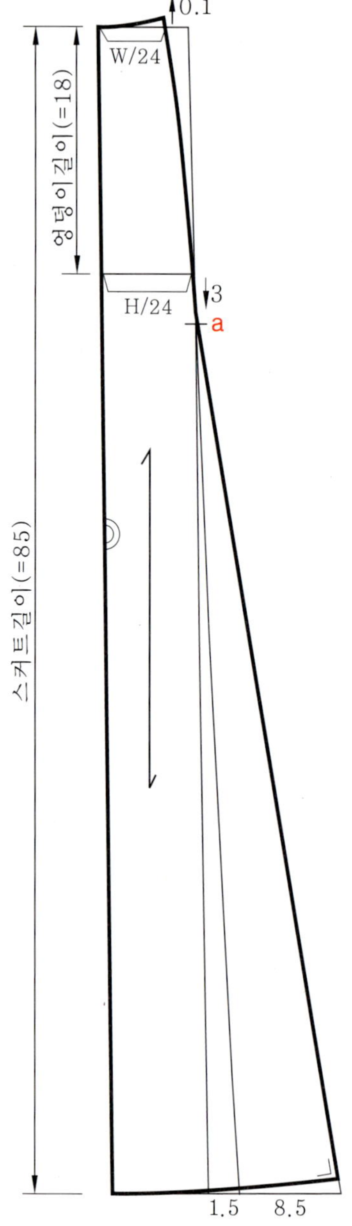

12쪽 고어 스커트

❶ **스커트길이** : 85cm

❷ **스커트폭** : H/24

❸ **엉덩이길이** : 18cm

❹ 허리에서 W/24를 잡고 허리선에서 엉덩이둘레선까지 옆선을 그린 후 기본 밑단에서 1.5cm(실루엣에 따라 달라질 수 있음) 나간 점과 엉덩이둘레선을 연결한다.

❺ **허리선 그리기**
  ▶앞 : 허리선에서 0.1cm 올라간 지점과 연결한다.
  ▶뒤 : 세 개의 패턴을 연결해 놓은 상태에서 뒤허리선 처짐분을 그린다.

❻ **플레어 분량**
  밑단에서 8.5cm 나가 플레어량을 주고 엉덩이선에서 3cm 내린 지점(a)과 직선으로 연결한 후 a지점이 각이 지지 않도록 곡선 처리한다.

❼ 밑단을 정리한다.

하이웨이스트 스커트 (highwaist skirt)

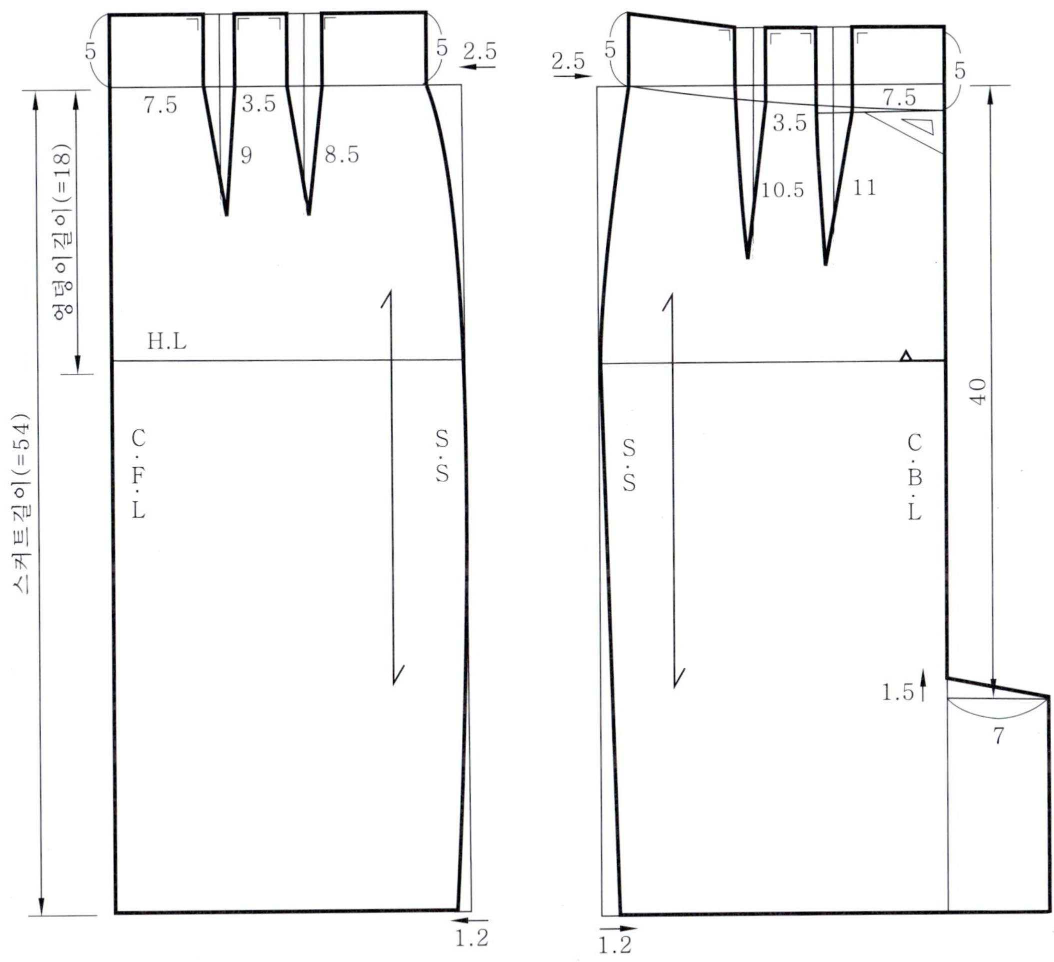

하이웨이스트 스커트

● **타이트 스커트를 사용한다.**

❶ 하이웨이스트 스커트는 허리밴드가 따로 없기 때문에 허리 사이즈가 늘어나는 경우가 많으
  므로 여유분을 주지 않는 것이 좋다.

❷ 5cm 올라간 지점에 하이웨이스트선을 그린다.

❸ 다트는 허리선에 직각이 되도록 그대로 올려 그려준다.

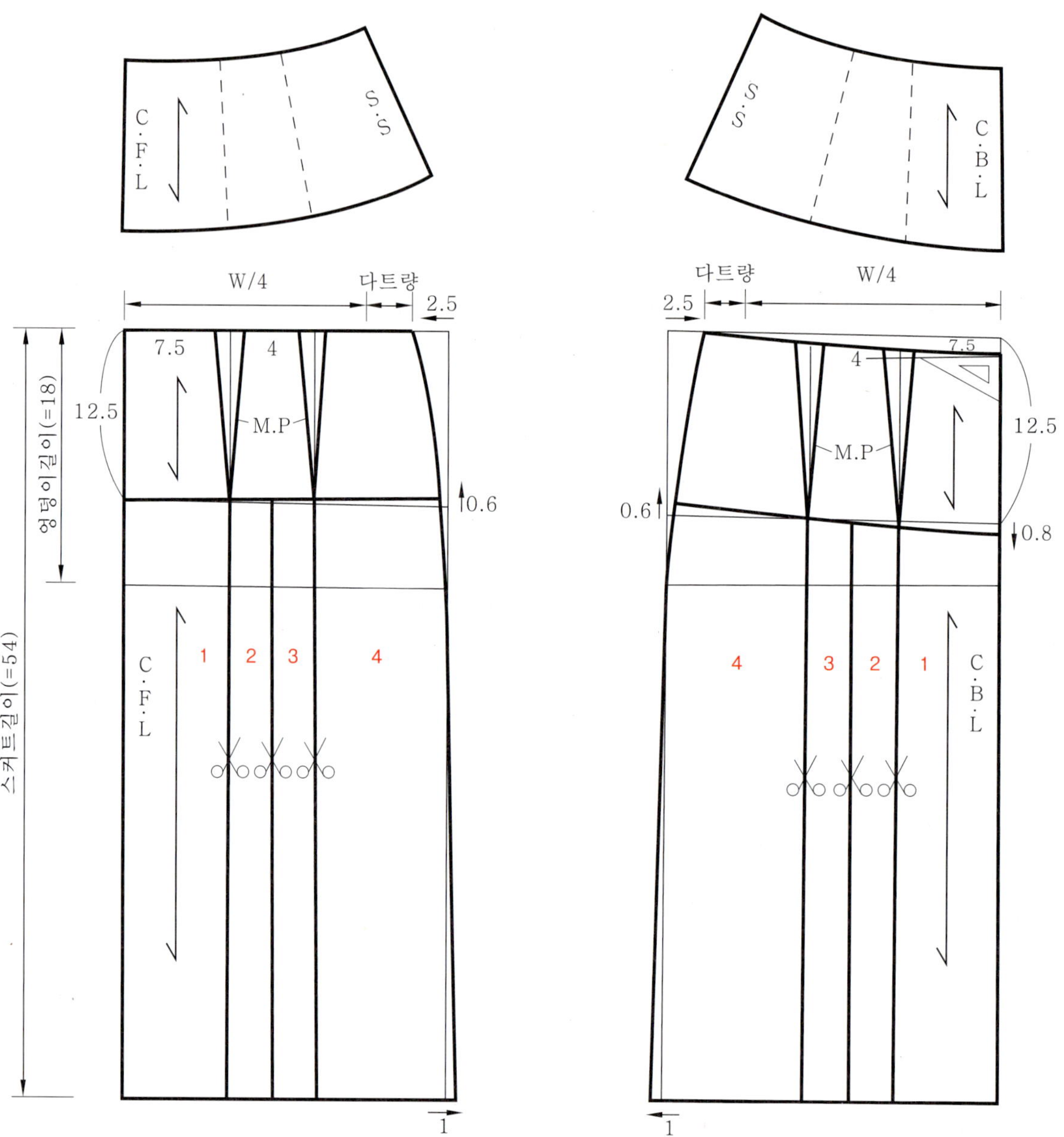

요크 스커트

● 타이트 스커트를 사용한다.

❶ 요크선
> ▶ 뒤요크선 : 뒤중심선에서 12.5cm를 내려 수평선을 그린 후 뒤중심에서 0.8cm 내리고
>   옆선에서 0.6cm 올린 후 곡선 처리한다.
> ▶ 앞요크선 : 앞중심선에서 12.5cm 내려 수평선을 그린 후 옆선에서 0.6cm 올려 곡선을
>   그린다.

❷ 옆선 : 밑단에서 1cm 나간 점과 엉덩이선을 연결한다.

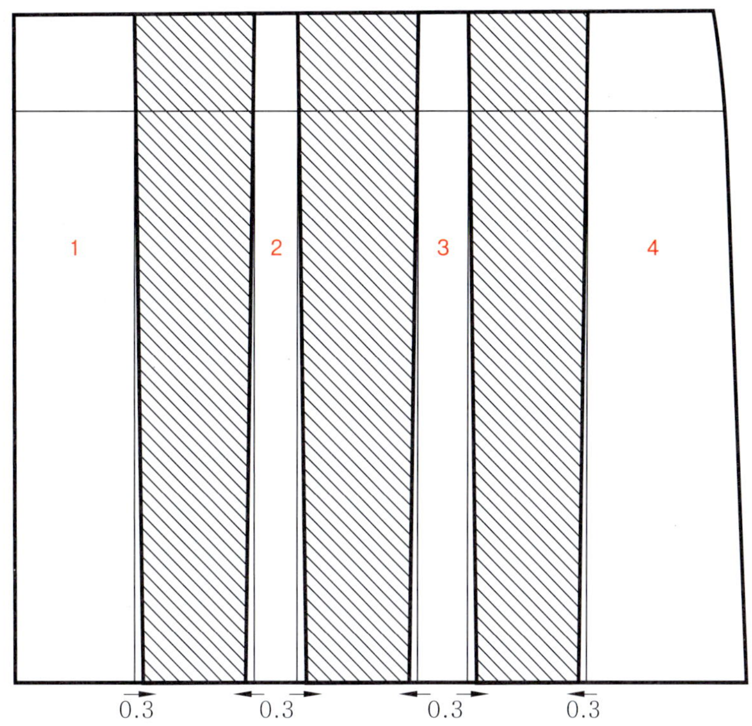
1
2
3
4
0.3
0.3
0.3
0.3

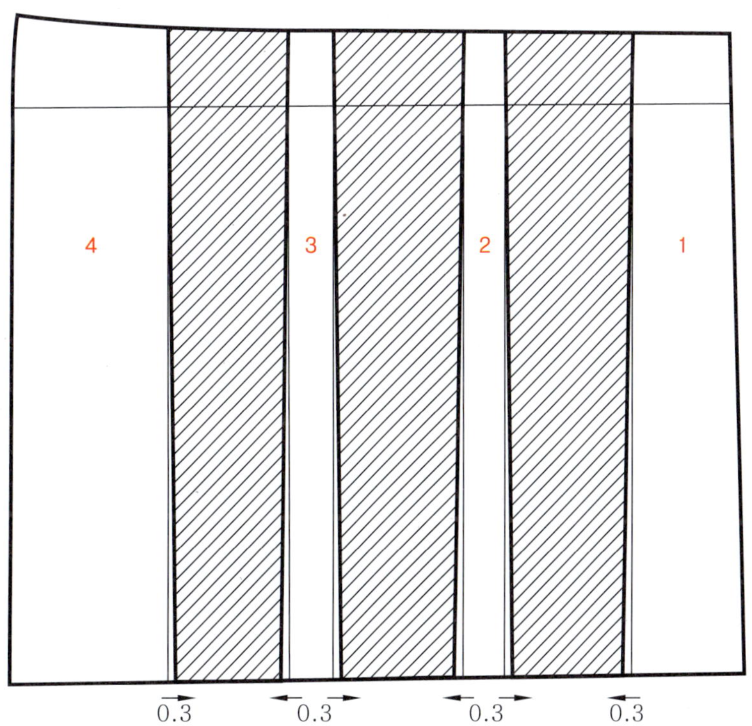
4
3
2
1
0.3
0.3
0.3
0.3

08 개더 스커트(gather skirt)

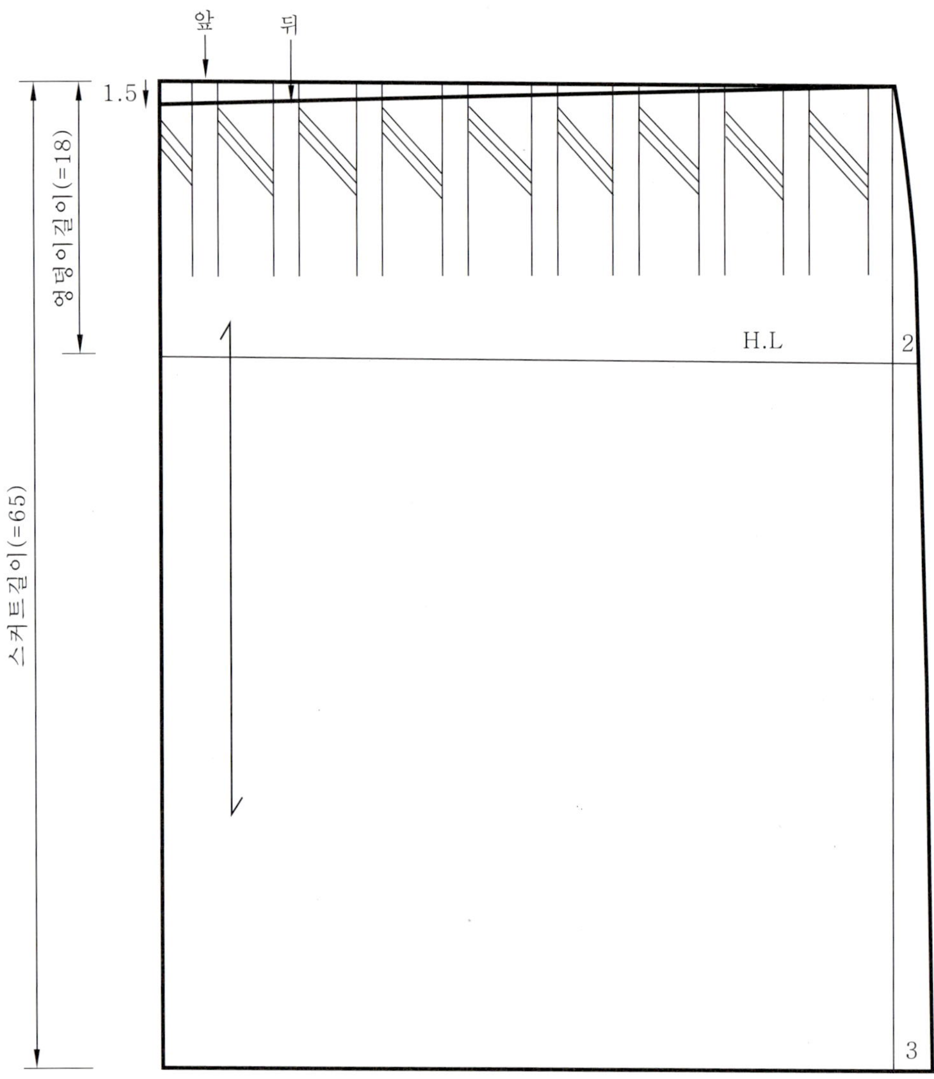

개더 스커트

① **스커트길이** : 65cm

② **엉덩이길이** : 18cm

③ **스커트폭** : 주름수와 개더분량을 결정하여 스커트폭을 잡는다.
  ▶ 뒤름분 : 완성 허리둘레 67cm, 주름수 9개인 경우
        $67 \div 4 = 16.75$cm, 16.75cm $\div$ 주름수 9개 $\fallingdotseq 1.9$cm
  ▶ 개더분량 : 주름분의 두 배가 적당하다.

④ 엉덩이둘레선에서 2cm, 밑단에서 3cm를 나가 옆선을 다시 그린다.

09 플리츠 스커트(pleats skirt)

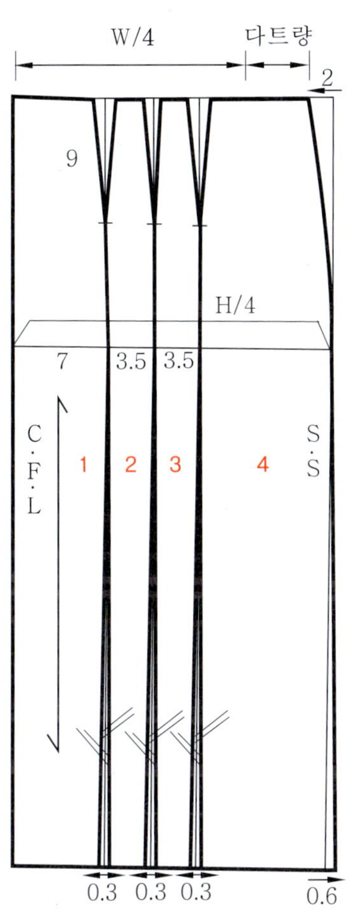

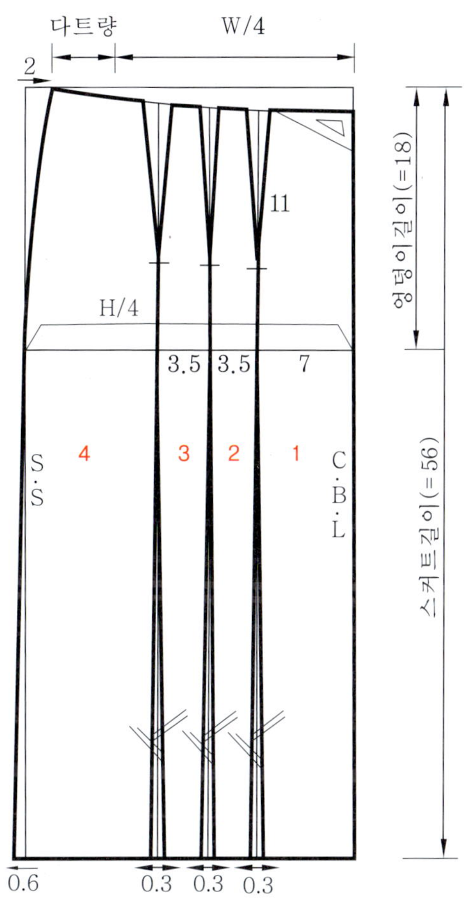

사이드 플리츠 스커트

(1) 기본선

❶ **스커트길이** : 56cm

❷ **스커트폭** : H/4

❸ **엉덩이길이** : 18cm

(2) 앞판

❶ 옆선 깎임량 2cm를 준 후 옆선을 그린다.

❷ 밑단에서 0.6cm 나간 지점을 엉덩이둘레선과 직선 연결한다.

(3) 플리츠 위치

엉덩이둘레선에서 앞·뒤중심선부터 7cm, 3.5cm, 3.5cm의 간격으로 잡은 후 엉덩이둘레선과 직각이 되게 허리선부터 밑단까지 직선을 그린다.

(4) 허리다트와 다트길이

❶ 다트량

▶ 앞 : 허리둘레선에서 W/4를 뺀 분량

▶ 뒤 : 허리둘레선에서 W/4를 뺀 분량

다트량을 양쪽 플리츠는 같은 분량으로, 가운데 플리츠는 양쪽 플리츠보다 적은 양으로 분산한다.

❷ 다트길이

▶ 앞 : 9cm, 뒤 : 11cm

❸ 플리츠 중심선 양쪽으로 0.3cm 정도 나간 지점과 엉덩이둘레선을 연결시킨다.

(스커트 모양을 A라인 느낌이 나게 하기 위한 것이다. A라인 느낌을 살려주지 않으면 스커트 모양이 타이트 스커트 형태를 그대로 유지하는 것이 아니라, 밑단부분의 주름이 약간씩 벌어지게 되므로 필히 0.3cm 정도 여유분을 주어야 한다.)

(5) 주름박음선

허리선에서 12.5cm(디자인에 따라 위치는 변경) 정도 내린 지점까지 박아준다.

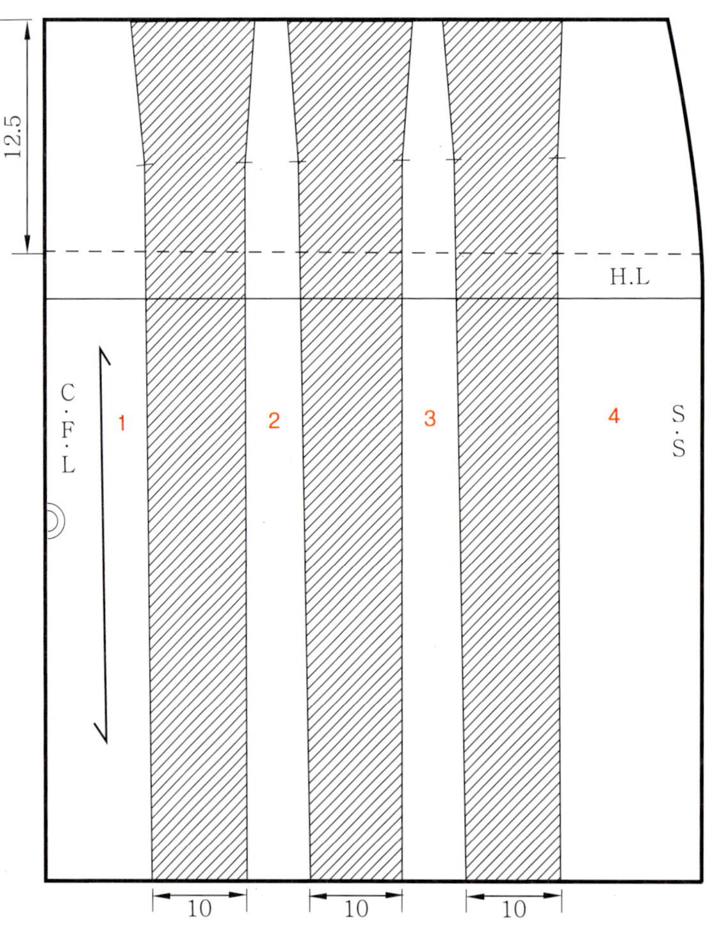

사이드 플리츠 스커트(앞)

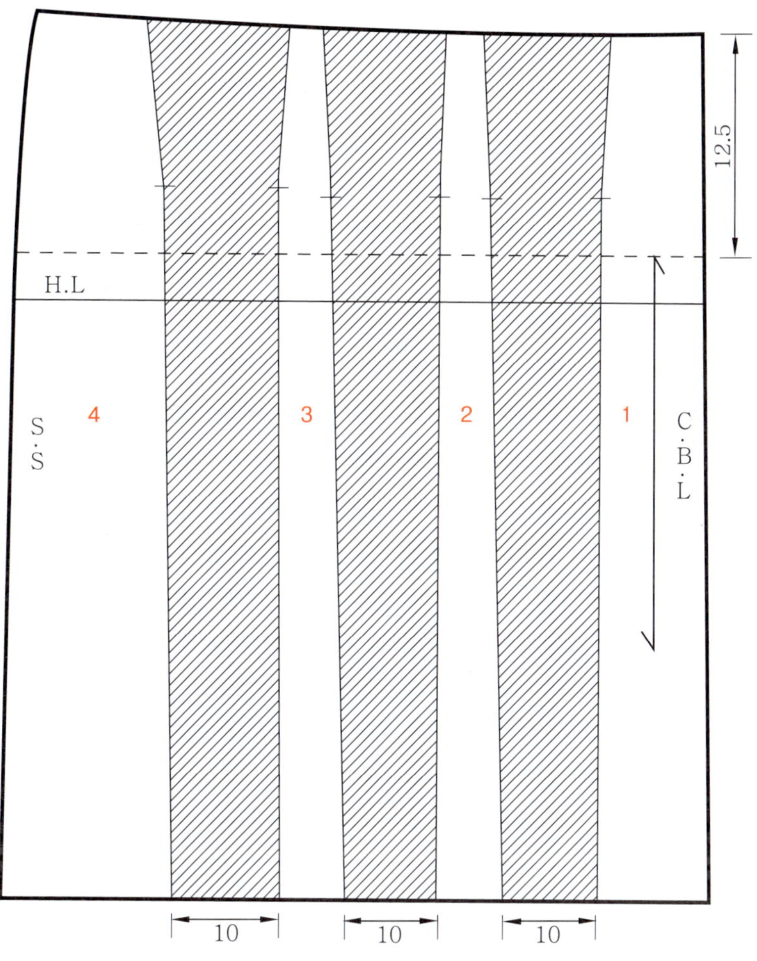

사이드 플리츠 스커트(뒤)

 **1-2 전체 플리츠 스커트**

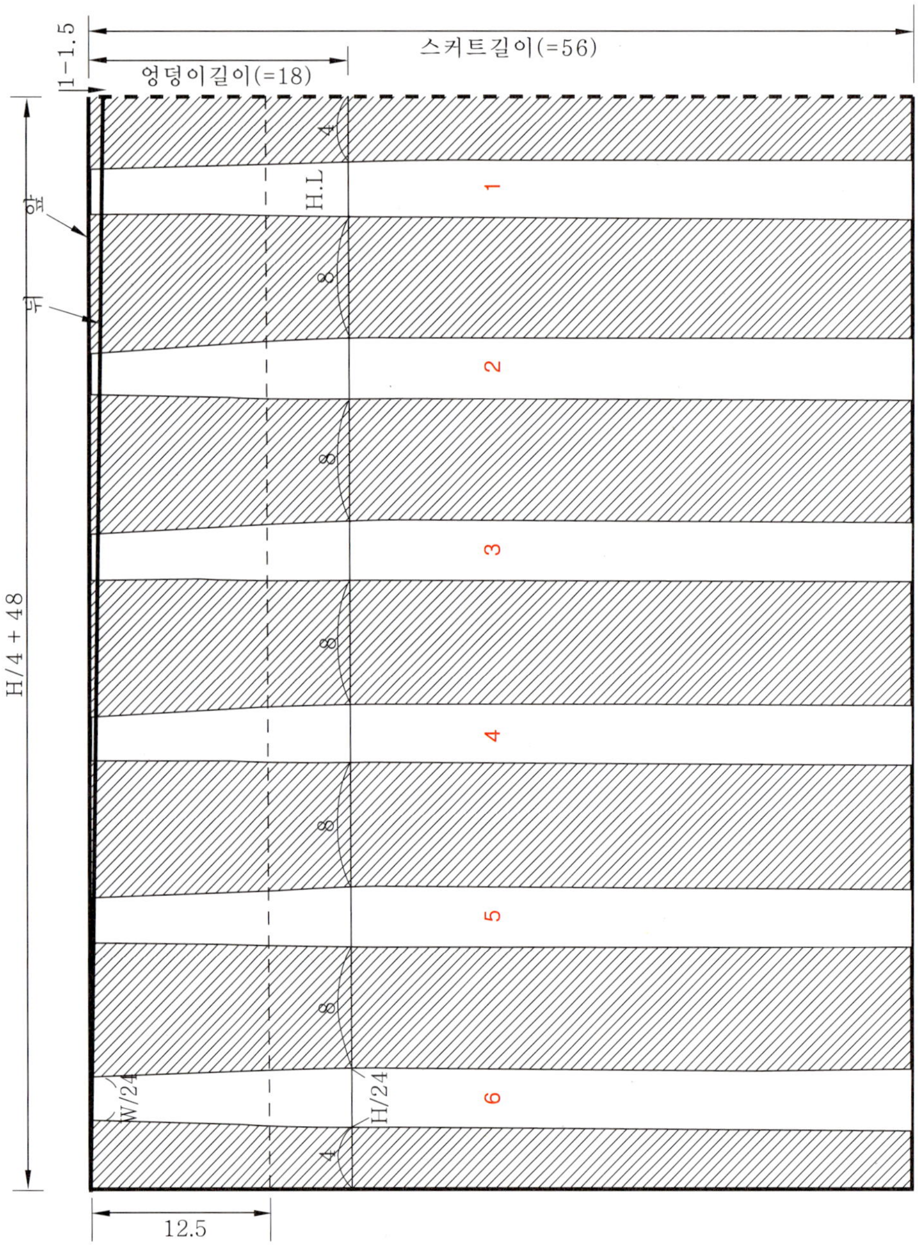

❶ **스커트길이** : 56cm

❷ **엉덩이길이** : 18cm

❸ **스커트폭** : H/4＋48cm(8cm 주름 6개) : 전체 주름 24개

❹ **주름박음선** : 12.5cm(디자인에 따라 위치는 변경)

❺ **뒤허리 내림** : 1~1.5cm 내려온 위치에서 직선으로 그어 허리선을 그려 준다.

---

tip　주름수, 원단폭에 대하여

제도하기 전에 먼저 해야 할 일은 주름폭(4cm)를 결정하는 것이다. 엉덩이둘레 치수를 주름폭으로 나누면 주름의 개수가 나온다.

주름폭의 2배 분량을 주름분으로 하여 벌려주면 된다(원단의 폭은 엉덩이둘레의 3배 정도가 들어가지만 기본 폭이 정해져 있는 관계로 주름 분량을 2배가 못되게 주는 경우도 있다).

예 엉덩이둘레를 96cm, 주름폭 : 4cm로 제도시

　주름의 개수＝96÷4＝24개

　필요한 원단폭 : 288cm(시접분은 제외)

　　150cm(60″)인 경우 두 폭을 사용하면 300cm,

　　112cm(44″)인 경우 세 폭을 사용하면 336cm,

　　91cm(36″)인 경우 네 폭을 사용하면 364cm

　　가 되므로 각각의 폭에 맞게 원단을 구입하면 된다.

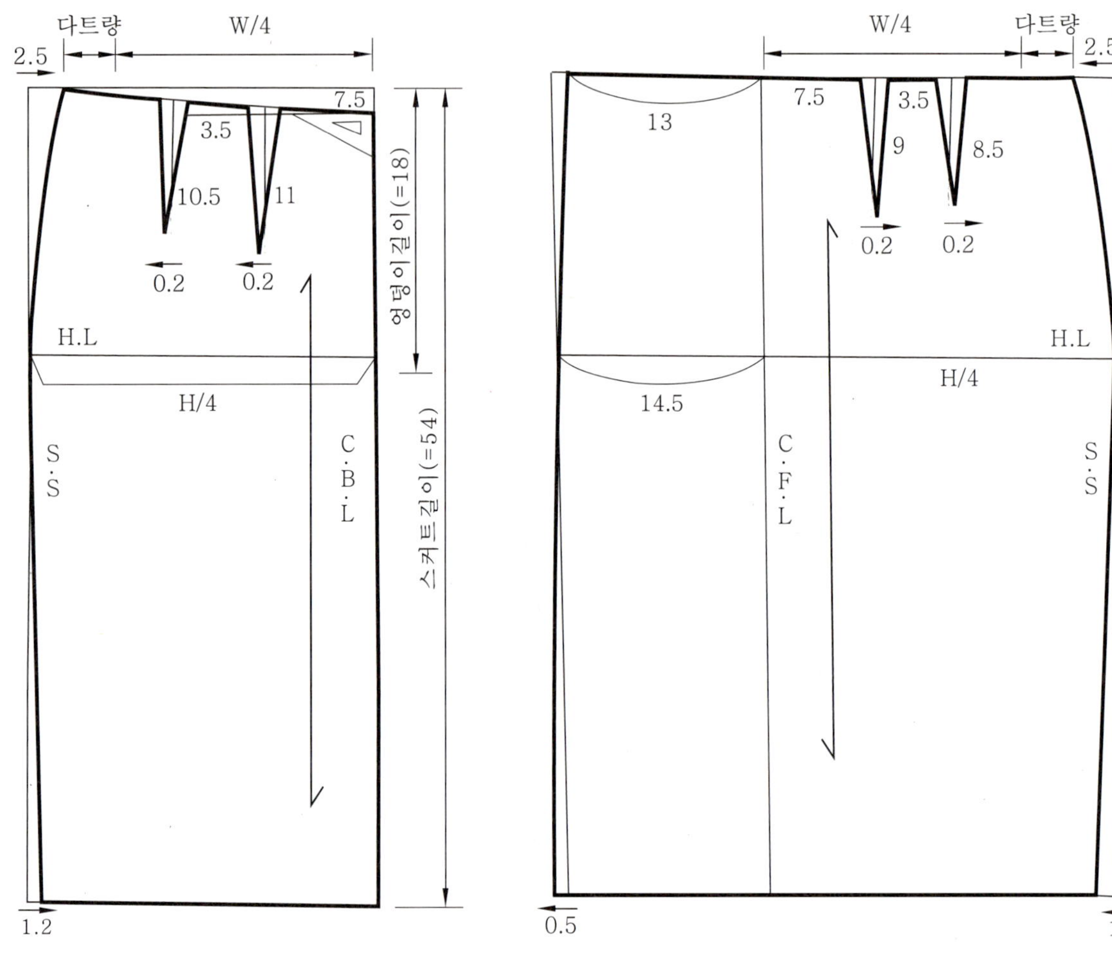

랩 스커트

● 타이트 스커트를 사용한다.

1 랩 부분 결정

엉덩이둘레선에서 14.5cm 분량을 더 준다(엉덩이둘레선에서 2/3 정도 겹치는 것이 좋다).

2 밑단에서 0.5cm 나간 점과 엉덩이둘레선을 직선으로 연결한다.

3 허리선에서 13cm 분량을 주고 나머지는 엉덩이둘레선까지 곡선으로 처리한다.

11 큐롯 스커트 (culottes skirt)

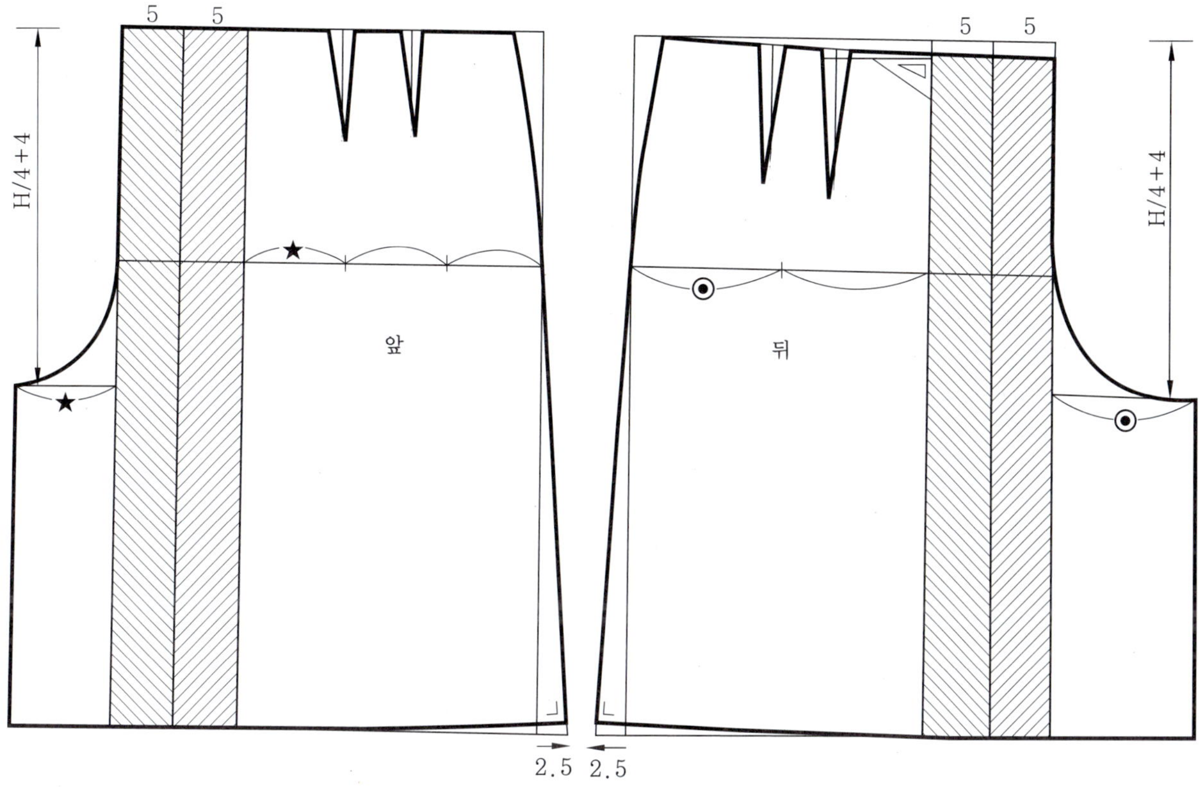

큐롯 스커트

● **기본 스커트를 사용한다.**

❶ **맞주름폭** : 10cm

❷ **밑위 치수** : H/4+4cm
  ▶ 앞샅폭 : 엉덩이둘레 1/3 분량(★)
  ▶ 뒤샅폭 : 엉덩이둘레 1/2 분량(⊙)

❸ 밑단을 2.5cm 정도 나가서 옆선을 그린 후 밑단을 정리한다.

12 달팽이 스커트

(1) 1단계

8쪽 고어 스커트를 제도한다(플레어 분량 : 4cm).

(2) 2단계

❶ 엉덩이선을 기준으로 앞 · 뒤판 각각 4개의 패턴을 붙인다.

❷ 플레어가 시작될 위치를 잡는다.(a) : 엉덩이선에서 5cm 올라간 지점(디자인에 따라 변경할 수 있다.)

❸ 밑단에서 플레어가 만들어질 부분을 잡는다.(b)

❹ a−b, a′−b′를 연결하는 곡선을 그린다.

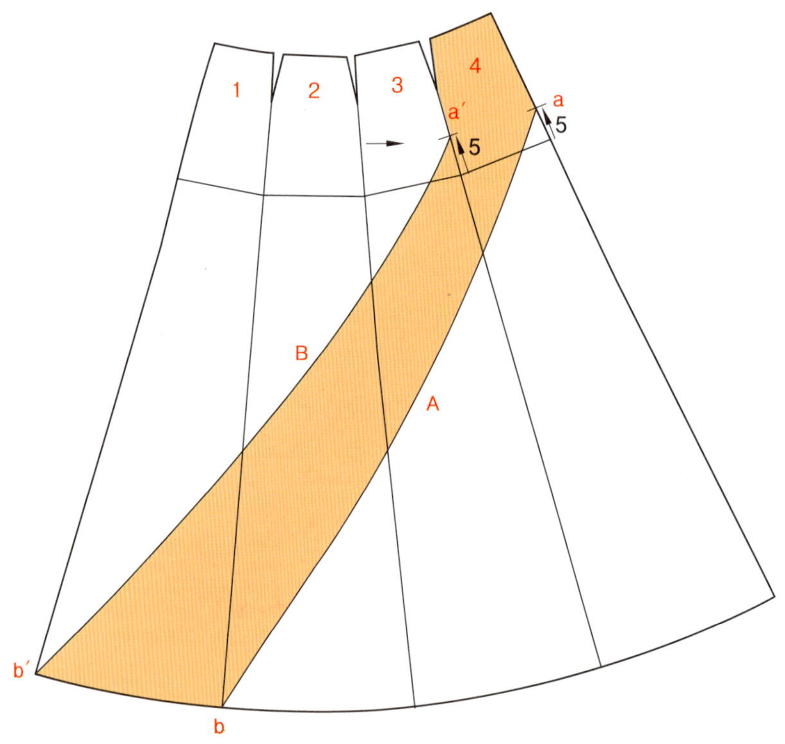

(3) 3단계

절개선을 자른다.

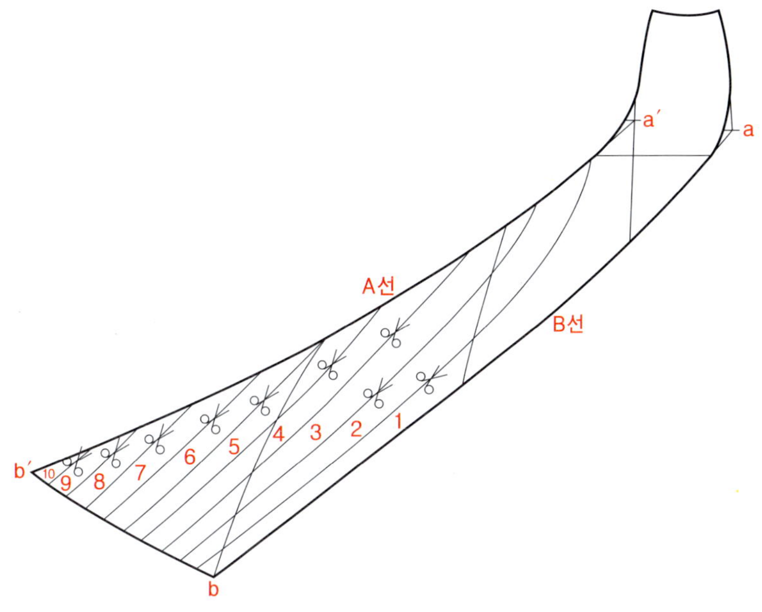

(4) 4단계

절개선을 절개한 후 플레어 분량을 벌려준다. 플레어가 지는 위치는 벌리는 분량에 따라 달라질 수 있다. b′로 갈수록 많이 벌리면 아랫부분에 플레어가 많아지게 된다.

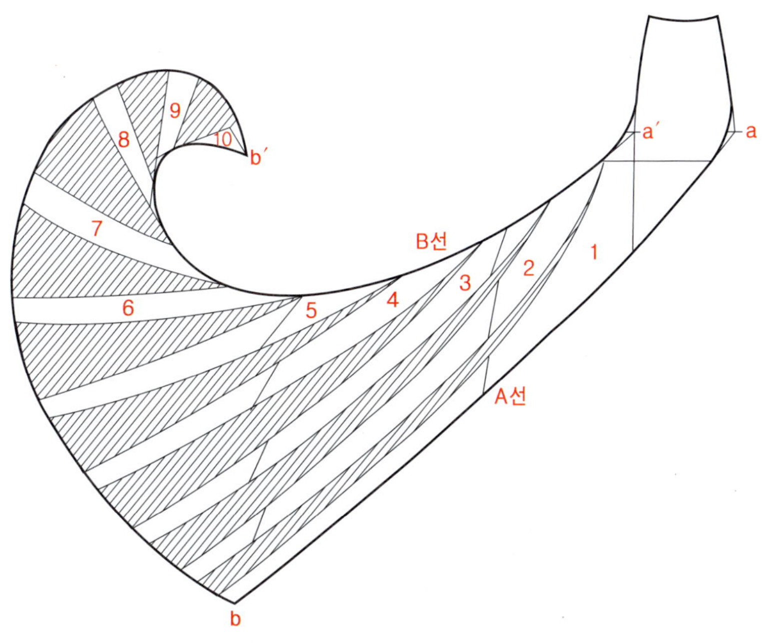

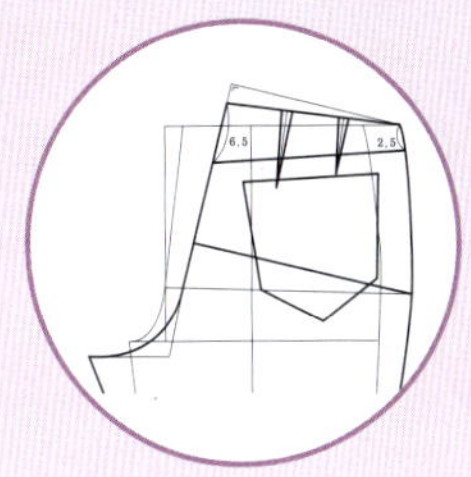

04 바지 제도

캐주얼 바지

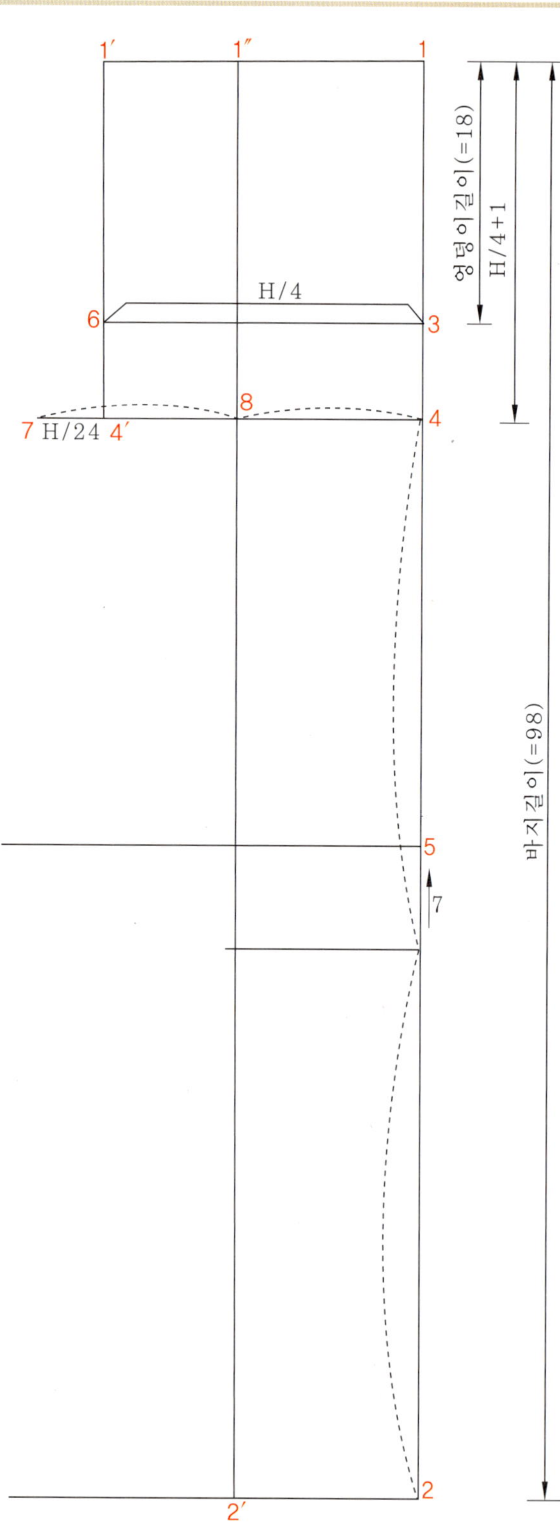

❶ **바지길이(1-2)** : 98cm

❷ **엉덩이길이(1-3)** : 18cm

❸ **밑위길이(1-4)** : H/4+1cm

❹ **무릎길이(1-5)** : **4-2**의 이등분점에서
7cm 올라간 위치

❺ **앞판폭(3-6)** : H/4

❻ **1′-4′** : **6**을 지나는 직각선을 그린다.

❼ **앞샅폭(4′-7)** : H/24

❽ **앞주름선점(8)** : **4-7**의 이등분점

❾ **1″-2′** : **8**을 지나는 직각선을 그린다.

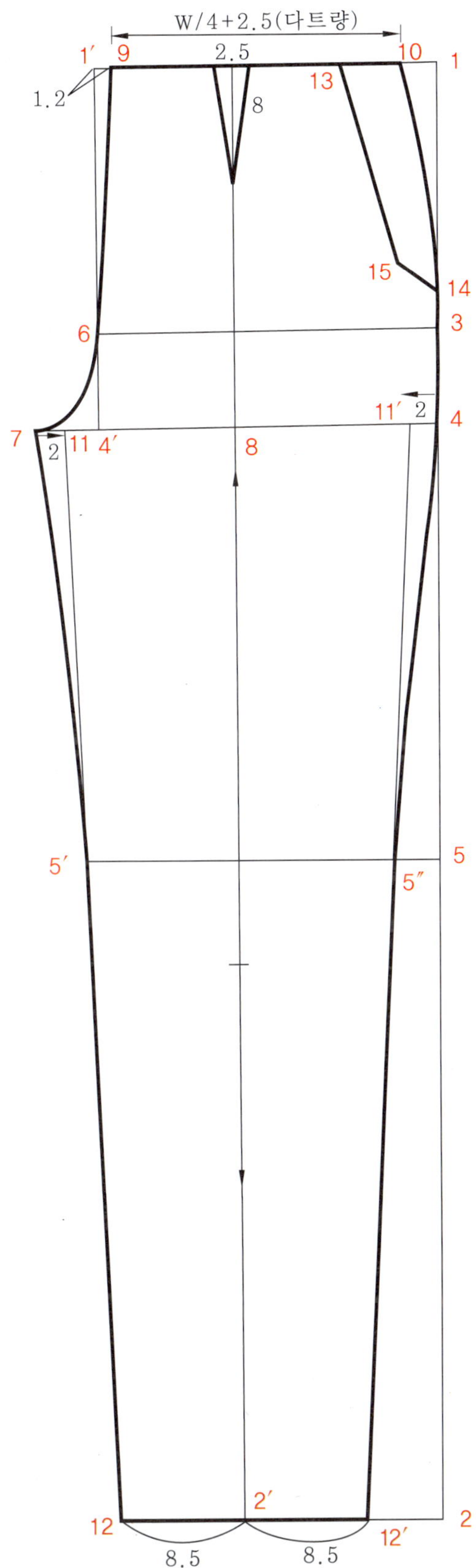

❶ **9** : **1′** 에서 1.2cm 들어간 점

❷ **앞중심선**(**9-6**) : 직선 연결

❸ **앞샅선**(**6-7**) : 곡선 연결

❹ **9-10** : W/4 + 2.5cm(다트량)

❺ **10-3** : 곡선 연결

❻ **11** : **7**에서 2cm 들어간 지점

❼ **바지부리선**(**2′-12**) : 8.5cm

❽ **밑아래선 그리기**
  ▸ **11-12**를 사선으로 연결한다.
  ▸ **5′-7**을 자연곡선으로 연결한다.

❾ **옆선 그리기**
  ▸ **2′-12′ = 2′-12**
  ▸ **4-12′ = 7-11**
  ▸ **11′**과 **12′**를 사선으로 연결한 후 **5″-4**를 자
    연곡선으로 연결한다(**7-12**와 **4-12′**는 같은
    모양의 곡선인 것이 좋다.)
  3-4 곡선 연결

❿ **다트 그리기**
  앞주름선상에서 다트길이 8cm, 다트량 2.5cm에
  다트를 그린다.

 1-3 뒤판 제도

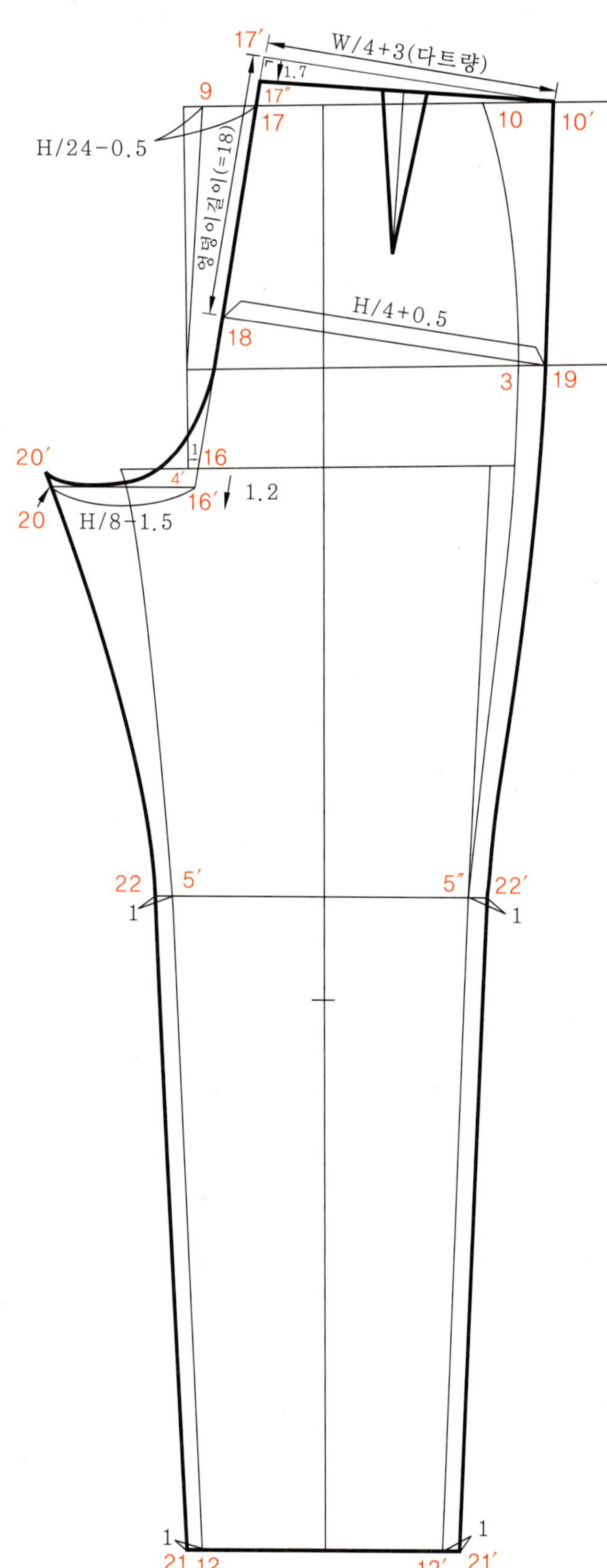

뒤판은 앞판을 기준으로 제도한다.

❶ 16 : 4′에서 1cm 들어간 점

❷ 9−17 : H/24−0.5cm

❸ 뒤중심선(16−17) : 직선 연결

❹ 17′−10′ : 16−17선에 직각이면서 앞판 허리선을 연장한 선상에서 W/4+ 3cm(다트량)가 되는 점을 찾아 연결한다.

❺ 17″−10′ : 17′에서 1.7cm 내린 지점과 10′를 직선으로 연결한다.

❻ 17′−18 : 엉덩이길이(=18cm)

❼ 18−19 : 18에서 앞판 엉덩이선을 연장하는 선상에서 H/4+0.5 cm(여유분)가 되는 점을 찾아 연결한다.

❽ 뒤샅선 그리기(18−20′)

16−16′ : 1.2cm 내린다.

16′−20 : H/8−1.5cm

20′ : 20에서 1cm 올라간 지점 18−20′ 곡선으로 연결한다.

❾ 밑아래선 그리기

12−21 : 1cm

5′−22 : 1cm

21−22를 사선으로 연결한다.

22−20′을 자연곡선으로 연결한다.

❿ 옆선 그리기

12′−21′ : 1cm

5″−22′ : 1cm

21′−22′를 사선으로 연결한다.

22′−19를 자연곡선으로 연결한다.

10′−19 곡선 연결

⓫ 다트 그리기 : 뒤허리선(17″−10′)의 이등분점을 직각으로 내려 다트길이 11cm, 다트량 3cm에 다트를 그린다.

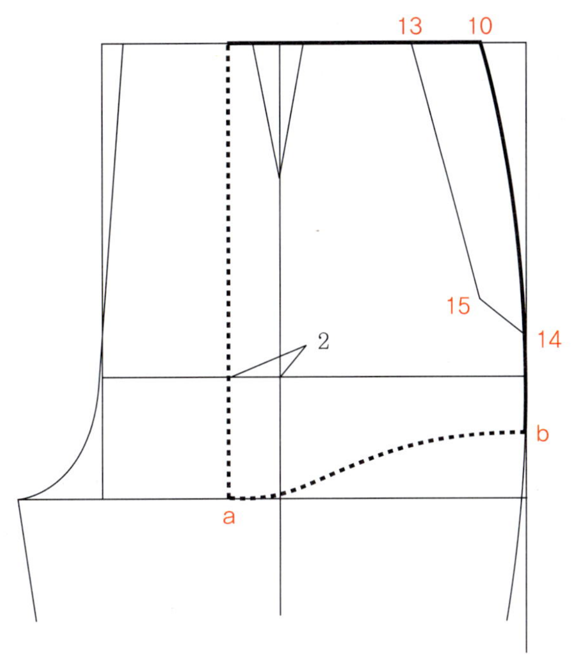

⑫ 주머니 제도

▶ 주머니폭(10-13) : 4cm

▶ 주머니길이(10-14) : 16cm

▶ 13-15-14를 연결하여 주머니 모양을 그린다.

⑬ 속주머니감 제도

앞주름선에서 2cm 나간 지점에 속주머니감 중심선을 잡는다.

▶ 14-b : 6cm

▶ a-b를 연결하는 곡선을 그린다.

02 정장 바지

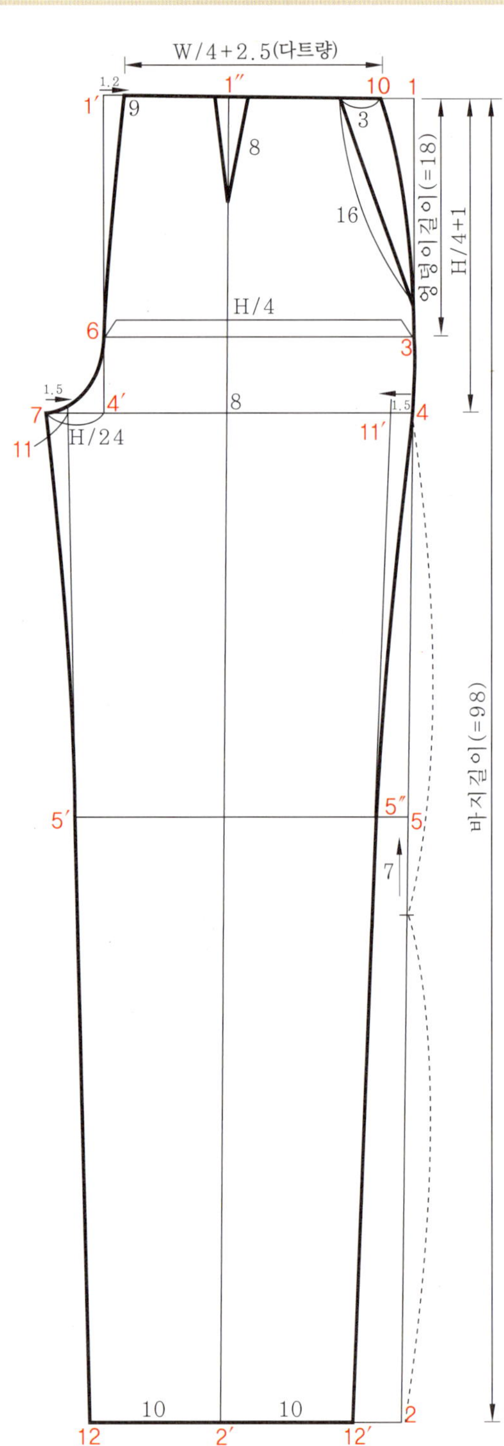

❶ 바지길이(1-2) : 98cm

❷ 엉덩이길이(1-3) : 18cm

❸ 밑위길이(1-4) : H/4+1cm

❹ 무릎길이(1-5) : 4′-2의 이등분점에서 7cm 올라간 위치

❺ 앞판폭(3-6) : H/4

❻ 1′-4′ : 6을 지나는 직각선을 그린다.

❼ 앞샅폭(4′-7) : H/24

❽ 앞주름선점(8) : 4-7의 이등분점

❾ 1″-2′ : 8을 지나는 직각선을 그린다.

❿ 9 : 1′에서 1.2cm 들어간 점

⓫ 앞중심선(9-6) : 직선 연결

⓬ 앞샅선(6-7) : 곡선 연결

⓭ 9-10 : W/4 + 2.5cm(다트량)

⓮ 10-3 : 곡선 연결

⓯ 11 : 7에서 1.5cm 들어간 지점

⓰ 바지부리선(2′-12) : 10cm

⓱ 밑아래선 그리기
- ▶ 11-12를 사선으로 연결한다.
- ▶ 5′-7을 자연곡선으로 연결한다.

⓲ 옆선 그리기
- ▶ 2′-12′ = 2′-12
- ▶ 4-11′ = 7-11
- ▶ 11′과 12′를 사선으로 연결한 후 5″-4를 자연곡선으로 연결한다(7-12와 4-12′는 같은 모양의 곡선인 것이 좋다.)
- ▶ 3-4 곡선 연결

⓳ 다트 그리기 : 앞주름선상에서 다트길이 8cm, 다트량 2.5cm에 다트를 그린다.

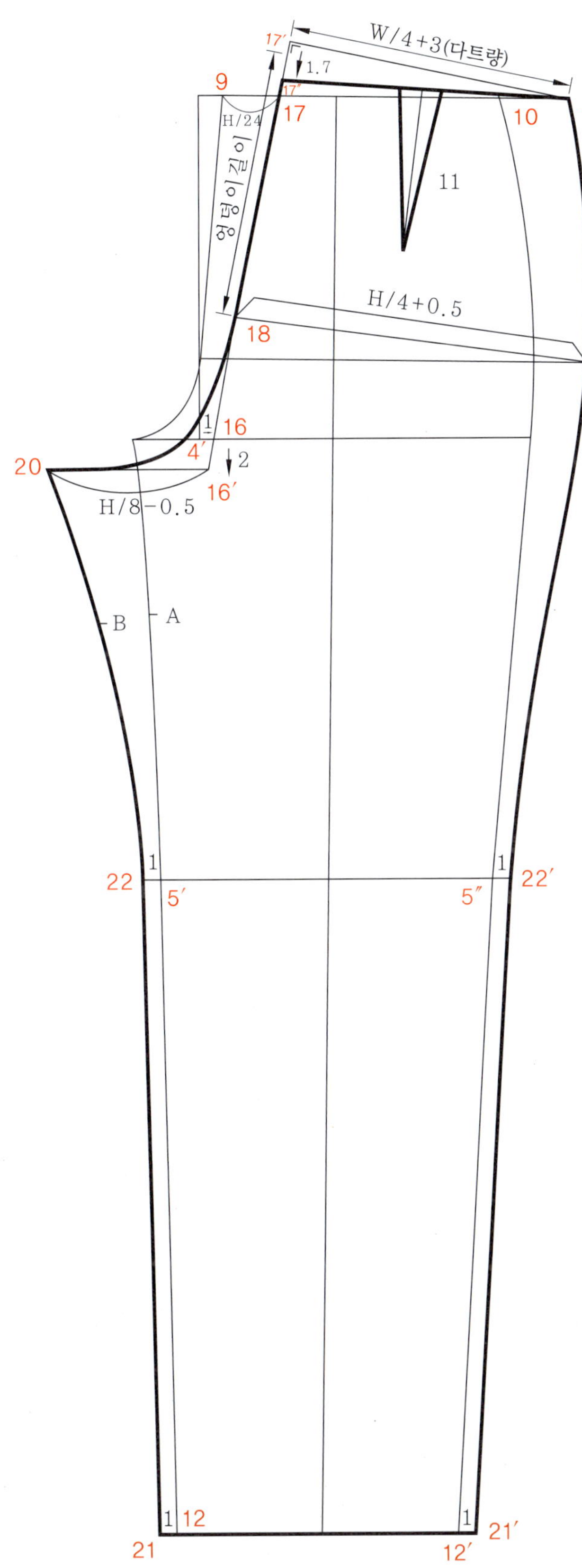

뒤판은 앞판을 기준으로 제도한다.

❶ **16 : 4′** 에서 1cm 들어간 점

❷ **9–17** : H/24

❸ **뒤중심선(16–17)** : 직선 연결

❹ **17′–10′** : 16–17선에 직각이면서 앞판 허리선을 연장한 선상에서 W/4+3cm (다트량)가 되는 점을 찾아 연결한다.

❺ **17″–10′** : **17′** 에서 1.7cm 내린 지점 과 **10′** 를 직선으로 연결한다.

❻ **17′–18** : 엉덩이길이(=18cm)

❼ **18–19** : 18에서 앞판 엉덩이선을 연 장하는 선 상에서 H/4+0.5cm(여유분) 가 되는 점을 찾아 연결한다.

❽ **뒤샅선 그리기(18–20)**
 ▶ **16–16′** : 2cm 내린다.
 ▶ **16′–20** : H/8-0.5cm
 ▶ **18–20** 곡선으로 연결한다.

❾ **밑아래선 그리기**
 ▶ **12–21** : 1cm
 ▶ **5′–22** : 1cm
 ▶ **21–22**를 사선으로 연결한다.
 ▶ **22–20**을 자연곡선으로 연결한다. (뒤샅폭이 커질수록 뒤 밑위길이는 더 내려가야 한다. 밑아래길이 B의 길이는 A의 길이보다 1cm 정도 짧아야 한다.)

❿ **옆선 그리기**
 ▶ **12′–21′** : 1cm
 ▶ **5″–22′** : 1cm
 ▶ **21′–22′** 를 사선으로 연결한다.
 ▶ **22′–19**를 자연곡선으로 연결한다.
 ▶ **10′–19** 곡선 연결

⓫ **다트 그리기** : 뒤허리선(**17″–10′**)의 이등분점을 직각으로 내려 다트길이 11cm, 다트량 3cm에 다트를 그린다.

03 골반 바지

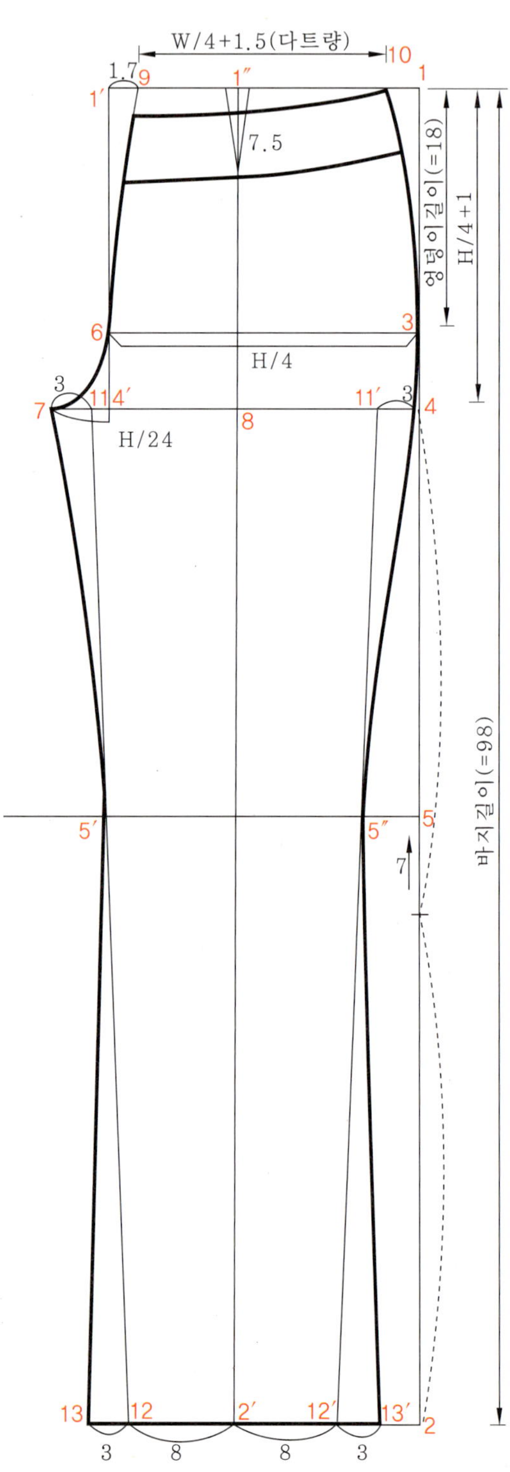

❶ 바지길이(1-2) : 98cm

❷ 엉덩이길이(1-3) : 18cm

❸ 밑위길이(1-4) : H/4 + 1

❹ 무릎길이(1-5) : 4-2의 이등분점에서 7cm 올라간 위치

❺ 앞판폭(3-6) : H/4

❻ 1′-4′ : 6을 지나는 직각선을 그린다.

❼ 앞살폭(4′-7) : H/24

❽ 앞주름선점(8) : 4-7의 이등분점

❾ 1″-2′ : 8을 지나는 직각선을 그린다.

❿ 9 : 1′에서 1.7cm 들어간 점

⓫ 앞중심선(9-6) : 곡선 연결

⓬ 앞살선(6-7) : 곡선 연결

⓭ 9-10 : W/4 + 1.5cm(다트량)

⓮ 10-3 : 곡선 연결

⓯ 11 : 7에서 3cm 들어간 지점

⓰ 바지부리선(2′-12) : 8cm

⓱ 밑아래선 그리기
  ▶ 11-12를 사선으로 연결한다.
  ▶ 5′-7을 자연곡선으로 연결한다.
  ▶ 12-13 : 3cm
  ▶ 5′-13을 직선으로 연결한다.

⓲ 옆선 그리기
  ▶ 2′-12′ = 2′-12, 4-11′ = 7-11
  ▶ 11′과 12′를 사선으로 연결한 후 5″-4를 자연곡선으로 연결한다.
  ▶ 3-4 곡선연결
  ▶ 12′-13′ : 3cm
  ▶ 5″-13′을 직선으로 연결한다.

⓳ 다트 그리기 : 앞주름선상에서 다트길이 7.5cm, 다트량 1.5cm에 다트를 그린다.

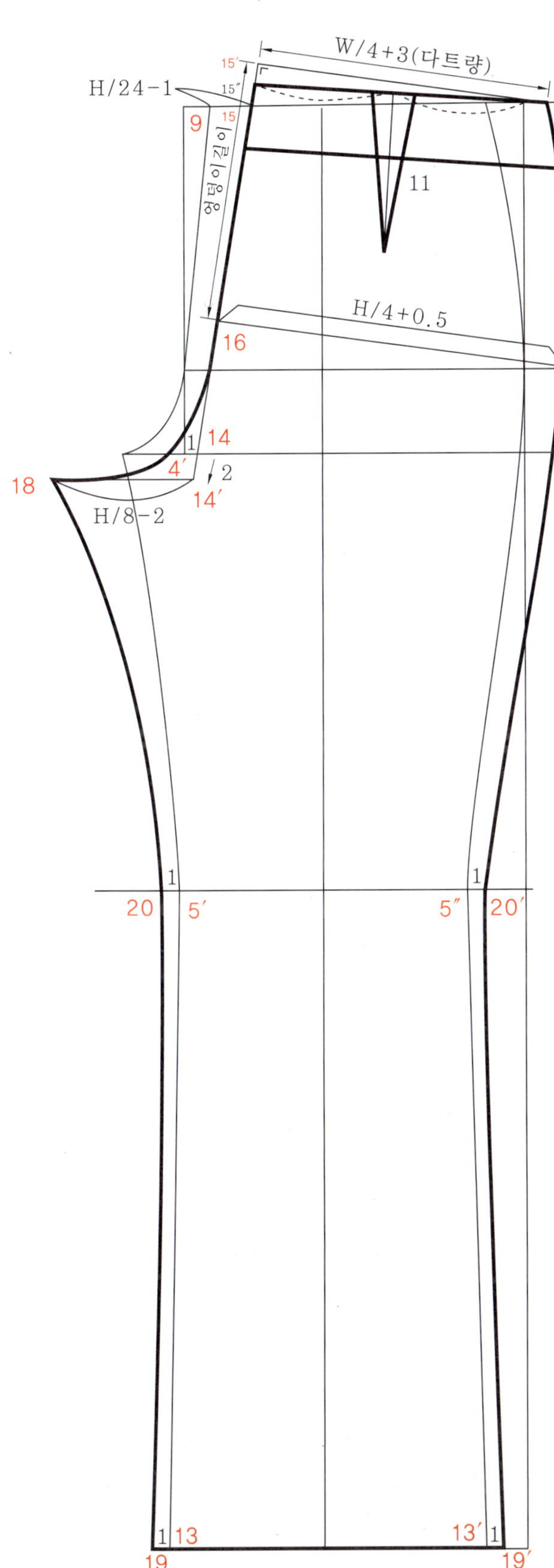

뒤판은 앞판을 기준으로 제도한다.

❶ **14 : 4′** 에서 1cm 들어간 점

❷ **9-15** : H/24−1cm

❸ **뒤중심선(14-15)** : 직선 연결

❹ **15′ -10′** : 14-15선에 직각이면서 앞판 허리선을 연장한 선상에서 W/4+3cm (다트량)가 되는 점을 찾아 연결한다.

❺ **15″-10′** : 15′ 에서 1.7cm 내린 지점 과 10′ 를 직선으로 연결한다.

❻ **15′ -16** : 엉덩이길이(=18cm)

❼ **16-17** : 16에서 앞판 엉덩이선을 연 장하는 선상에서 H/4+0.5cm(여유 분)가 되는 점을 찾아 연결한다.

❽ **뒤샅선 그리기(16-18)**
  ▶ **14-14′** : 2cm 내린다.
  ▶ **14′ -18** : H/8-2cm
  ▶ **16-18** 곡선으로 연결한다.

❾ **밑아래선 그리기**
  ▶ **13-19** : 1cm
  ▶ **5′ -20** : 1cm
  ▶ **19-20**을 사선으로 연결한다.
  ▶ **18-20**을 자연곡선으로 연결한다.

❿ **옆선 그리기**
  ▶ **13′ -19′** : 1cm
  ▶ **5″-20′** : 1cm
  ▶ **19′ -20′** 을 사선으로 연결한다.
  ▶ **20′ -17**을 자연곡선으로 연결한다.
  ▶ **10′ -17** 곡선 연결

⓫ **다트 그리기** : 뒤허리선(15″-10′)의 이등분점을 직각으로 내려 다트길이 11cm, 다트량 3cm에 다트를 그린다.

⑫ 골반허리선 그리기

허리선 : 앞중심선에서 2cm을 내려 골반허리선을 그린다(앞중심선, 옆선, 뒤중심선을 같은 치수로 내리면 하면 의자에 앉을 경우 뒤허리선이 들뜨게 되므로 앞을 많이 파준다).

라운드벨트는 통자로 만들 수 없다. 소재가 체크나 줄무늬일 경우 무늬모양이 틀어지며 앞의 좌우 결선이 달라지게 된다. 따라서 옆선이나 뒤중심선에 절개선이 들어가도록 하여 라운드벨트를 만든다.

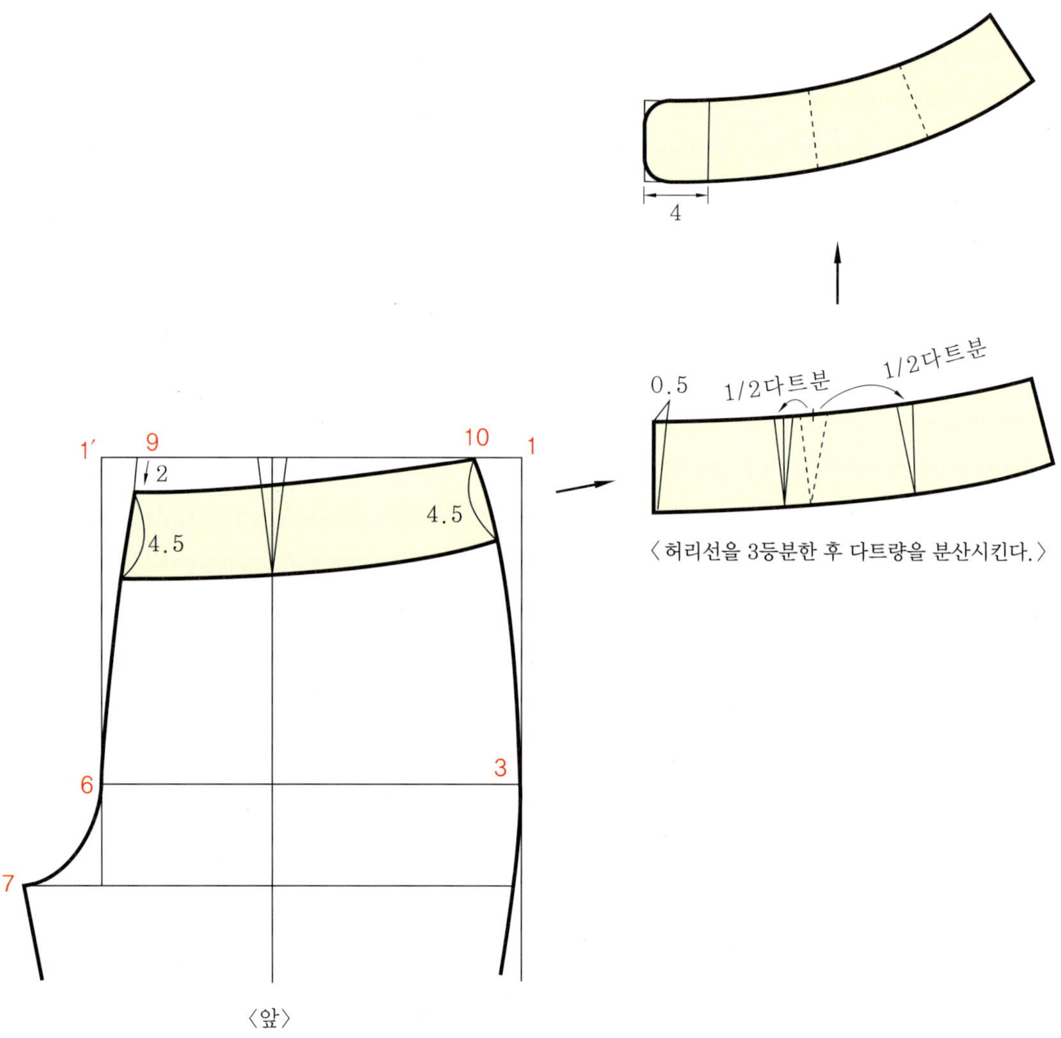

〈허리선을 3등분한 후 다트량을 분산시킨다.〉

〈앞〉

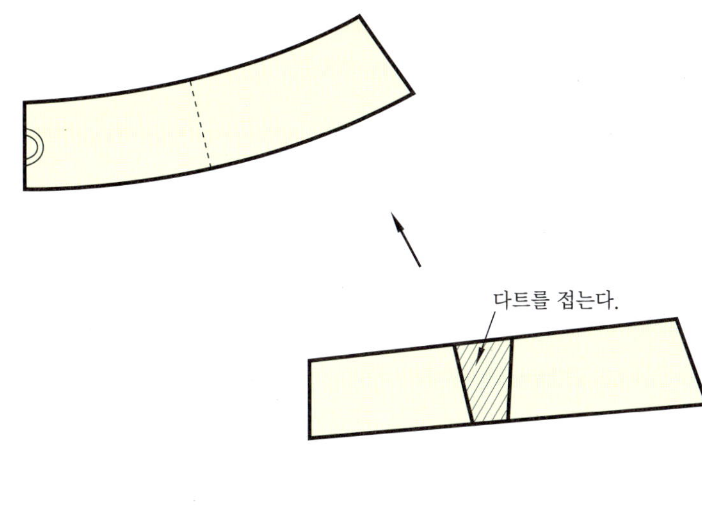

다트를 접는다.

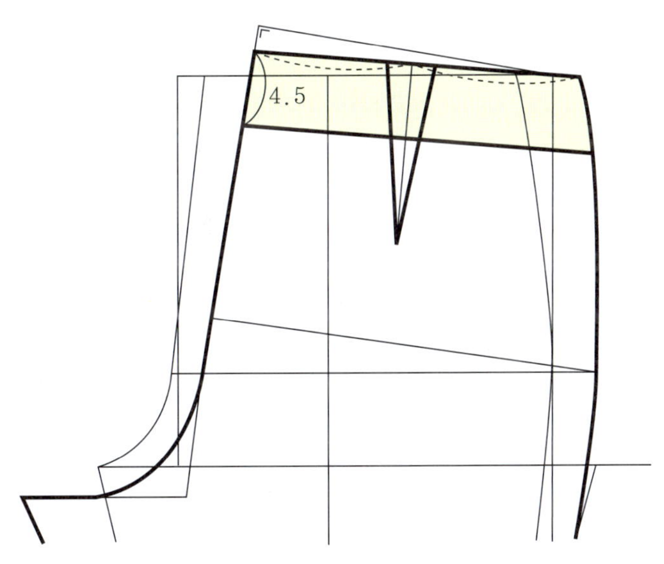

4.5
〈뒤〉

04 청바지

4-1 앞판 제도

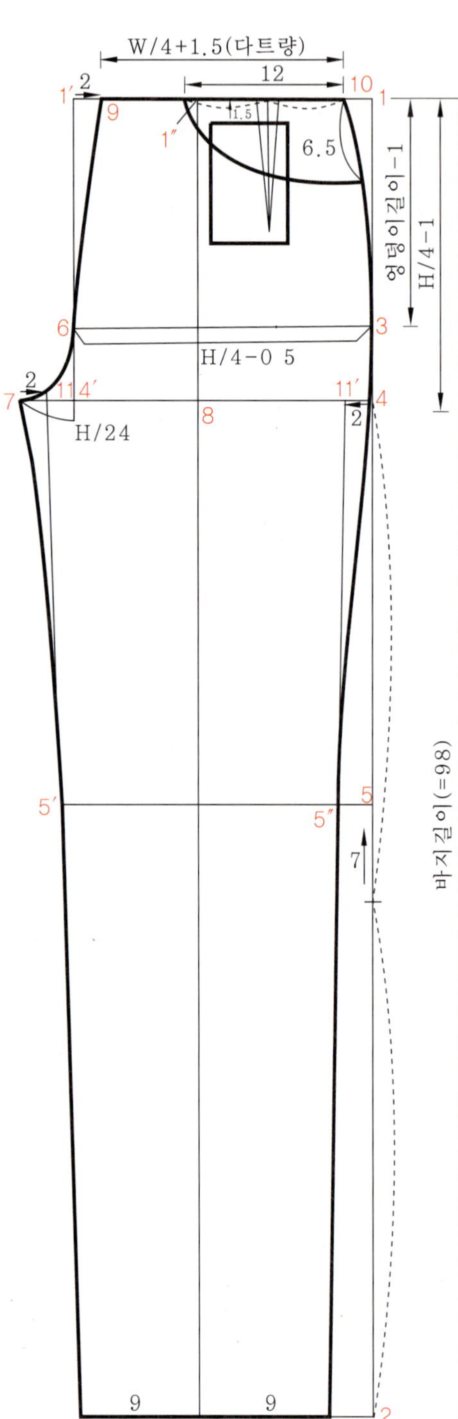

① **바지길이 (1-2)** : 98cm

② **엉덩이길이 (1-3)** : 엉덩이길이-1cm

③ **밑위길이 (1-4)** : H/4-1cm

④ **무릎길이 (1-5)** : 4-2의 이등분점에서 7cm 올라간 위치

⑤ **앞판폭 (3-6)** : H/4-0.5cm

⑥ **1′- 4′** : 6을 지나는 직각선을 그린다.

⑦ **앞샅폭 (4′-7)** : H/24

⑧ **앞주름선점 (8)** : 4-7의 이등분점

⑨ **1″-2′** : 8을 지나는 직각선을 그린다.

⑩ **9** : 1′에서 2cm 들어간 점

⑪ **앞중심선 (9-6)** : 곡선 연결

⑫ **앞샅선 (6-7)** : 곡선 연결

⑬ **9-10** : W/4 + 1.5cm(다트량)

⑭ **10-3** : 곡선 연결

⑮ **11** : 7에서 2cm 들어간 지점

⑯ **바지부리선 (2′-12)** : 9cm

⑰ **밑아래선 그리기**
  ▸ 11-12를 사선으로 연결한다.
  ▸ 5′-7을 자연곡선으로 연결한다.

⑱ **옆선 그리기**
  ▸ 2′-12′ = 2′-12, 4-11′ = 7-11
  ▸ 11′과 12′를 사선으로 연결한 후 5″-4를 자연곡선으로 연결한다(7-12와 4-12′는 같은 모양의 곡선인 것이 좋다.)
  ▸ 3-4 곡선연결

⑲ **다트 그리기** : 앞주름선에서 10의 이등분점에서 다트길이 10cm, 다트량 1.5cm에 다트를 그린다(주머니에 여유분이 생길 수 있도록 다트는 주머니에서만 사용).

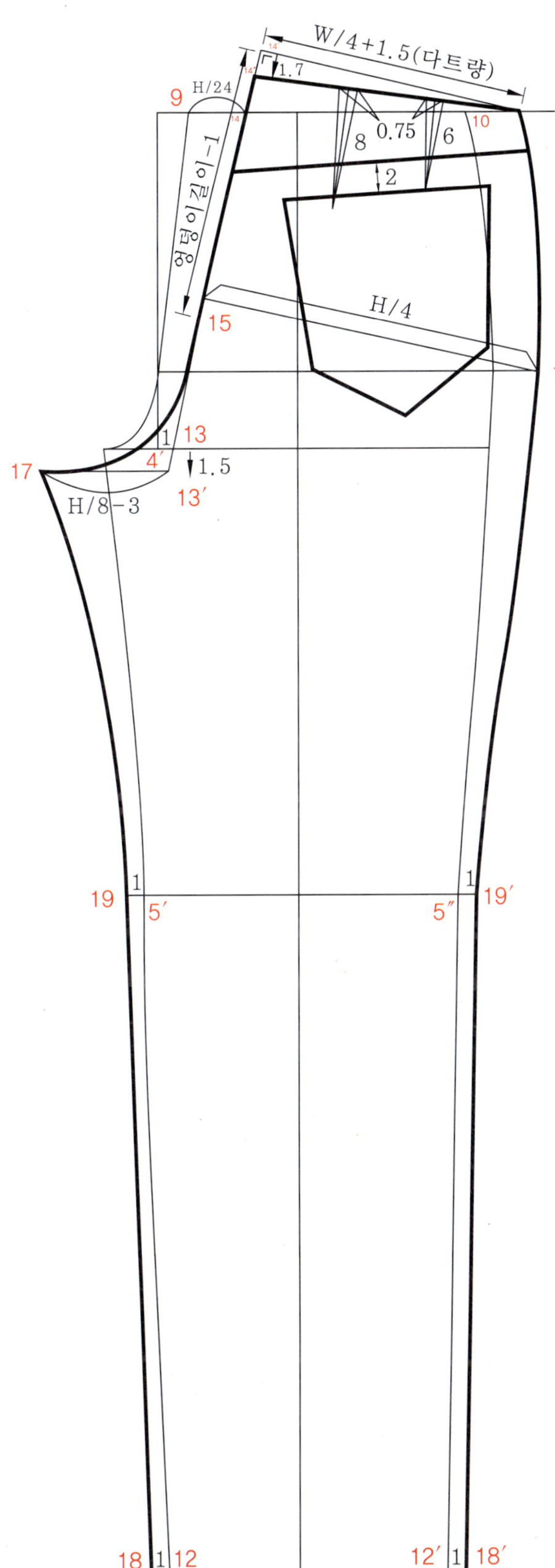

뒤판은 앞판을 기준으로 제도한다.

① **13** : **4′** 에서 1cm 들어간 점

② **9-14** : H/24

③ **뒤중심선(13-14)** : 직선 연결

④ **14′-10′** : **13-14**선에 직각이면서 앞판 허리선을 연장한 선상에서 W/4+1.5cm(다트량)가 되는 점을 찾아 연결한다.

⑤ **14″-10′** : **14′** 에서 1.7cm 내린 지점과 **10′** 를 직선으로 연결한다.

⑥ **14′-15** : 엉덩이길이-1cm

⑦ **15-16** : 15에서 앞판 엉덩이선을 연장하는 선상에서 H/4이 되는 점을 찾아 연결한다.

⑧ **뒤샅선 그리기(15-17)**
  ▶ **13-13′** : 1.5cm 내린다.
  ▶ **13′-17** : H/8-3cm
  ▶ **15-17** 곡선으로 연결한다.

⑨ **밑아래선 그리기**
  ▶ **12-18** : 1cm
  ▶ **5′-19** : 1cm
  ▶ **18-19**를 사선으로 연결한다.
  ▶ **19-17**을 자연곡선으로 연결한다.

⑩ **옆선 그리기**
  ▶ **12′-18′** : 1cm
  ▶ **5″-19′** : 1cm
  ▶ **18′-19′** 를 사선으로 연결한다.
  ▶ **19′-16**를 자연곡선으로 연결한다.
  ▶ **10′-16** 곡선 연결

⑪ **다트 그리기** : 뒤허리선(**17′-10′**)의 3등분 점에서 각각 직각으로 내려 다트길이 8cm, 6cm, 다트량 0.75cm에 다트를 그린다.

⓬ 요크 그리기

뒤중심선에서 6.5cm, 옆선에서 2.5cm를 내려 사선으로 연결한다.

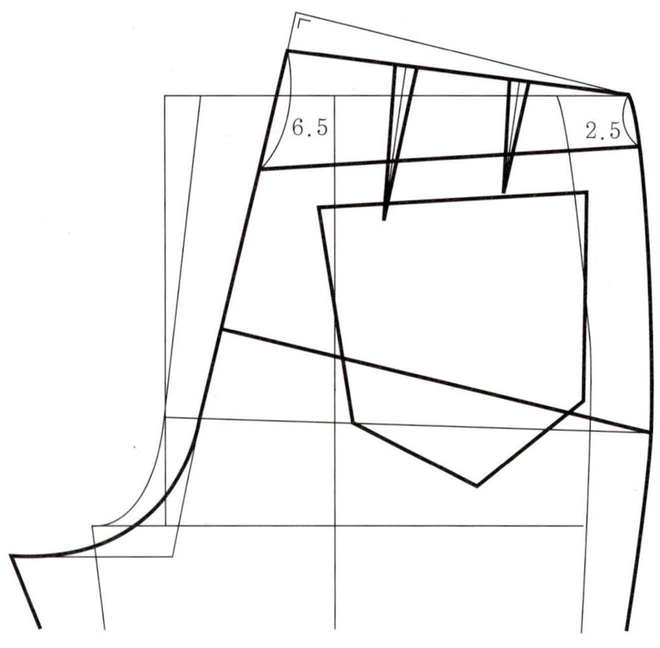

⓭ 주머니 그리기

〈앞〉 주머니폭 : 12cm

주머니길이 : 6.5cm

작은 주머니는 허리선에서 1.5cm 내린 지점에 그린다.

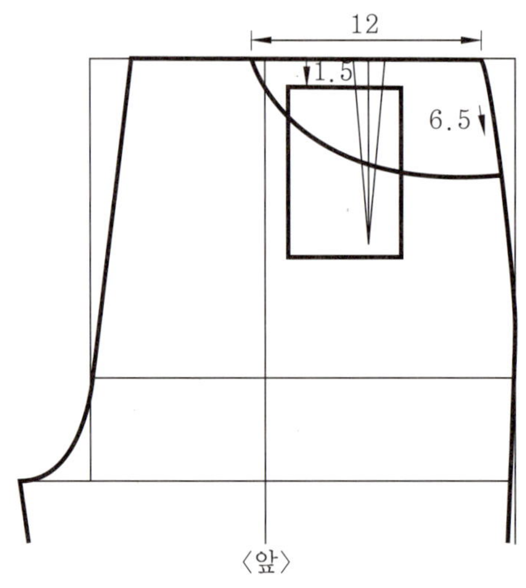

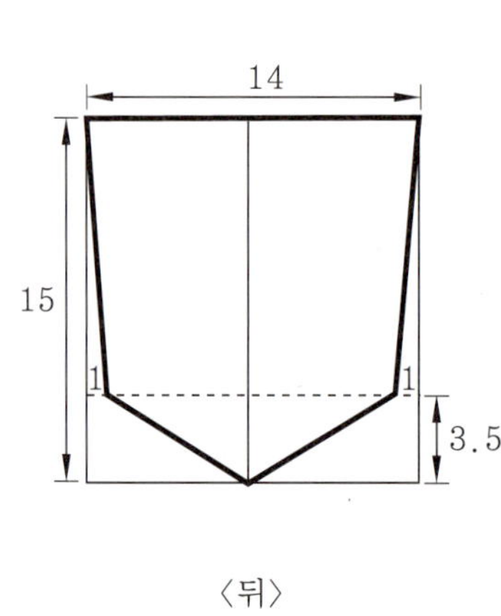

04 반바지

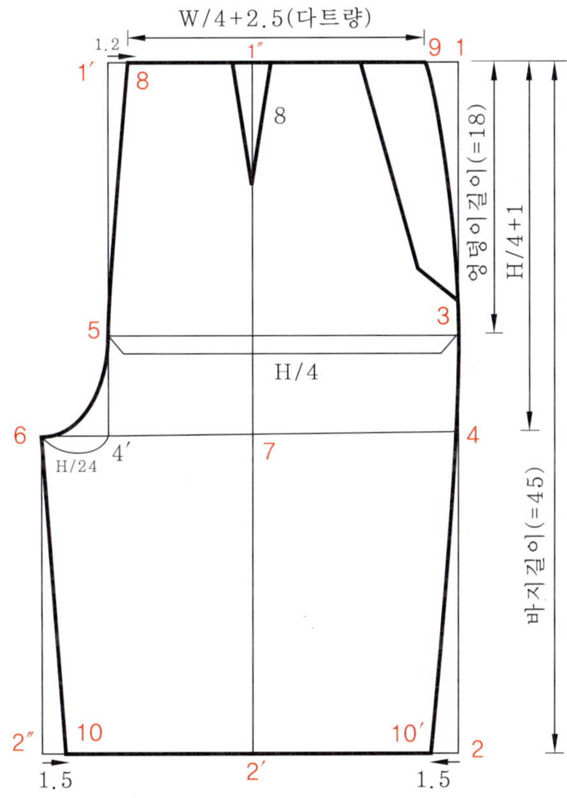

1. **바지길이**(**1-2**) : 45cm
2. **엉덩이길이**(**1-3**) : 18cm
3. **밑위길이**(**1-4**) : H/4+1cm
4. **앞판폭**(**3-5**) : H/4
5. **1′- 4′** : 5를 지나는 직각선을 그린다.
6. **앞샅폭**(**4′-6**) : H/24
7. **앞주름선점**(**7**) : 4-6의 이등분점
8. **1″-2′** : 7을 지나는 직각선을 그린다.
9. **8** : 1′에서 1.2cm 들어간 점
10. **앞중심선**(**8-5**) : 곡선 연결
11. **앞샅선**(**5-6**) : 곡선 연결
12. **8-9** : W/4 + 2.5cm(다트량)
13. **9-3** : 곡선 연결
14. **밑아래선 그리기**
    6에서 수직선을 바지부리선까지 내린다.
    2″-10 : 1.5cm
    6-10을 곡선으로 연결한다.
15. **옆선 그리기**
    ▶ 2-10′ = 1.5cm
    ▶ 10′-4를 자연곡선으로 연결한다
    ▶ 3-4 곡선 연결
16. **다트 그리기** : 앞주름선상에서 다트길이 8cm, 다트량 2.5cm에 다트를 그린다.

5-2 뒤판 제도

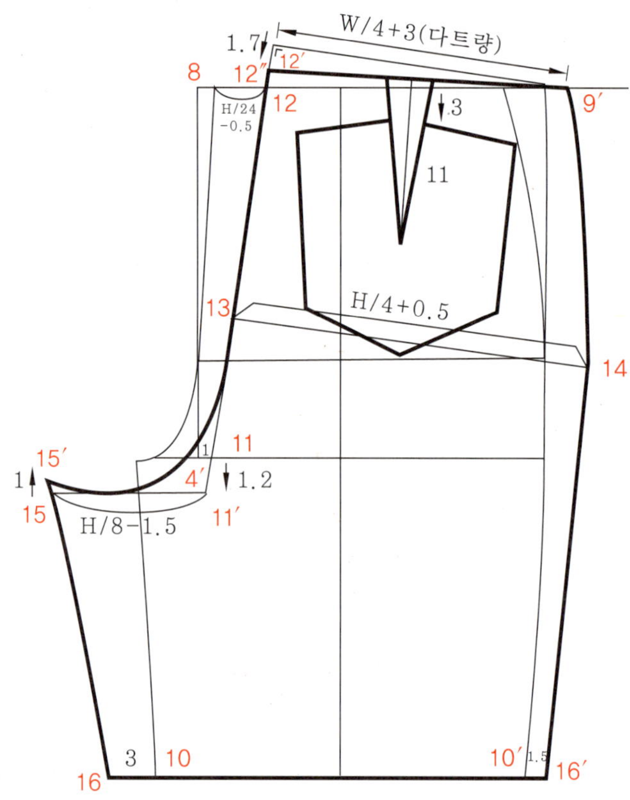

뒤판은 앞판을 기준으로 제도한다.

❶ 11 : 4′에서 1cm 들어간 점

❷ 8-12 : H/24-0.5cm

❸ 뒤중심선(11-12) : 직선 연결

❹ 12′-9′ : 11-12선에 직각이면서 앞판허리선을 연장한 선상에서 W/4+3cm(다트량)가 되는 점을 찾아 연결한다.

❺ 12″-9′ : 12′에서 1.7cm 내린 지점과 9′를 직선으로 연결한다.

❻ 12′-13 : 엉덩이길이(=18cm)

❼ 13-14 : 13에서 앞판 엉덩이선을 연장하는 선상에서 H/4+0.5cm(여유분)가 되는 점을 찾아 연결한다.

❽ 뒤샅선 그리기(13-15′)
▶ 11-11′ : 1.2cm 내린다.
▶ 11′-15 : H/8-1.5cm
▶ 15′ : 15에서 1cm 올라간 지점
▶ 13-15′ 곡선으로 연결한다.

❾ 밑아래선 그리기
▶ 10-16 : 3cm
▶ 16-15′를 자연곡선으로 연결한다.

❿ 옆선 그리기
▶ 10′-16′ : 1.5cm
▶ 16′-14를 자연곡선으로 연결한다.
▶ 9′-14 곡선 연결

⓫ 다트 그리기
뒤허리선(12″-9′)의 이등분점을 직각으로 내려 다트길이 11cm, 다트량 3cm에 다트를 그린다.

⓬ 주머니 그리기

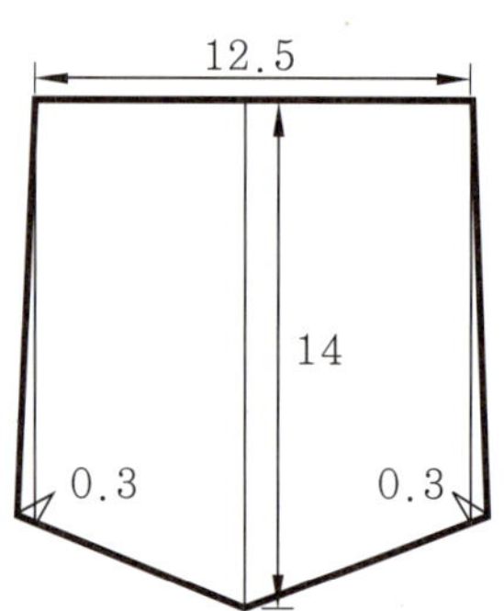

니커보커 바지

6-1 앞판 제도

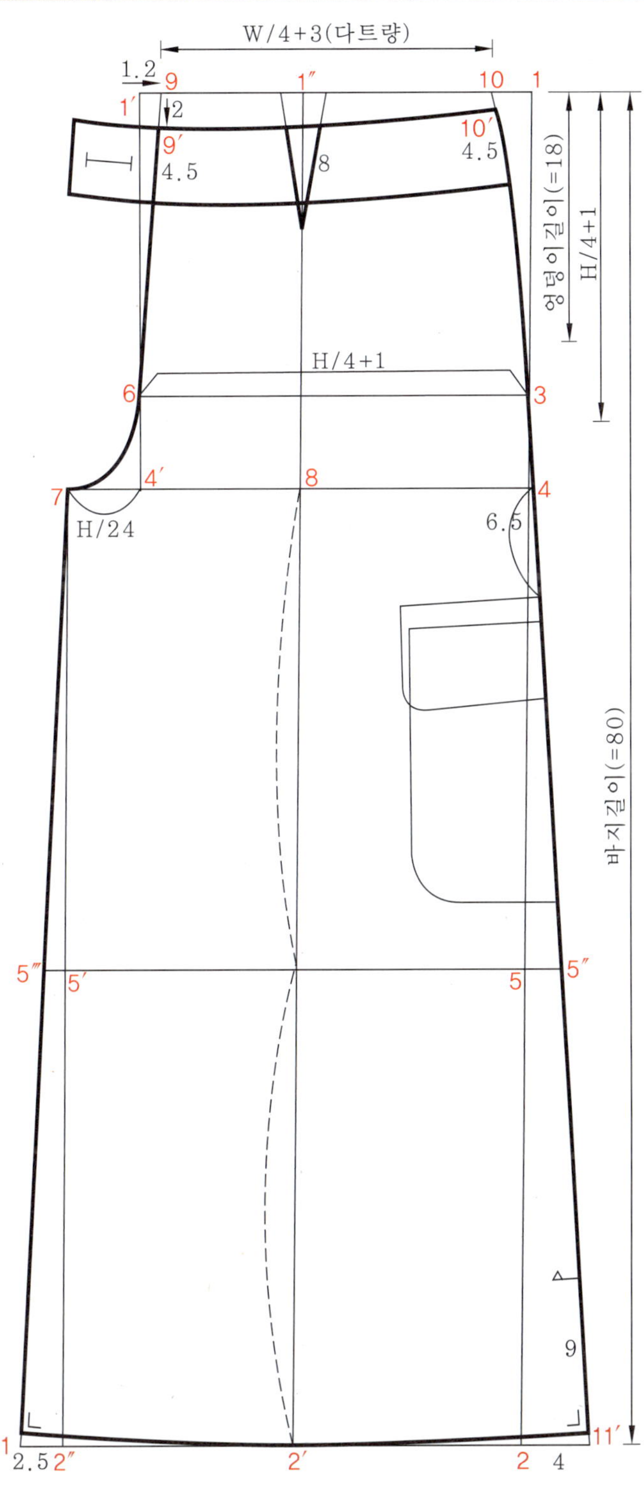

❶ **바지길이**(**1-2**) : 80cm

❷ **엉덩이길이**(**1-3**) : 18cm

❸ **밑위길이**(**1-4**) : H/4 + 1

❹ **무릎길이**(**1-5**) : 4-2의 이등분점

❺ **앞판폭**(**3-6**) : H/4 + 1

❻ **1′-4′** : 6을 지나는 직각선을 그린다.

❼ **앞살폭**(**4′-7**) : H/24

❽ **앞주름선점**(**8**) : 4-7의 이등분점

❾ **1″-2′** : 8을 지나는 직각선을 그린다.

❿ **9** : 1′에서 1.2cm 들어간 점

⓫ **앞중심선**(**9-6**) : 직선 연결

⓬ **앞살선**(**6-7**) : 곡선 연결

⓭ **9-10** : W/4 + 3cm(다트량)

⓮ **10-3** : 곡선 연결

⓯ **7**에서 수직선으로 내린다.

⓰ **바지부리선 그리기**
   2″-11 : 2.5cm, 2-11′ : 4cm

⓱ **밑아래선 그리기**
   11-7을 사선으로 연결한다.

⓲ **옆선 그리기**
   11′-3을 사선으로 연결한다.

⓳ **다트 그리기** : 앞주름선상에서 다트 길이 8cm, 다트량 3cm에 다트를 그린다.

⓴ **허리밴드 그리기** : 앞중심선에서 2cm, 옆선에서 1cm을 내려 허리밴드를 그린다.
   밴드폭 : 4.5cm

㉑ **밑단정리** : 옆선과 직각이 되게 밑단을 정리한다.

6-2 뒤판 제도

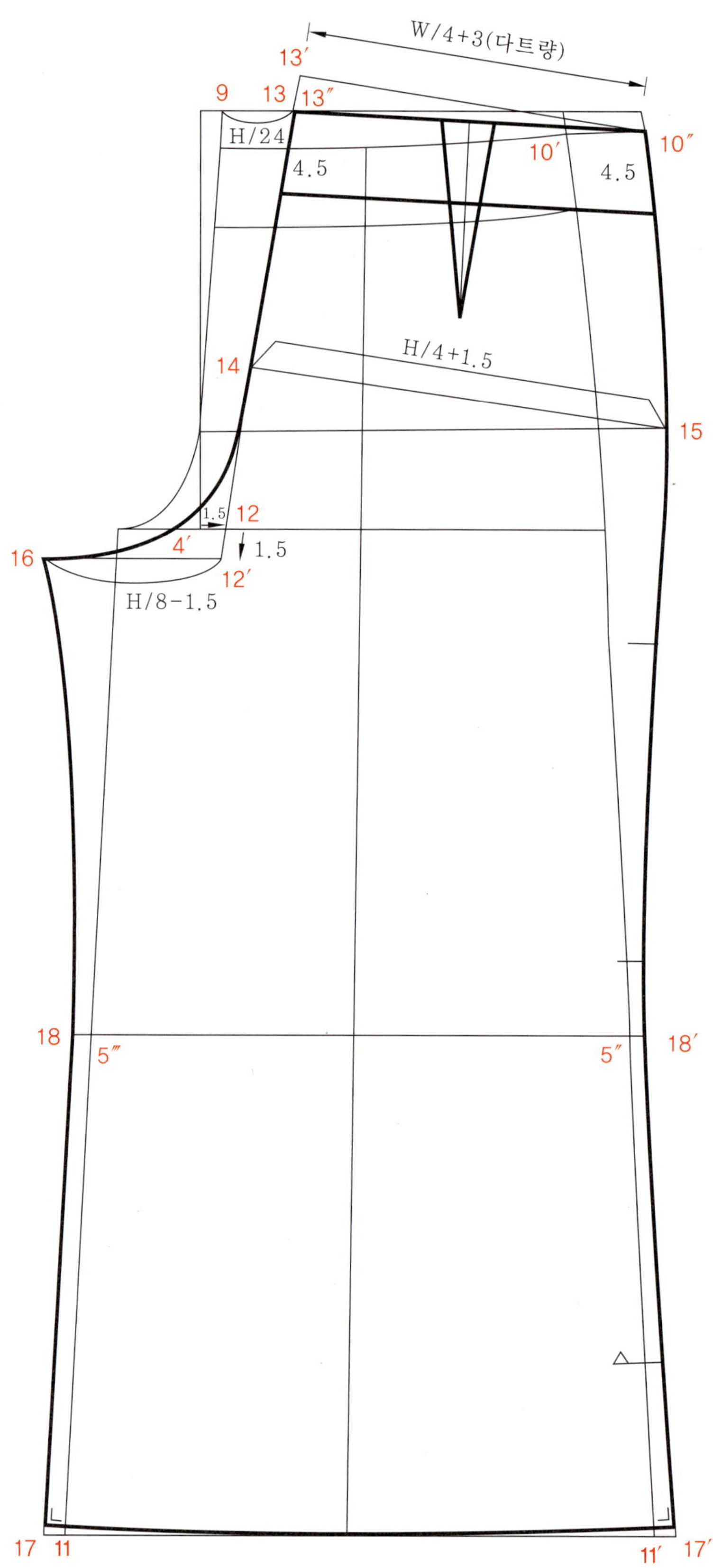

뒤판은 앞판을 기준으로 제도한다.

❶ 12 : 4′에서 1.5cm 들어간 점

❷ 9-13 : H/24

❸ 뒤중심선(12-13) : 직선 연결

❹ 13′-10″ : 12-13선에 직각이면서 앞판허리선을 연장한 선상에서 W/4+3cm(다트량)가 되는 점을 찾아 연결한다.

❺ 13″-10″ : 13′에서 1.7cm 내린 지점과 10″를 직선으로 연결한다.

❻ 13′-14 : 엉덩이길이(=18cm)

❼ 14-15 : 14에서 앞판 엉덩이선을 연장하는 선상에서 H/4+1.5cm(여유분)가 되는 점을 찾아 연결한다.

❽ 뒤샅선 그리기 (14-16)
  ▶ 12-12′ : 1.5cm 내린다.
  ▶ 12′-16 : H/8-1.5cm
  ▶ 14-16 곡선으로 연결한다.

❾ 밑아래선 그리기
  ▶ 11-17 : 1cm, 5‴-18 : 1cm
  ▶ 17-18을 사선으로 연결한다.
  ▶ 16-18을 자연곡선으로 연결한다.

❿ 옆선 그리기
  ▶ 11′-17′ : 1cm
  ▶ 5″-18′ : 1cm
  ▶ 17′-18′를 사선으로 연결한다.
  ▶ 18′-15를 자연곡선으로 연결한다.
  ▶ 10″-15 곡선 연결

⓫ 다트 그리기 : 뒤허리선(13″-10″)의 이등분점을 직각으로 내려 다트길이 11cm, 다트량 3cm에 다트를 그린다.

⑫ **허리밴드 그리기**

밴드폭 : 4.5cm

⑬ **밑단정리**

옆선과 직각이 되게 밑단을 정리한다.

⑭ **주머니 그리기**

주머니의 위치는 밑위선에서 6.5cm 내려간 지점으로 한다.

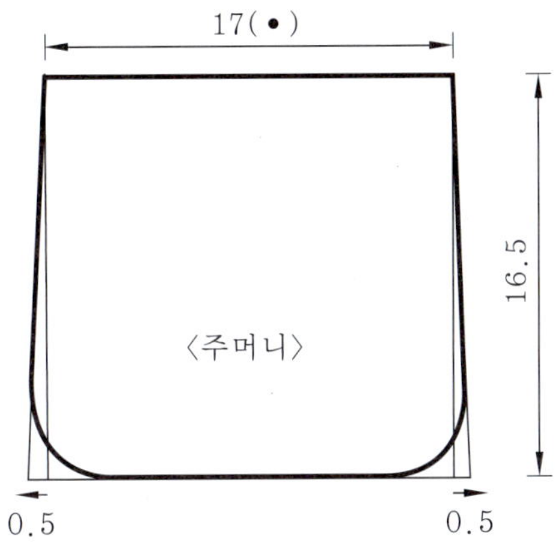

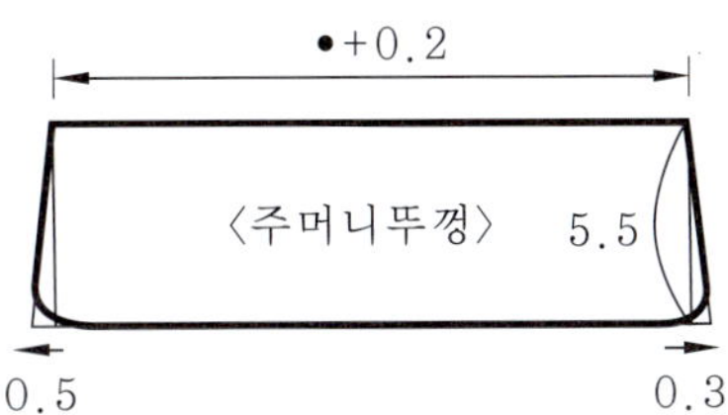

⑮ **밑단 커프스 그리기**

07   # 하이웨이스트 바지

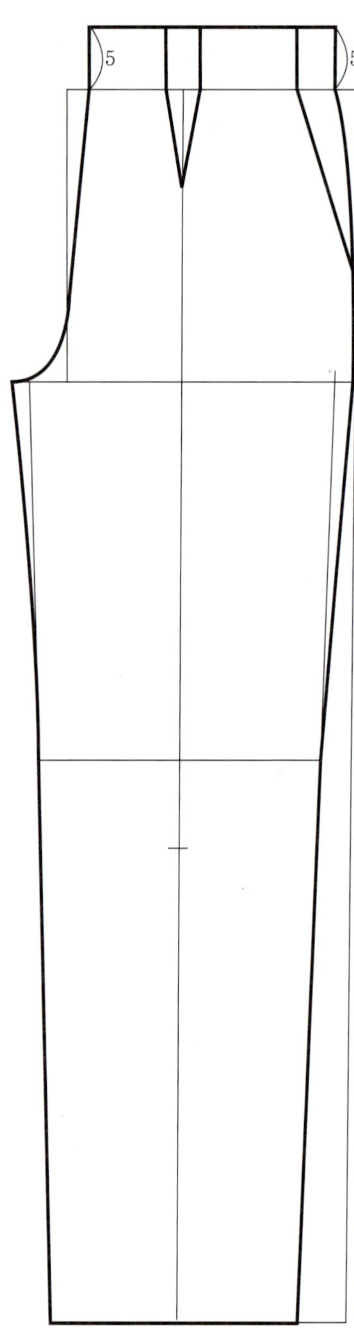
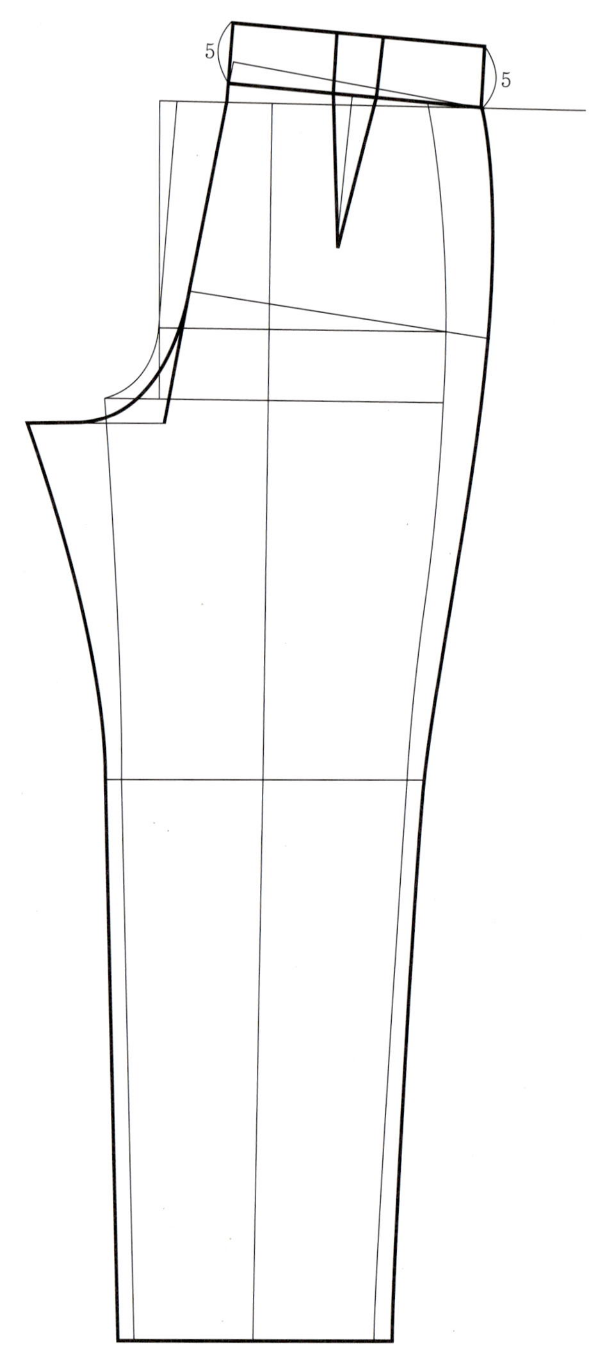

·바지를 제도한 후 허리선에서 벨트분량 5cm를 수직으로 올려서 제도한다.

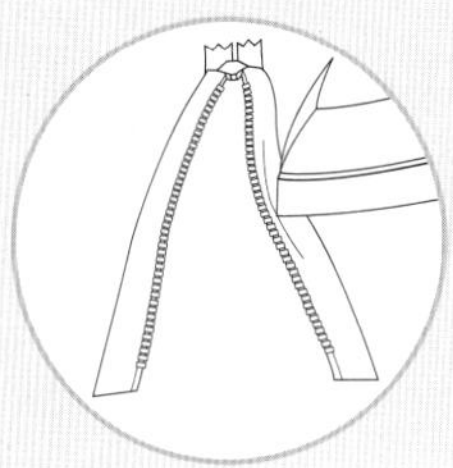

05 봉 제

옷감 소요량 및 마름질

① 옷감 소요량

옷감을 준비할 때에는 반드시 디자인에 따라 옷의 패턴을 정해놓고 그것에 의한 정확한 계산으로 옷감의 낭비가 없도록 해야 한다.

종 류		폭	필요치수	계 산 법
블라우스	반소매	150	80~100	블라우스 길이+소매길이+시접(7~10)
		110	110~140	(블라우스 길이×2)+시접(7~10)
		90	140~160	(블라우스 길이×2)+시접(10~15)
	긴소매	150	120~130	블라우스 길이+소매길이+시접(10~15)
		110	125~140	(블라우스 길이×2)+시접(10~15)
		90	170~200	(블라우스 길이×2)+소매길이+시접(10~20)
스커트	타이트	150	60~70	스커트 길이 +시접(6~8)
		110	130~150	(스커트 길이×2)+시접(12~16)
		90	130~150	(스커트 길이×2)+시접(12~16)
	플레어 (다트만 접음)	150	100~120	(스커트 길이×1.5)+시접(0~15)
		110	140~160	(스커트 길이×2)+시접(10~15)
		90	150~170	(스커트 길이×2.5)+시접(10~15)
	플레어	150	90~100	(스커트 길이×1.5)+시접(6~15)
		110	130~150	(스커트 길이×2.5)+시접(5~10)
		90	140~160	(스커트 길이×2.5)+시접(10~15)
	플리츠	150	130~150	(스커트 길이×2)+시접(12~16)
		110	130~150	(스커트 길이×2)+시접(12~16)
		90	130~150	(스커트 길이×2)+시접(12~16)
바지		150	100~110	바지길이+시접(8~10)
		110	150~220	〔바지길이+시접(8~10)〕×2
		90	200~220	〔바지길이+시접(8~10)〕×2

종류		폭	필요치수	계 산 법
원피스	반소매	150	110~170	옷길이+소매길이+시접(10~15)
		110	180~230	(옷길이×1.2)+소매길이+시접(10~15)
		90	210~230	(옷길이×2)+시접(12~16)
	긴소매	150	110~170	옷길이+소매길이+시접(10~15)
		110	180~230	(옷길이×1.2)+소매길이+시접(10~15)
		90	210~230	(옷길이×2)+시접(12~16)
슈트	반소매	150	170~190	재킷 길이+스커트 길이+소매길이+시접(20~30)
		110	220~270	(재킷 길이×2)+스커트 길이+시접(20~30)
		90	270~300	(재킷 길이×2)+(스커트 길이×2)+시접(20~30)
	긴소매	150	200~210	재킷 길이+스커트 길이+소매길이+시접(20~30)
		110	250~270	(재킷 길이×2)+스커트 길이+소매길이+시접(20~30)
		90	320~350	(재킷 길이×2)+(스커트 길이×2)+소매길이+시접(25~30)
코트	박스형	150	200~250	코트 길이+소매길이+시접(15~30)
		110	240~280	(코트 길이×2)+칼라 길이+시접(20~30)
		90	300~350	(코트 길이×2)+소매길이+시접(20~30)
	플레어형	150	220~250	(코트 길이×2)+시접(20~30)
		110	300~350	(코트 길이×2)+소매길이+시접(20~40)
		90	390~450	(코트 길이×3)+소매길이+시접(20~40)
	프랜치 소매형	150	220~250	(코트 길이×2)+시접(10~30)
		110	260~290	(코트 길이×2.5)+시접(10~30)
		90	330~350	(코트 길이×3)+시접(20~40)

② 마름질

❯ 2-1 패턴 배치

❶ 패턴 배치

- 패턴을 옷감의 결방향에 맞추어 배치한다.
- 옷감의 안쪽에 패턴을 배치한다.
- 패턴은 큰 것부터 배치하고 작은 것은 큰 것 사이에 배치한다.
- 벨벳, 코듀로이와 같이 짧은 털옷감은 털 방향을 위로, 털이 긴 옷감은 아래로 향하도록 배치한다.

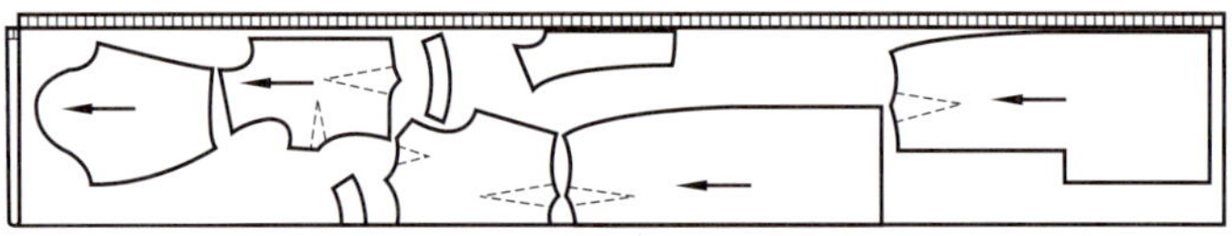

첨모직물의 패턴을 배치하는 법

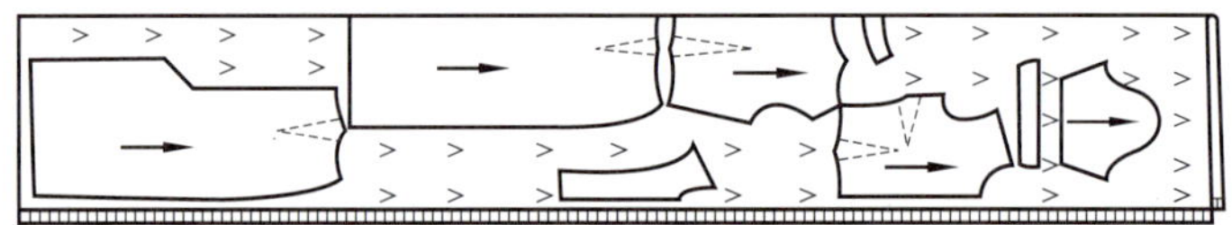

한쪽 방향으로 무늬가 프린트된 옷감의 패턴을 배치하는 법

여러 가지 패턴 배치

❷ 무늬 있는 옷감의 패턴 배치

- 무늬를 어떤 방향으로 맞출 것인가를 생각해서 무늬를 맞추어 놓고 패턴을 배치한다.
- 재단할 때도 위의 한 장을 자른 후에 아래의 한 장 무늬를 확인하면서 자른다.
- 상하 구별이 있는 무늬일 경우는 거꾸로 되지 않도록 주의하고, 큰 무늬일 때는 무늬의 흥미점을 어느 곳에 둘 것인지를 생각하여 패턴을 잘 배치한 후 재단한다.
- 플레어 스커트를 바이어스로 재단할 때는 정확한 45° 사선방향으로 재단해야만 정바이어스로서 플레어가 바르게 구성된다.

큰 무늬 옷감의 패턴 배치

❸ 체크무늬 옷감의 패턴 배치

- 보통 옷감보다 소요량이 많다.
- 두 겹을 접어놓고 마름질할 때에는 위의 1장만 자른 다음 아래의 무늬를 맞추어가며 나머지 1장을 재단한다.

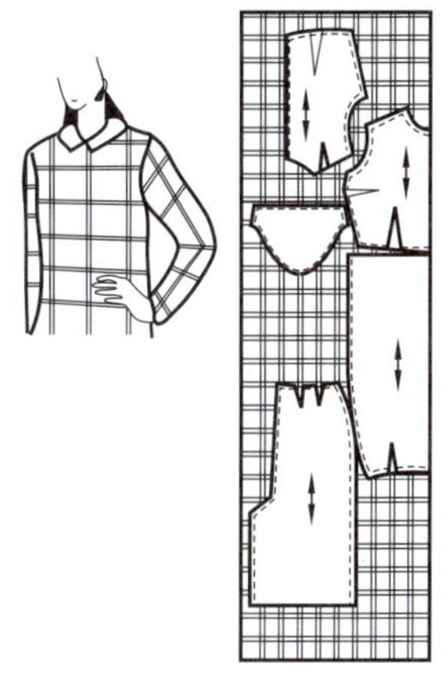

큰 무늬 옷감의 패턴 배치

2-2 시 접

❶ 바느질 방법에 따른 시접

- 가름솔 : 2.5 cm 내외
- 쌈솔 : 2 cm 내외
- 통솔 : 2 cm 내외
- 바이어스 테이프 처리 : 시접 없음

❷ 각 부위의 기본 시접

- 시접 두는 곳 : 겨드랑둘레, 목둘레, 칼라, 스커트 허리선
- 1.5 cm 시접 두는 곳 : 절개선
- 2 cm 시접 두는 곳 : 어깨선, 옆선
- 3 cm 시접 두는 곳 : 소매단, 지퍼
- 4 cm 시접 두는 곳 : 스커트단, 블라우스단, 바지단

2-3 심지

의복 구성에서 심지를 대는 목적은 의복의 형을 반듯하게 하며, 착용 후 의복의 형태가 변형되지 않도록 보강하는 것으로 겉감에 알맞은 재질, 견고함, 두께, 색 등을 선택해야 한다.

❶ 심지의 종류 : 심지는 섬유의 종류에 따라 목면심, 마심, 모심 등이 있고, 합성심으로서 접착심지, 부직포 등이 있다. 접착심지는 직물에 접착수지를 한쪽 면에 칠한 것이고, 부직포는 방적, 제직의 단계를 거치지 않고 화학적인 처리와 기계적인 처리에 의하여 축융성이 없는 섬유에 수지를 칠한 것이다. 또한 합성섬유에 풀기를 준 것과 광목에 고무를 접착시킨 심지가 있는데 이것은 빳빳하여 주로 벨트 심지로 사용된다.

❷ 심지의 종류 : 심지는 겉옷감의 종류에 따라서 선택하며 심지의 시접은 심지의 종류와 겉옷감의 종류, 심지를 붙이는 부위, 바느질 방법 등에 따라 다르다. 시접의 분량은 겉옷감보다 0.2~0.5 cm 정도 작게 재단하여 겉옷감을 대고 새발뜨기나 박음질로 고정시킨다. 얇은 옷

감에 사용하는 심지는 겉옷감과 같이 하거나 솔기를 박은 다음, 심지의 시접을 박음선에 가깝게 잘라 버린다. 뒤집어서 상침하는 와이셔츠 칼라나 커프스 등은 시접을 0.3cm 정도 두고 재단하여 겉감에 대고 완성선을 박는다.

 **2-4 재단 방법**

❶ 완성선 표시 방법

- 초크 표시 : 끝을 날카롭게 깎아서 가늘게 표시하고 흰색이나 얇은 옷감일 경우 겉에서 표시가 나지 않도록 주의한다.
- 실표뜨기 : 보통 두툼한 백색의 목면사 2줄을 사용한다. 직선일 경우에 간격을 넓게 뜨고, 곡선일 경우는 좁게 뜬다. 완성선 및 교차점, 중심점, 가슴둘레선, 허리둘레선, 단추구멍 위치 등을 정확히 표시한다.
- 룰렛과 트레이싱 페이퍼 표시 : 완성선에서 0.1cm 바깥쪽에 표시한다.

❷ 재단 시 주의점

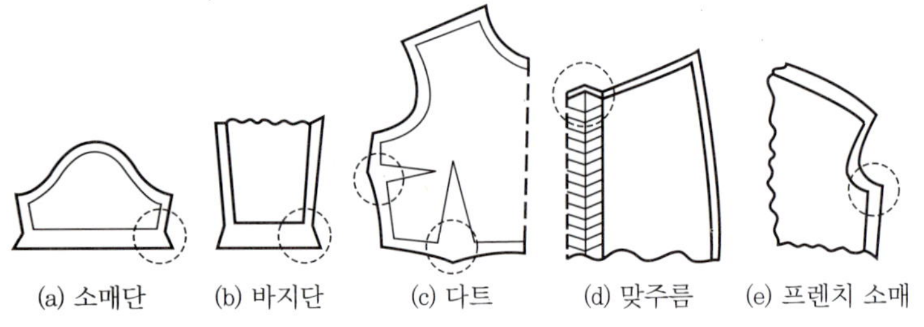

재단 시 주의점

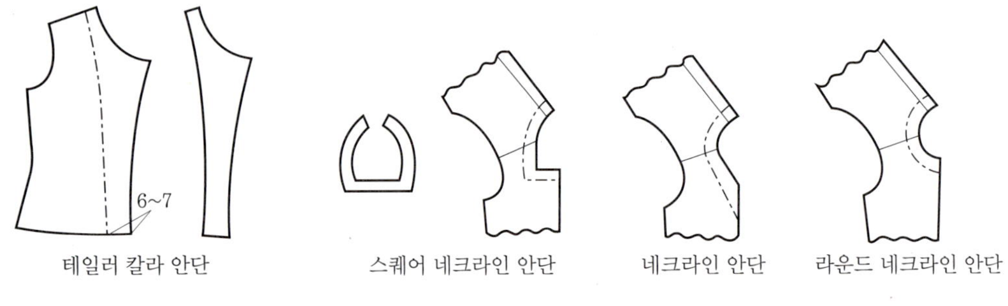

안단의 재단

- 소매, 바지 등의 단 부분이 좁아서 경사가 많으면 밑단 시접을 접은 다음 재단한다.
- 다트나 주름이 있는 경우에는 먼저 다트를 접거나 주름을 접은 다음에 시접을 넣어 재단한다.
- 칼라형에 따라 안단재단이 다르다. 블라우스일 경우 안단을 붙여서 재단하고, 칼라의 라펠이 넓거나 겹옷(슈트, 투피스, 코트 등)은 안단을 따로 재단한다.

02

재봉틀 구조 및 사용법

① 재봉틀의 종류 및 특성

재봉틀의 종류는 크게 가정용과 공업용으로 분류된다.

> **1-1 가정용 재봉틀**

1본침 2본사의 본봉과 그 밖에 지그재그의 간단한 스티치 기능을 가진 재봉기를 말한다.

> **1-2 공업용 재봉틀**

다양한 스티치 기능을 가지고 있고 회전 속도가 빠르며 견고한 재봉기를 말한다.

❶ 공업용 재봉기의 분류

■ **대분류(8종류) : 재봉방식(스티치의 연결형태)에 따른 분류**
  - ▶본봉(L): 윗실이 밑실 넣은 북 주위를 돌아 윗실과 밑실이 서로 얽혀짐을 구성하는 박음질 방식
  - ▶단환봉(C): 피봉제물의 한쪽에만 실을 공급하여 연쇄상의 얽혀짐을 구성하는 박음질 방식
  - ▶이중환봉(D): 루퍼로 조작되는 밑실로써 윗실과의 얽혀짐을 구성하는 박음질 방식
  - ▶편평봉(F): 윗실을 3개 이상 사용하되, 그 중 1개는 다른 2개 이상의 실 사이를 건너 박는데 사용되고 밑실은 각각 2개 이상의 윗실과 얽혀짐을 구성하는 박음질 방식
  - ▶주변감침봉(E): 피봉제물의 가장자리 부분을 상하 좌우로 이동하는 루퍼작용으로 윗실과 상하면에서 각각 얽혀짐을 구성하는 박음질 방식
  - ▶복합봉(M): 다른 종류의 땀형식을 2개 이상 합해서 박는 박음질 방식
  - ▶특수봉(S): 실을 사용하여 박아지는 방식으로 위에서 표시된 대분류에 속하지 않는 모든 박음질 방식
  - ▶용착(W): 피가공물을 롤러형 전극으로 이동시키면서 용착(녹여 붙이는 것)시키는 박음질 방식

■ **중분류(13종류) : 용도에 따른 분류**
  - ▶직선봉(S): 피봉제물을 기계적으로 연속하여 일정한 방향으로 직진시켜 직선상으로 박는 박음 방식(되돌려박기는 직선봉에 포함)

▶복렬봉(T): 직선봉이 2개 이상 병렬되어 있는 박음 방식

▶새발뜨기(Z): 기계적으로 연속하여 새발모양으로 박는 방식(지그재그 박음)

▶자수봉(E): 수동 또는 기계적으로 자유로이 임의의 모양을 그리는 박음 방식

▶단추 달기(B): 단추 또는 스냅 등을 적당한 위치에 다는 작업을 기계적으로 하고 자동적으로 정지하는 박음 방식

▶단추구멍(H): 단추 구멍의 구멍 뚫기와 그 가장자리를 실로 감치는 작업을 기계적으로 하고 자동적으로 정지하는 박음 방식

▶끝맺음(K): 의복이나 기타 피봉제물의 각 부에 끝맺음, 또는 이들의 피봉제물에 부속품 등을 부착하는 작업을 기계적으로 하고 자동적으로 정지하는 박음 방식

▶장식봉(D): 장식을 주로 하는 박음 방식

▶감침박음본봉(M): 피봉제물의 표면에 땀이 나타나지 않게 그 두께 사이를 스쳐서 박는 방식(블라인드봉)

▶주변봉(F): 피봉제물의 가장자리 단면부의 주변 풀림 방지나 장식의 목적으로 박는 방식

▶안전봉(A): 주변 겹침 박음과 인접하고 복합박음이 동시에 독립적으로 형성되는 박음질 방식(박음질 강화가 목적)

▶팔방봉(J): 바늘봉을 원의 중심으로 하고 팔방 보내기 기구에 따라 자유로운 방향으로 박아가는 방식

▶포대구박음(P): 포대나 자루 등을 봉합하기 위한 것으로, 박음질 끝 방향으로 박음질 시작 방향을 향하여 기구를 사용하지 않고도 간단하게 풀 수 있도록 하는 방식

■ 소분류(6종류) : 재봉기의 형상에 따른 분류

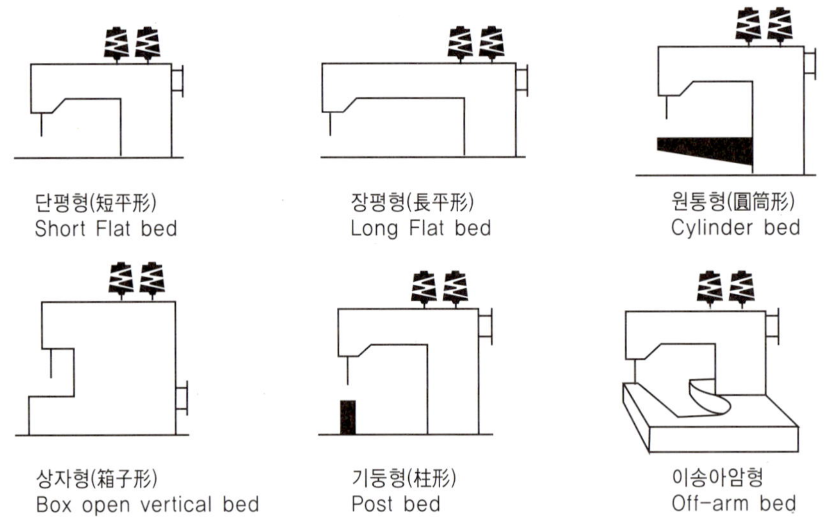

재봉기의 형상에 따른 분류

❷ 공업용 특수재봉틀

자수, 오버록(overedge stitch), 인터록(interlock machine), 단춧구멍용, 단추달기, 팔자뜨기, 속감치기, 빗장막음용, 본봉박음기용, 비닐천막용 · 비닐제분의 접착용 고주파 재봉틀 등이 있다.

② 가정용 재봉틀 각 부위의 명칭 및 사용법

2-1 가정용 재봉기

❶ 각 부 명칭

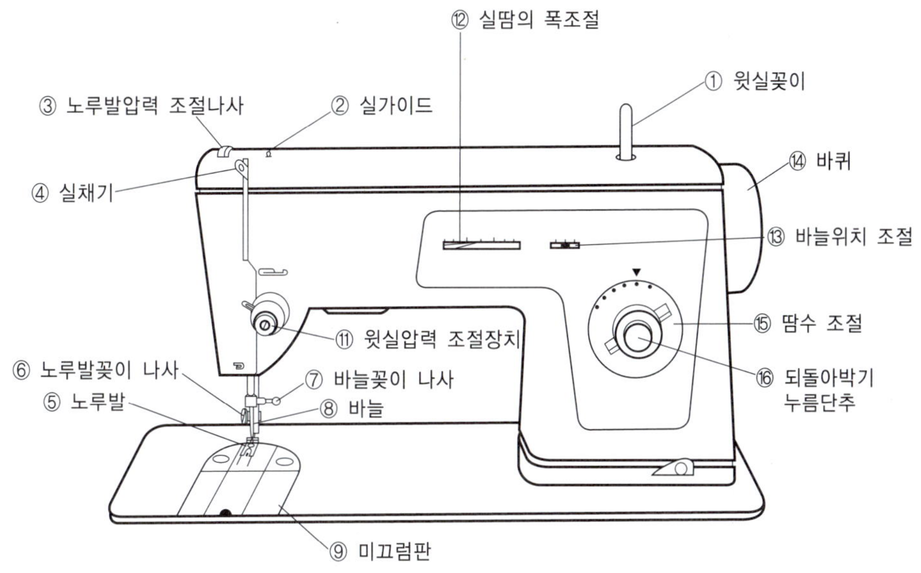

가정용 재봉기의 각 부 명칭

❷ 가정용 재봉틀의 윗실 꿰는 순서

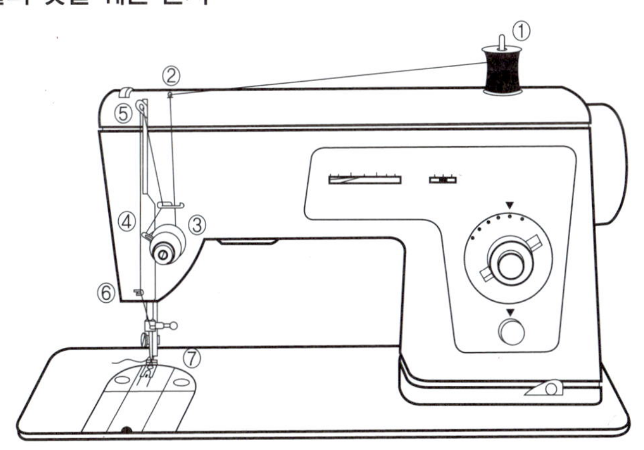

가정용 재봉기의 윗실 꿰는 순서

① 윗실꽂이에 실을 꽂는다.

② 실가이드를 통과시킨다.

③ 두 번째 실가이드를 통과해 윗실 장력 조절의 원판 사이를 통과시킨다.

④ 실장력 스프링의 밑을 통과시킨 후 두 번째 실가이드를 통과시켜 위로 올라간다.

⑤ 실채기의 구멍을 오른쪽에서 왼쪽으로 통과시키고 다시 아래쪽으로 내려온다.

⑥ 세 번째, 네 번째 실가이드를 통과시킨다.

⑦ 바늘귀에 실을 꿴다.

③ 공업용 재봉틀 각 부위의 명칭 및 사용법

❯ 3-1 공업용 재봉기

❶ 각 부 명칭

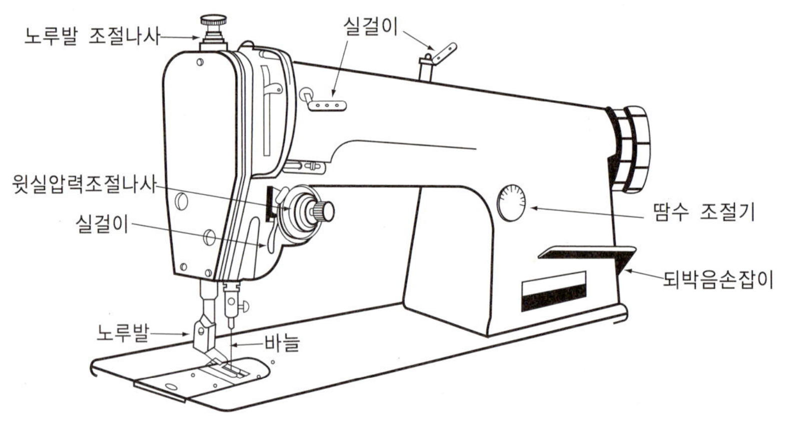

공업용 재봉틀의 각 부 명칭

❷ 공업용 재봉틀의 북실 감는 순서

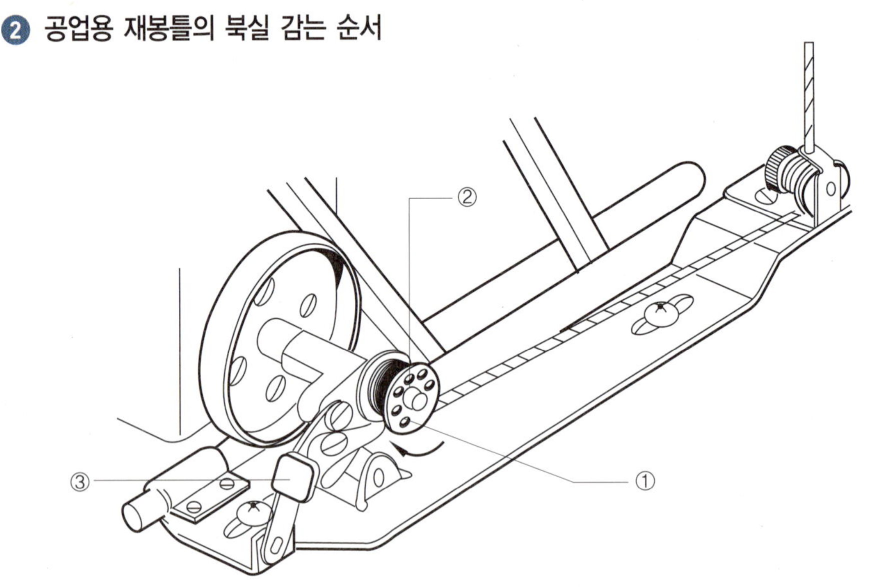

공업용 재봉틀의 밑실 감는 순서

1. 북(①)을 ②에 끼워 넣은 후 북 누름판(③)을 끝까지 밀어준다.

2. 실을 화살표 방향으로 끼운 후 북에 여러번 감아 준 후 재봉틀 발판을 누르면 북에 실이 감아진다.

❸ 공업용 재봉틀의 북을 북집에 넣는 법

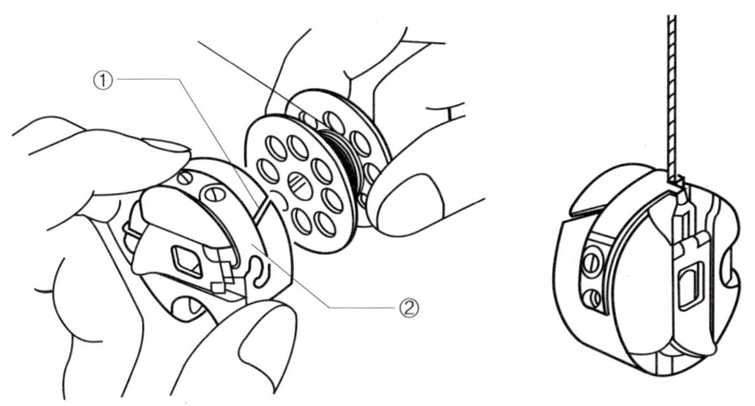

공업용 재봉틀의 북을 북집에 넣는 법

1. 북집에 북을 넣어준다.

2. 실을 홈(①)으로 넣어 조절판(②)의 밑으로 끼워준다.

3. 실을 조절판(②)의 끝에 있는 실구멍으로 당겨내어 준다.

❹ 공업용 재봉틀의 윗실 꿰는 순서

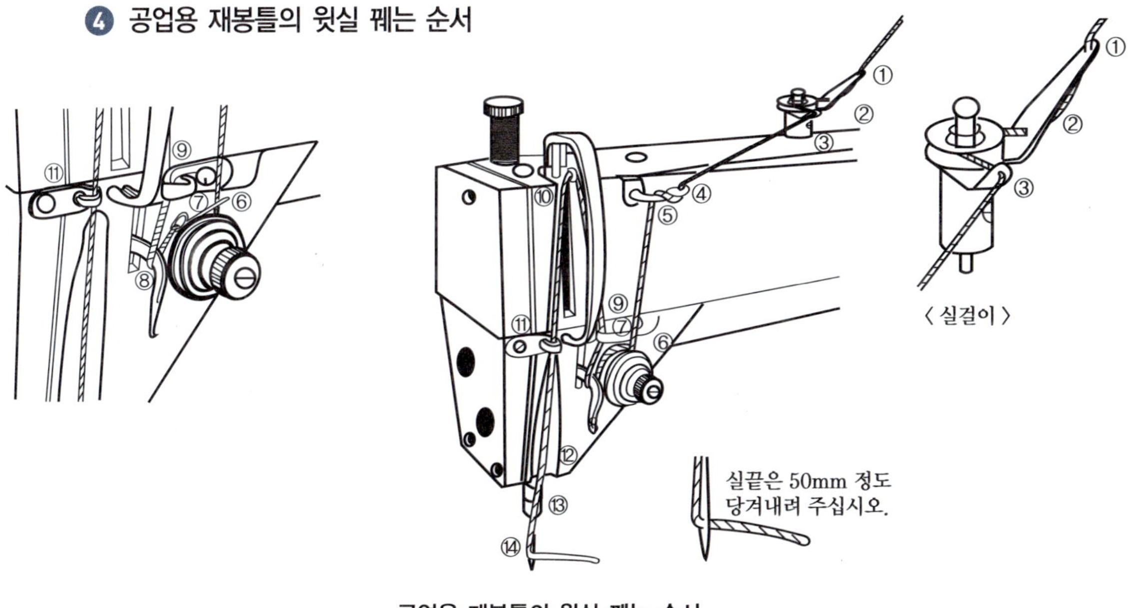

공업용 재봉틀의 윗실 꿰는 순서

1. 실걸이의 구멍에 그림과 같이 실을 통과시킨다.(①→②→③)

2. 실걸이에서 첫 번째와 세 번째 구멍을 위에서 아랫방향으로 통과시킨다.(④→⑤)

3. 윗실압력 조절나사 두 개의 원반 사이를 통과시킨다.(⑥)

4. 실걸이에 그림과 같이 순서에 따라 실을 통과시킨다.(⑦→⑧→⑨→⑩→⑪→⑫→⑬)

5. 바늘구멍에 실을 넣는다.(⑭)

④ 재봉틀의 고장과 대책

바늘질이 잘 안될 때의 원인과 조정법

바느질이 잘 안되는 상태	원 인	조정법
재봉천이 바르게 나가지 않을 경우	톱니가 밑으로 내려간 경우	드롭피드를 오른쪽으로 돌려서 톱니를 조금 올려준다.
	풀리 큰나사가 풀렸을 때	세게 잠궈 준다.
	땀수 조절 다이얼이 '0'에 있을 때	다이얼 번호를 1~4로 조정해 준다.
	노루발이 균일하게 천을 누르지 못했을 경우	노루발을 교체한다.
바늘이 부러지는 경우	바늘이 굽었거나 바늘 끝이 닳았을 경우	곧은 새 바늘로 교환해 준다.
	보빈 케이스의 부착이 나쁠 경우	북집에 보빈케이스를 정확하고 안전하게 끼운다.
	바늘과 보내기의 타이밍이 틀려질 경우	보내기 타이밍을 조절한다.
	바늘판의 부착이 나쁠 경우	바늘판 부착을 정확하게 한다.
윗실이 끊어질 경우	실 끼우는 방법이 틀렸을 경우	바르게 끼워준다.
	실 상태에 결함이 있을 경우	윗실, 밑실의 장력을 조절한다.
	윗실 조절기의 굵은 실을 사용했을 경우	조절기를 풀어준다.
	바늘구멍보다 굵은 실을 사용했을 경우	윗실과 밑실을 가능한 한 같은 것으로 한다.
	바늘과 북의 타이밍에 결함이 있을 경우	바늘과 북을 정규의 위치로 조정한다.
	실채기 용수철에 결함이 있을 경우	실채기 용수철 압력 및 작동량을 조정한다.
	반달에 홈이 생겼을 경우	반달을 신품으로 교체해 준다.
밑실이 끊어질 경우	밑실의 실 장력이 너무 강한 경우	밑실 장력을 조정한다.
	바늘판이나 북에 결함이 있을 경우	흠을 없애고 실 미끄럼면을 미끄럽게 한다.
	톱니날이 일어섰거나 톱니의 모서리가 상해있을 경우	톱니의 표면을 미끄럽게 한다.
땀이 건널 뛸 경우	바늘이 굽었거나 바늘 끝이 닳았을 경우	교체해 준다.
	바늘높이에 결함이 있을 경우	바늘높이를 조정한다(0.5~1mm).
	북이나 북의 타이밍에 결함이 있을 경우	북을 교환하거나 북의 위치를 조절한다(2.0~2.3mm).
	바늘판에 결함이 있을 경우	봉재재료, 바늘의 굵기에 맞는 바늘판으로 교체해 준다.
	실채기 용수철에 결함이 있을 경우	작동량과 용수철 압력을 조정한다.

	실에 결함이 있을 경우	봉사의 품질이 좋은 것으로 선택하거나 실과 바늘의 관계를 맞춘다.
	노루발 압력에 결함이 있을 경우	노루발을 조정하거나 교체한다.
바느질감에 주름(퍼커링)이 생길 경우	실의 장력이 강하게 되었을 경우	윗실, 밑실을 느슨하게 조이도록 해준다.
	노루발 및 노루발 압력에 결함이 있을 경우	노루발 압력을 약하게 하거나 노루발봉을 조정한다.
	바늘판의 바늘구멍이 너무 클 경우	바늘판을 미끄럽게 한다.
	바늘의 처짐이 생길 경우	바늘과 보내기의 타이밍을 조절한다.
	톱니가 높거나 불량할 경우	톱니 높이를 조정(0.5~1mm)하거나 톱니를 교환한다.

① 다림질의 조건

다림질을 하는 목적은 열과 수분과 압력을 이용하여 섬유의 가소성이 충분히 나타나게 하는 동시에 구김살을 제거하여 형태를 안정시키는 데 있다. 다림질의 효과는 가소성이 큰 섬유에서 잘 나타나며 가소성이 적은 면이나 마 등은 다림질만으로는 충분한 효과를 거둘 수 없으므로 섬유에 적당한 다림질 조건으로 직물의 조직에 맞는 다림질법을 선택하여야 한다.

❶ **온도** : 다리미의 적정한 표면온도는 사용하는 다리미의 무게와 압력, 다림질의 속도, 다리미와 옷감의 접촉 시간, 옷감에 흡수된 수분의 양, 옷감의 두께, 덧헝겊의 두께 등에 따라 다르므로 정확하게 나타내기는 어려우나 일반적으로 각종 섬유에 적당한 다리미의 온도는 다음 표와 같다.

다리미의 적정온도

섬유명	측정치
면, 마	180~200
양모, 견	130~150
레이온, 큐프라, 비닐론, 폴리에스테르	130~150
아세테이트, 트리아세테이트, 아크릴, 나일론	110~130
모드아크릴, 폴리프로필렌, 폴리우레탄	90~110

다림질의 효과를 나타내기 위해서는 옷감이 상하지 않는 범위 내에서 가능한 한 온도가 높을수록 좋다. 그러나 수지가공 제품은 목면이라도 고온에서 수지가 변질 착색하는 경우가 있고, 열에 약한 염료도 변색하여 본래의 색으로 환원되지 않은 경우가 있으므로 150℃ 이하에서 다림질을 해야 한다. 또한 흰색직물은 다리미의 접촉시간이 길면 적정온도의 범위 안에서라도 색상의 변화가 생기기 쉬우며, 풀을 한 직물도 고온에서 황변하기 쉬우므로 주의해야 한다.

열가소성을 가진 합성 섬유는 열에 의해 구김살이 생긴 경우 그 구김살이 생긴 온도 이상의 고온에서 다림질해야 구김살이 펴진다. 이때 열에 약한 합성섬유는 가열함으로써 섬유가 연화되어 융착하게 되고, 냉각 후에도 그대로 굳어진다든지 용해된 섬유가 다리미 밑에 융착하는 경우가 있다. 또한 가열로 인하여 수축이 된다. 이러한 수축은 합성섬유의 경우 연화점에 가까운 온도에서 나타나며 천연섬유는 다림질할 때 수분을 많이 주면, 그 뜨거운 물에 의해 수축이 된다.

❷ **압력** : 다림질할 때는 압력이 클수록 그 효과가 더 크며 옷감의 종류 및 조직에 따라 압력 조건이 다르다. 모직물 등 두꺼운 옷감에는 큰 압력이 필요하므로 비교적 무거운 다리미(3kg 정도)가 좋다.

❸ **수분** : 친수성 섬유의 다림질에 있어서 적당한 수분은 필수적인 것이다. 수분이 섬유의 비결정영역에 들어가서 쇄상분자 간의 수소결합에 작용하면 수화하여 섬유를 변형하기 쉽게 만들어서 다리미로 가열하면 수분이 나오고 변형된 상태로 고정된다.

❹ **시간** : 다림질의 효과는 시간에 비례한다. 압력이 적고 온도가 낮아도 다림질하는 시간이 길면 프레스(press)의 효과가 크다. 그러나 백색직물에 있어서 다리미의 접촉시간이 길면 백도에 변화가 생기기 쉬우므로 주의해야 한다.

② 다림질할 때의 주의사항

❶ 다리미대를 사용하는 것이 좋다. 풀을 먹인 목면 제품과 같이 표면이 매끈하고 광택이 필요한 직물은 딱딱한 다리미대를 사용하고, 견이나 모직물 등은 표면이 부드럽고 탄력성이 있는 다리미대를 사용한다.

❷ 다림질을 할 때는 섬유의 성질에 따라 적당한 온도·습도의 조건하에서 하며, 면이나 마직물은 내열성이 크기 때문에 직접 다림질하고, 견직물은 다림질 광택을 피하기 위해서 안쪽에서 다리며 표면은 살짝 다린다. 그리고 모직물은 흡수된 덧헝겊(면포)을 표면 위에 덮고 다림질하며, 교직물이나 혼방직물은 내열성이 약한 섬유를 기준으로 하여 다림질한다. 나일론, 비닐론, 인견과 같은 직물은 물기 없이 마른대로 다림질한다. 비닐론은 수분이 많은 상태에서 다림질하면 황변할 수도 있으므로 주의해야 한다.

❸ 다리미가 앞으로 나갈 때는 뒷부분에 힘을 주고, 뒤로 보낼 때는 앞부분에 힘을 주면 작은 구김살이 생기지 않는다.

❹ 풀새한 세탁물은 완전히 건조한 후, 가능한 한 저온에서 다림질한다. 보통 사용하는 전분질의 풀은 210℃, PVC풀은 170℃ 부근에서 황변하기 때문에 고온에서 다림질하면 호제가 황변하게 된다.

❺ 물뿌리기는 고르게 전체에 뿌린다. 수분이 많으면 다림질이 늦어지고 다리미가 잘 미끄러지지 않으며, 온도가 내려가기 쉽다. 모직물은 표면에 덧헝겊을 대고 물을 뿌려서 다림질한다. 다림질 직후에는 습윤되어 있어 형태가 흐트러지기 쉬우므로 충분히 건조시켜 둔다.

❻ 사용한 다리미는 기름을 조금 묻혀 헝겊으로 바닥을 깨끗이 닦아서 보관하면 좋다.

① 기초봉

똑같은 목적을 가진 봉제법도 봉제하는 부분과 재질의 변화에 따라서 그 방법이 달라진다. 봉제는 하나하나의 부분 봉제에 의해서 전체가 구성되는 것으로 충분히 기초를 쌓고 이해해야 한다.

▶ 1-1　손바느질

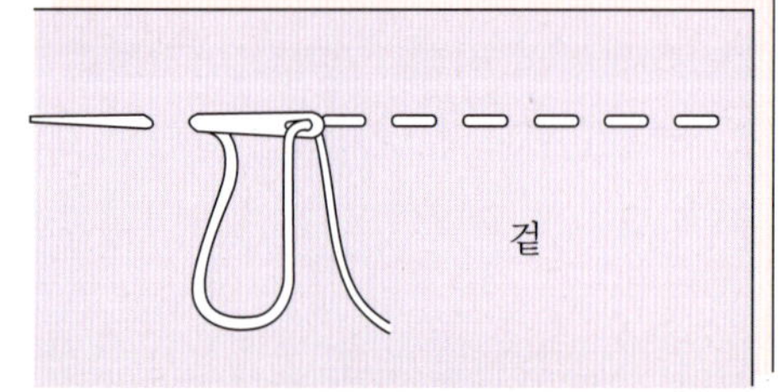

(1) 홈질(running stitch, darning stitch)

두장의 옷감을 꿰매거나 오그리기 처리에 사용하는 바느질법으로 일정한 간격으로 바느질한다.

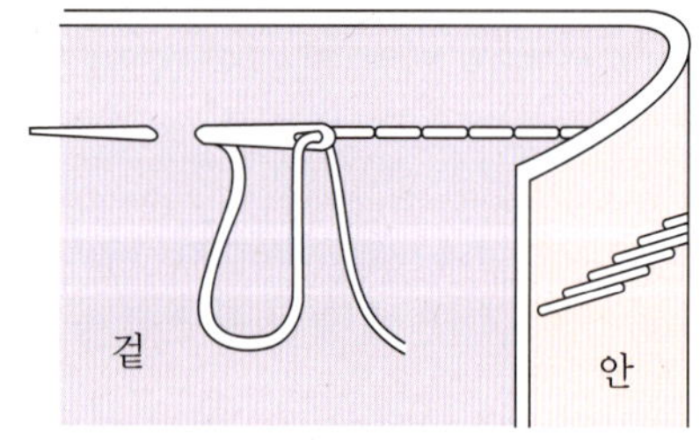

(2) 박음질(back stitch)

바늘땀을 뜬 다음 다시 한 땀 분량만큼 뒤로 돌아와 떠주는 바느질법으로 가장 튼튼한 바느질법이다.

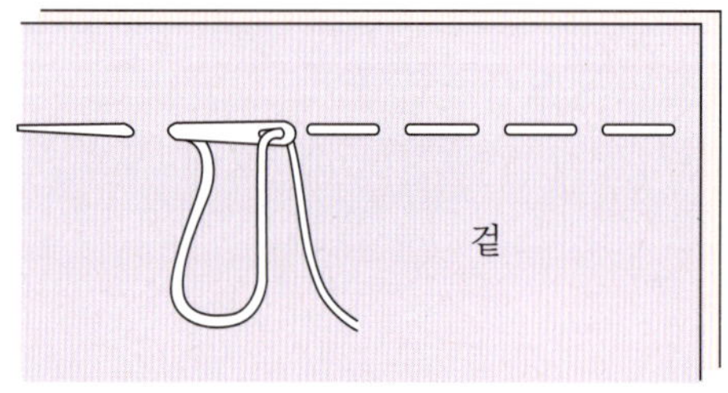

(3) 시침질(basting)

❶ 긴시침질(unever basting)

미싱으로 박음질하기 전에 두 장의 옷감이 밀리지 않도록 하기 위해 임시로 붙여 두거나 박음선을 표시할 때 사용하는 바느질법으로 완성선보다 안쪽으로 시침한다.

❷ 보통시침질(ever basting)

소매를 몸판에 붙일 때와 같이 직접 미싱하기 어려운 곳이나 곡선부분을 시침할 때 사용한다.

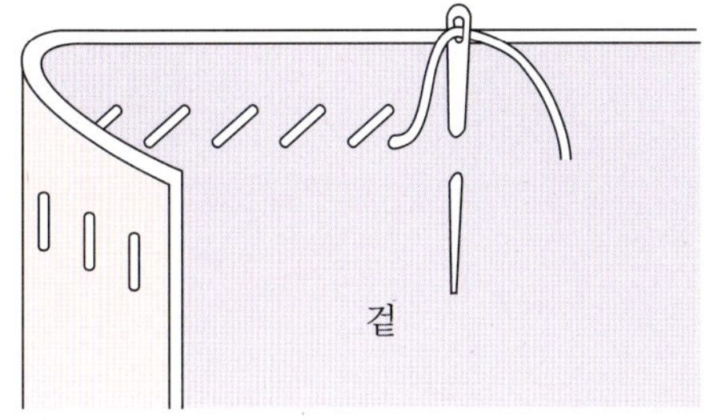

❸ 어슷시침(diagonal basting, tailor basting)

재킷이나 라펠의 형태를 고정시키거나 안소매와 겉소매가 밀리지 않도록 할 때, 심지를 겉감에 고정시킬 때 사용하는 바느질법으로 겉의 바늘땀은 사선이 되고, 안의 바늘땀은 직선으로 된다.

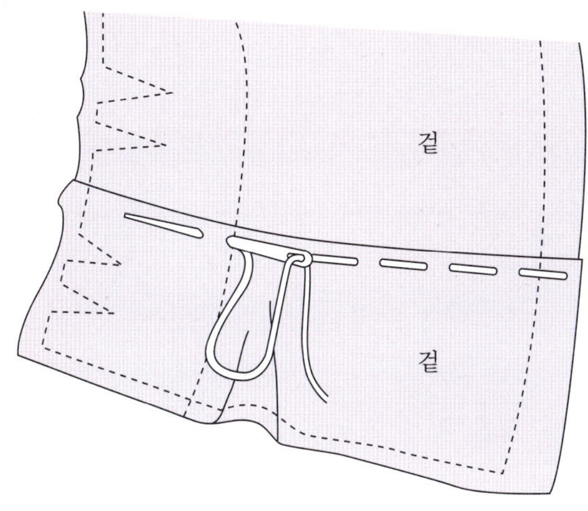

❹ 상침시침

가봉을 할 때 이용되는 바느질로 한 쪽 옷감의 시접을 접어 다른 쪽 옷감의 완성선에 올려놓고 긴시침을 한다.

(4) 휘감치기(overcast stitch, whipp stitch)

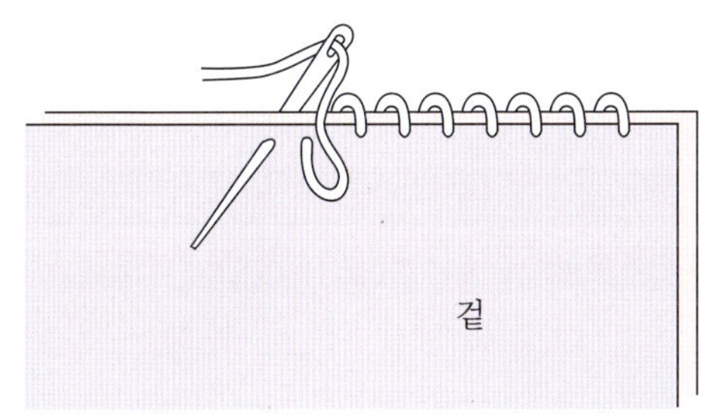

옷감의 가장자리에 올 풀림을 막기 위해 감치는 것으로 바늘을 뒤쪽에서 앞쪽으로 뽑는다.

(5) 공그르기(blind stitching)

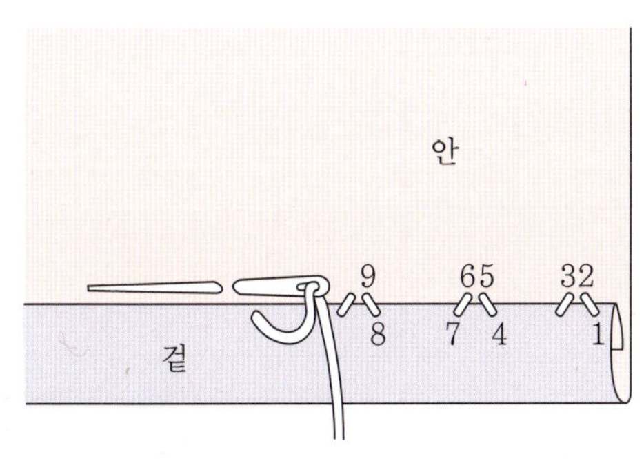

시접 속을 1cm 정도 뜨고 겉감을 한 올 뜨는 방법을 반복해 겉이나 안에서 바느질 표시가 작게 나타난다.

(6) 새발뜨기(catch stitch)

왼쪽에서 오른쪽으로 바느질하며, 주로 두꺼운 옷감의 밑단이나 시접처리에 사용하여 겉으로 보이지 않도록 한두 올만 뜬다.

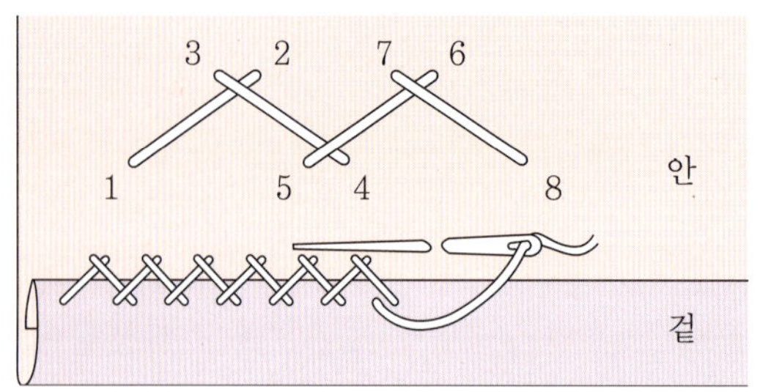

(7) 실표뜨기(tailor tack)

두 장의 옷감에 패턴의 완성선을 표시할 때 사용한다. 굵은 면사 두 올을 사용해 다트 위치, 단춧구멍 위치, 스타일 라인 등을 실땀으로 표시한다.

❶ 실땀은 겉에서는 길고, 뒤에서는 짧게 시침하여 완성선을 표시한다.
　(직선 부분은 간격을 넓게 곡선 부분은 좁게 시침질한다.)
❷ 겉쪽 실땀의 중간을 가위로 자른다.
❸ 옷감과 옷감 사이의 실땀이 완전히 빠져나오지 않도록 조심하면서 실을 자른다.
❹ 겉 옷감에 길에 나와 있는 실땀을 짧게 자른 다음 실이 빠지지 않도록 다리미로 눌러 다려 놓는다.

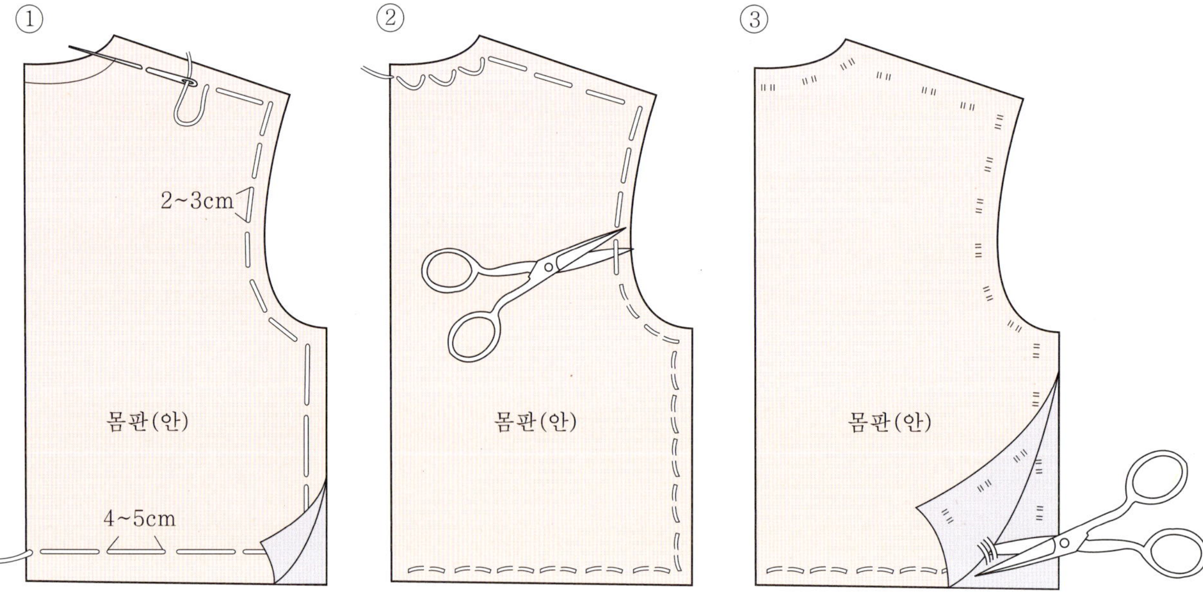

(8) 버튼홀 스티치(button hole stitch)

　단춧구멍이나 옷감의 가장자리 올 풀림을 막기 위해 쓰이며, 스커트나 바지의 훅을 달 때도 사용한다. 각 땀마다 매듭이 생긴다.

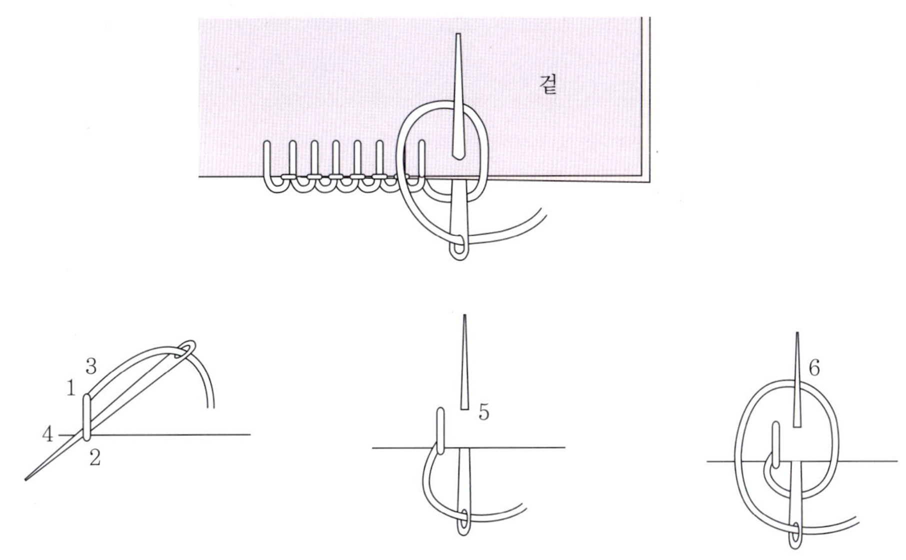

(9) 팔자뜨기(padding stitch)

　테일러드 재킷이나 코트의 칼라와 라펠에 심지를 부착시킬 때 사용한다. 겉에서는 八자의 형태로 나타나고, 안쪽에서는 작은 실땀이 나타난다.

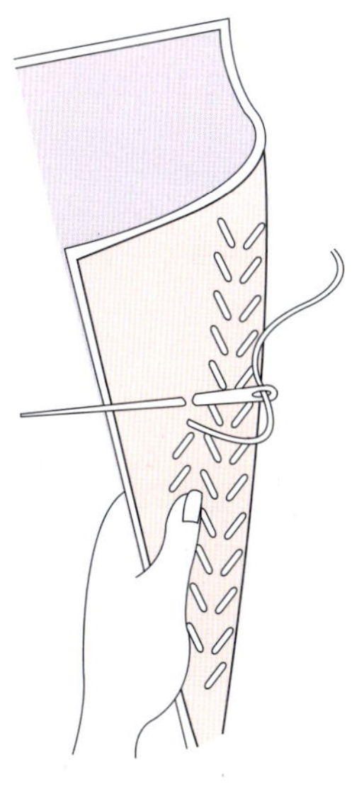

1-2 재봉질

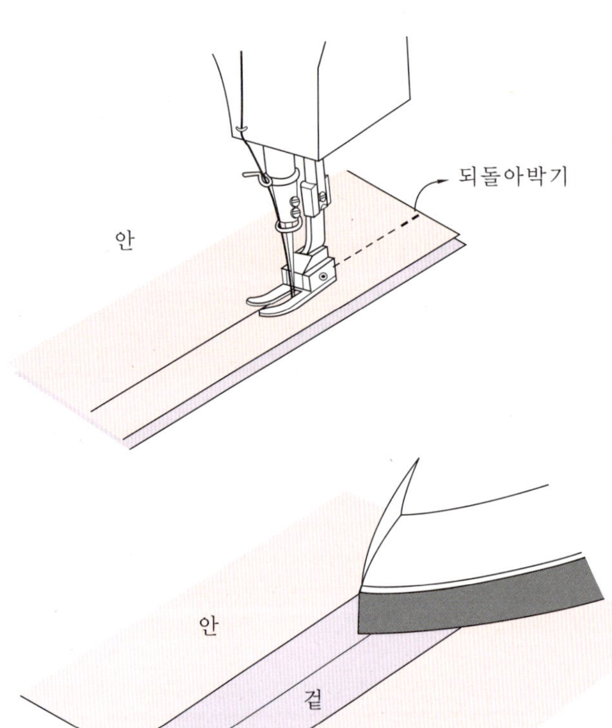

(1) 솔기처리 방법

❶ 가름솔(plain seam)

솔기처리 방법 중 가장 일반적으로 사용하는 방법이며 어깨솔기, 옆솔기 등에 사용된다.

a. 겉과 겉을 마주 겹쳐놓고 시접을 박는다.

b. 솔기시접을 양쪽으로 가르고 다림질한다.

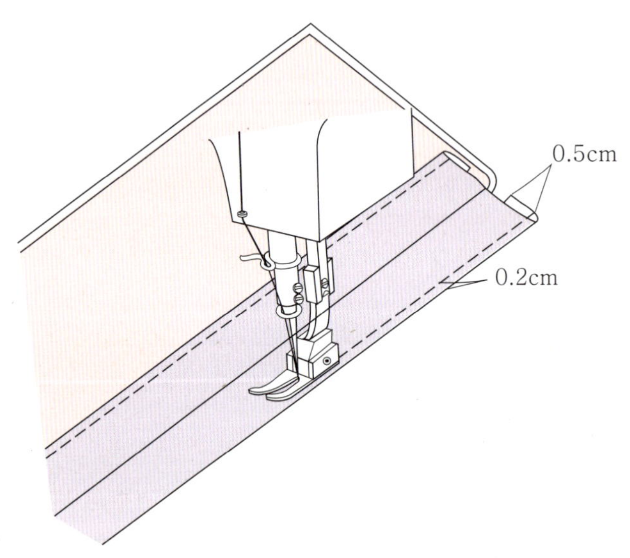

▶ 시접 끝처리 방법 : 가름솔은 솔개시접의 올이 풀리지 않도록 시접 끝처리를 해주어야 한다.

A. 시접분 접어박기 방법(self clean-edge finish)

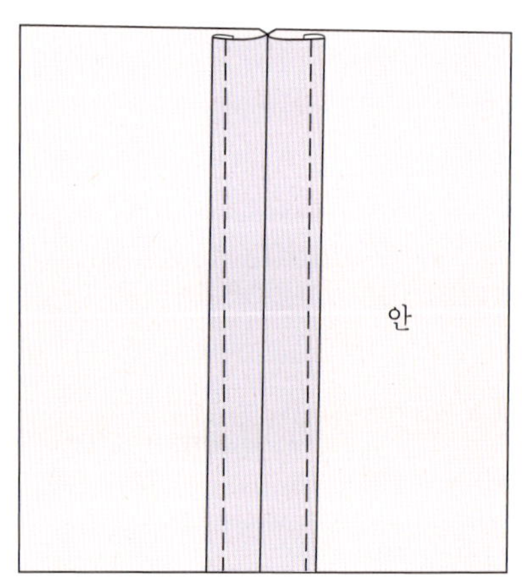

B. 바이어스로 처리하는 방법(bias bound seam)

a. 2cm 간격의 바이어스 테이프를 만든 후 0.5cm로 접어준다.

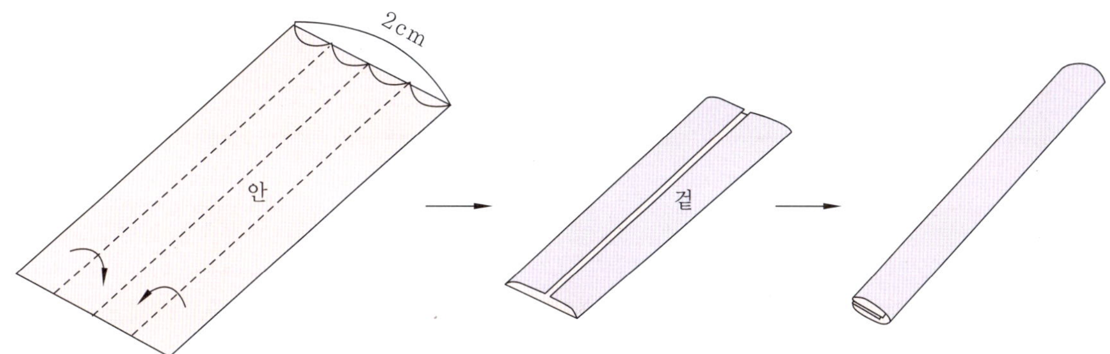

b. 옷감의 안쪽에 바이어스 테이프의 겉면을 대고 0.5cm로 박는다.

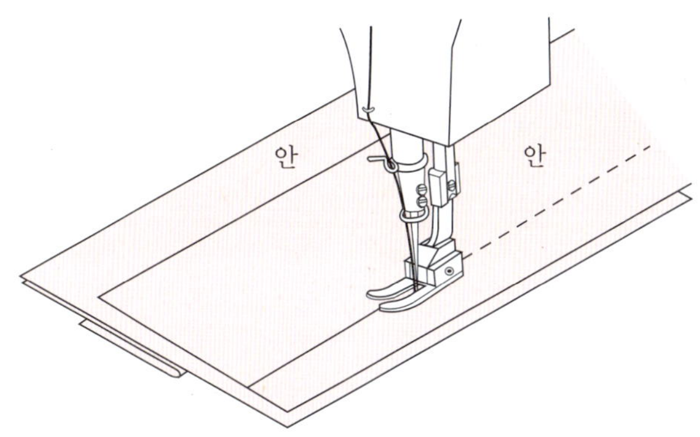

c. 바이어스 천을 젖힌 후 박음선 위를 다린다.

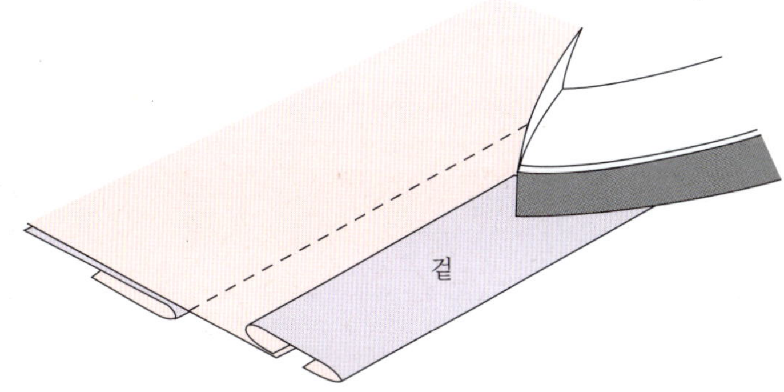

d. 겉면이 위로 오도록 뒤집은 후 바이어스단을 감싸서 박는다.

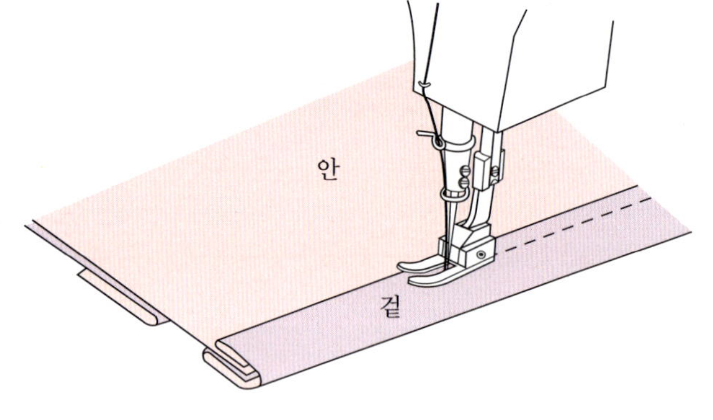

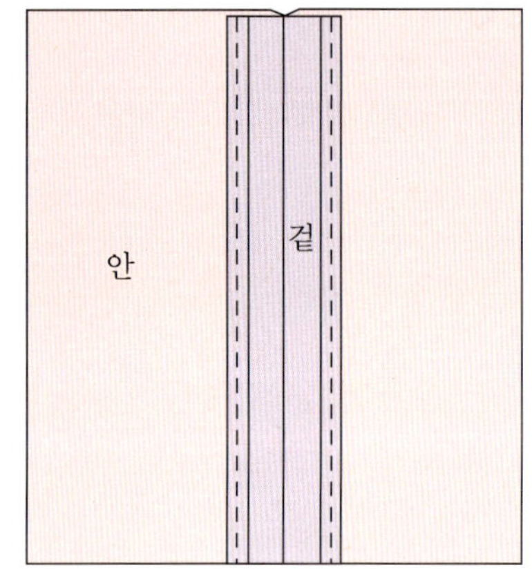

C. 핑킹 가위로 처리하는 방법(pinked seam)

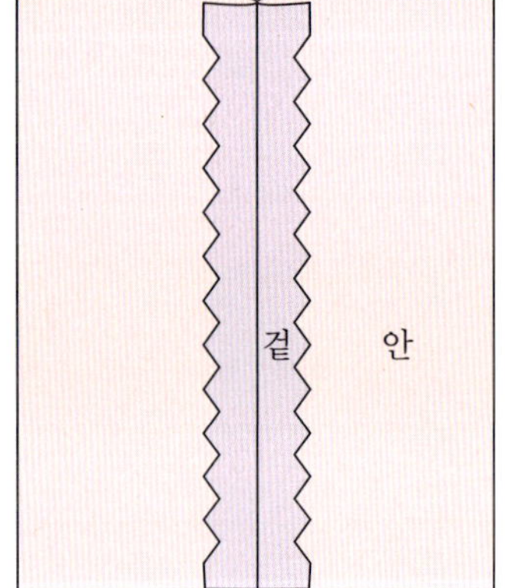

D. 휘감치기 가름솔

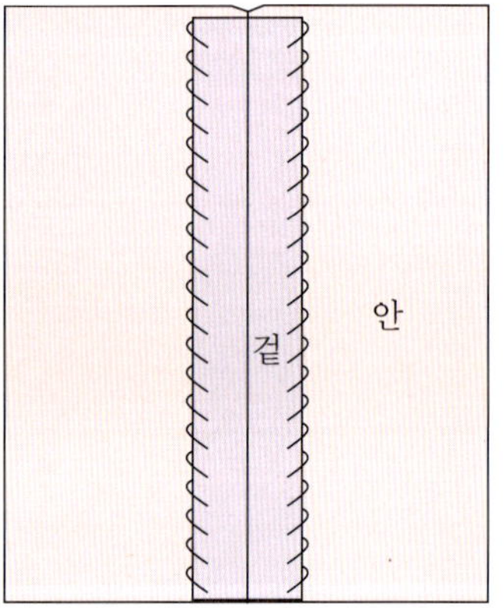

E. 오버룩으로 처리하는 방법(overlook seam)

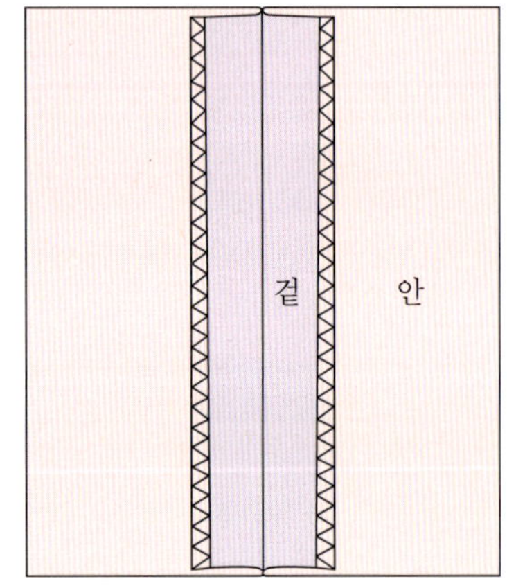

F. 지그재그 미싱으로 처리하는 방법

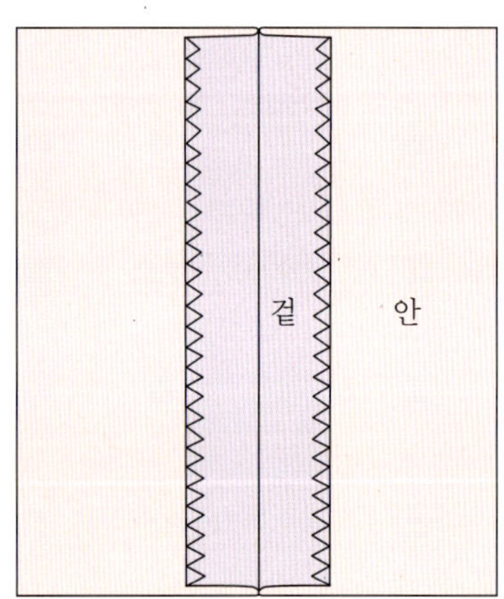

가장자리를 오버룩 재봉기로 처리한다.

❷ **쌈 솔**(flat felled seam)

안과 겉의 시접이 모두 깨끗이 감싸져 처리되므로 뒤집어서 입을 수 있는 양면 착용이 가능한 의복이나 운동복, 아동복, 와이셔츠 등에 널리 쓰인다.

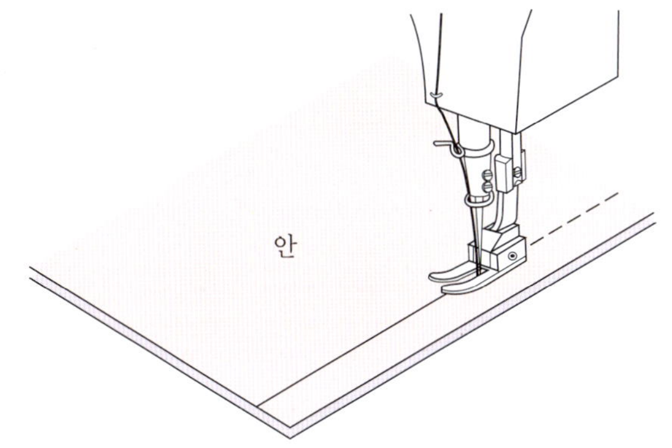

a. 겉과 겉을 마주 겹쳐놓고 완성선을 박는다.

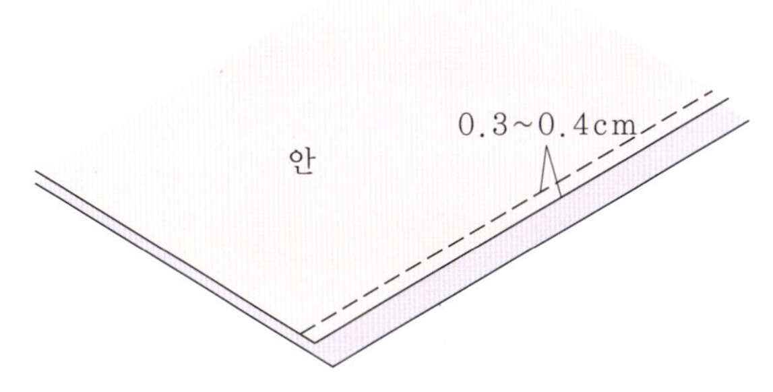

b. 한 쪽의 시접을 0.3~0.4cm 남기고 자른다.

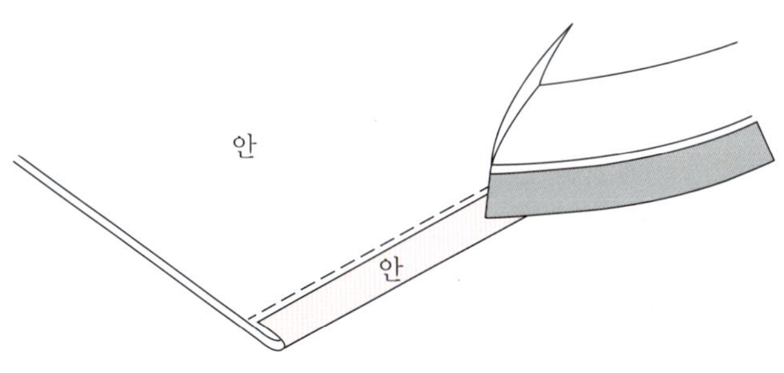

c. 시접분이 넓은 쪽의 시접으로 좁은 시접분을 감싸준다.

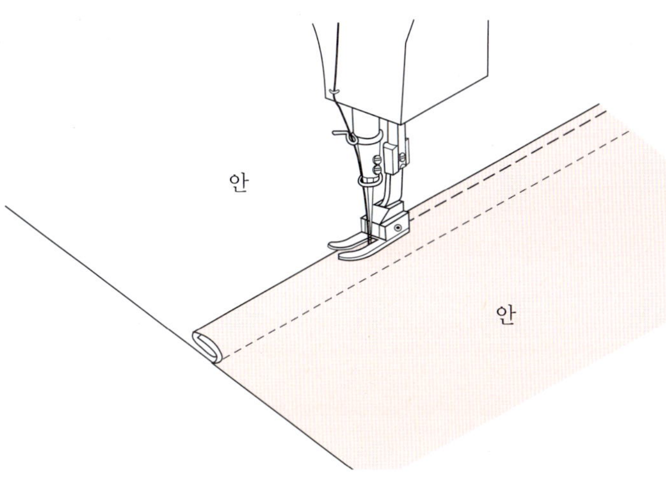

d. 접은 시접의 가장자리를 상침한다.

❸ **통 솔**(french seam)

비치는 옷감의 블라우스나 올이 잘 풀리는 옷감으로 옷을 만들 때 세탁을 자주하는 옷의 봉제의 견고성을 위하여 주로 사용한다.

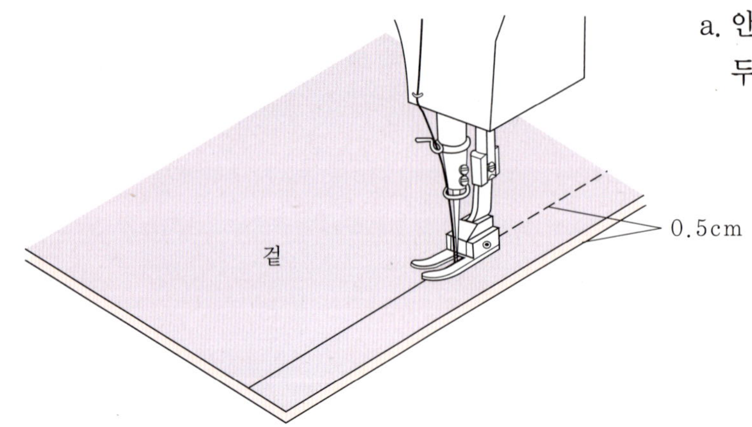

a. 안과 안을 마주대고 겉쪽에서 0.5cm 시접을 두고 박는다.

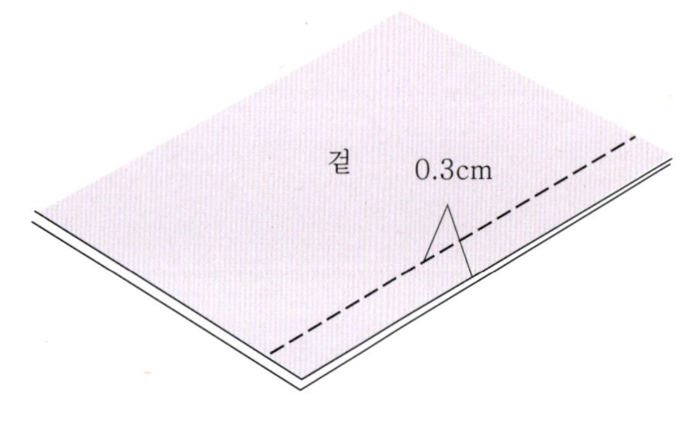

b. 시접을 0.3cm 정도 남기고 자른다.

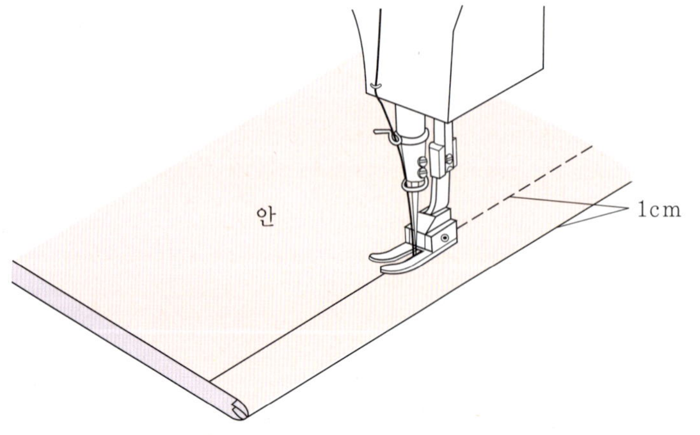

c. 뒤집어서 1cm 정도 시접을 두고 박는다.

❹ 뉨 솔(welt seam)

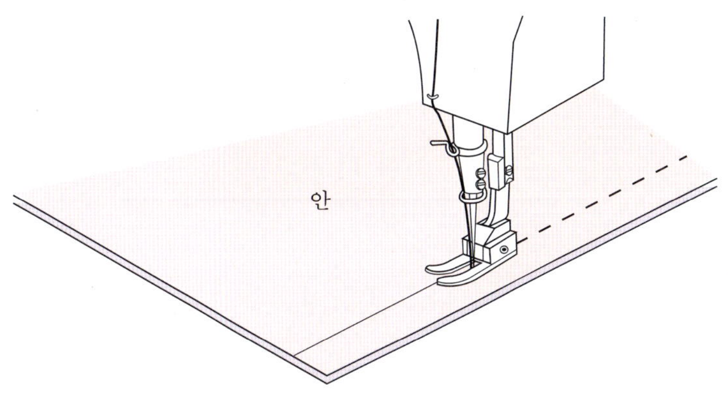

a. 겉과 겉을 마주 겹쳐놓고 완성선을
박는다.

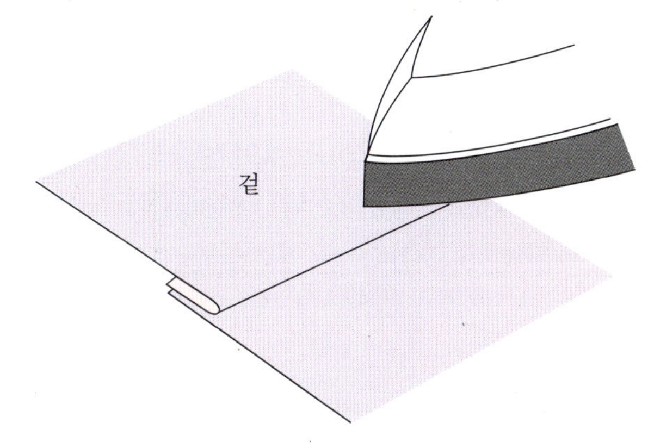

b. 시접을 한쪽으로 모아 꺾는다.

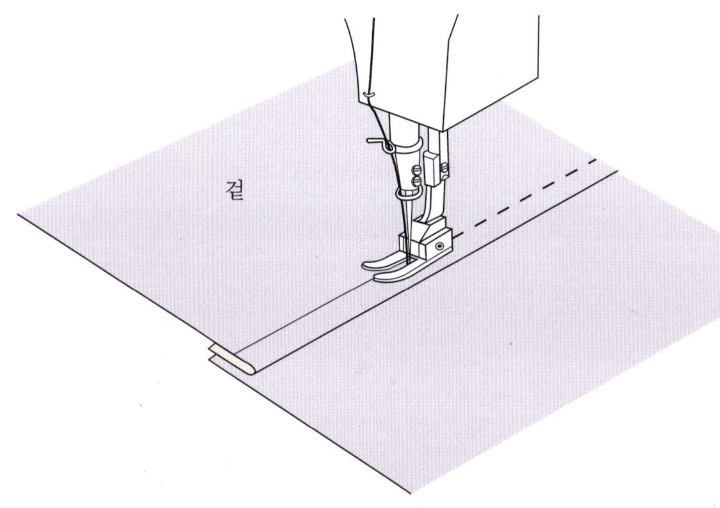

c. 겉쪽에서 시접분과 함께 눌러 박음질
한다.

(2) 단처리법

❶ 두 번 접어박기

올이 풀리지 않도록 시접 끝을 안으로 꺾어 넣고 단 분량을 꺾어 재봉틀로 박는다.

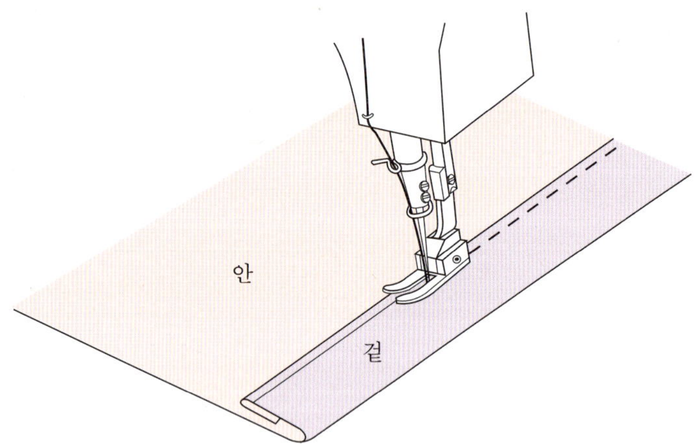

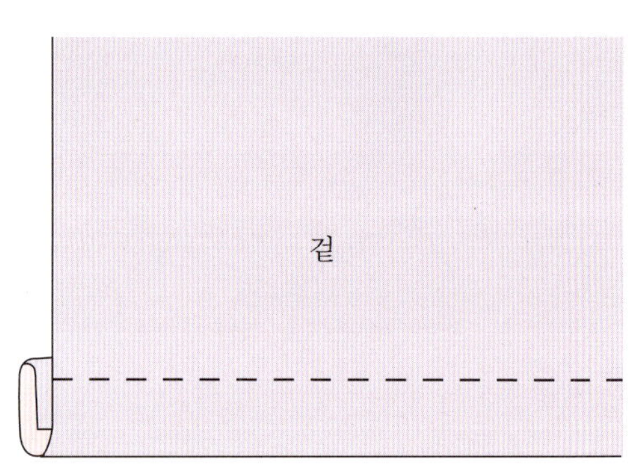

❷ 끝말아박기

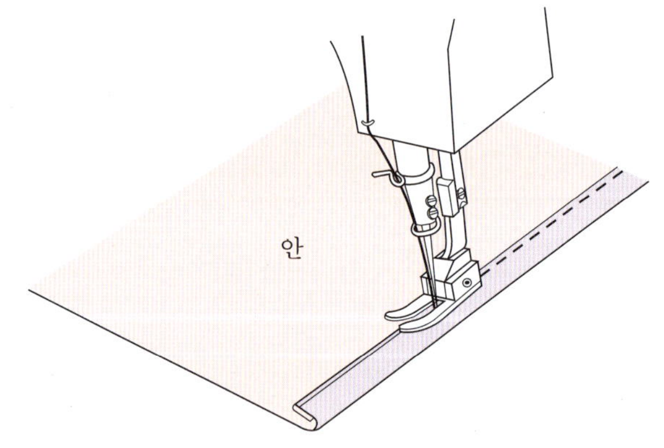

단의 끝을 0.2cm 정도 꺾어 박은 다음 다시 꺾어 넣고 재봉틀로 박음질한다. 끝말아박기 노루발을 사용하면 더욱 능률적으로 처리할 수 있다.

❸ 공그르기(slip stitch)

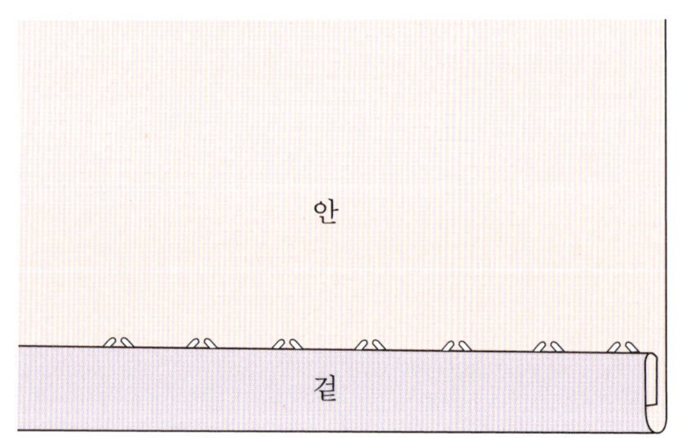

헝겊의 시접을 접어 맞대고 바늘을 번갈아 넣어 가며 실땀이 겉으로 나오지 않도록 속으로 떠서 꿰맨다.

④ 감치기(hemming stitch)

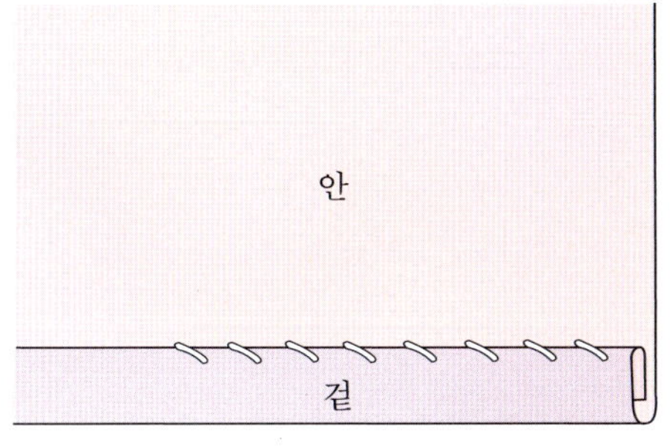

가장 일반적인 단 처리법이다. 단의 시접분을 꺾어 넣고 안에서는 사선의 실땀이 나타나고, 겉에서는 거의 보이지 않도록 한두 올을 뜬다.

⑤ 새발뜨기(catch stitch)

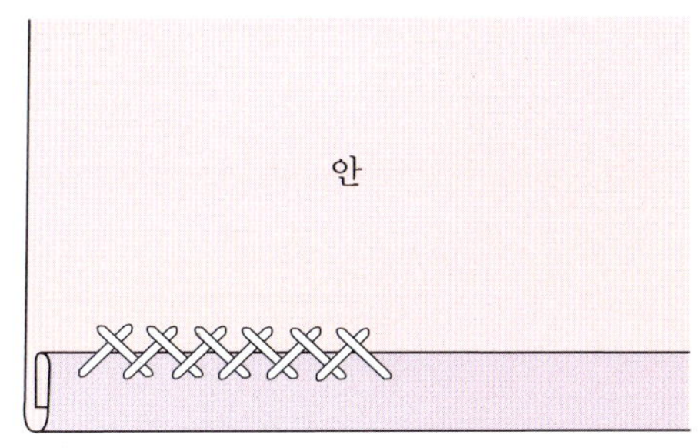

왼쪽에서 오른쪽으로 바느질하며, 주로 두꺼운 옷감의 밑감이나 시접처리에 사용하여 겉으로 보이지 않도록 한두 올만 뜬다.

⑥ 바이어스단(bias taped hem)

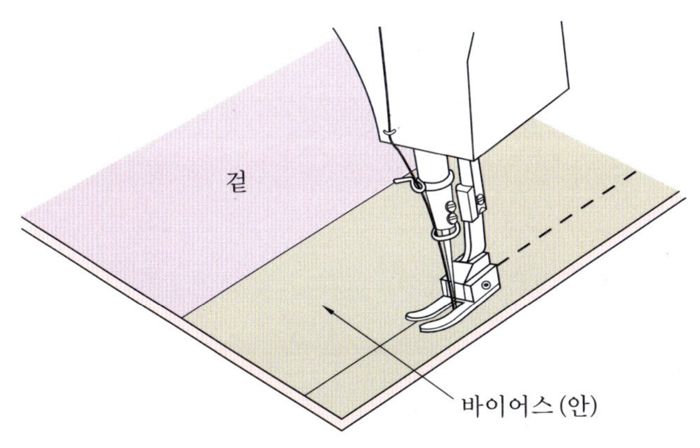

a. 두꺼운 감이나 올이 잘 풀리는 직물을 얇고 올이 잘 풀리지 않는 옷감을 바이어스로 잘라 끝을 박음질한다.

b. 바이어스단 끝을 안으로 꺾어 넣고 공그르기나 감침한다

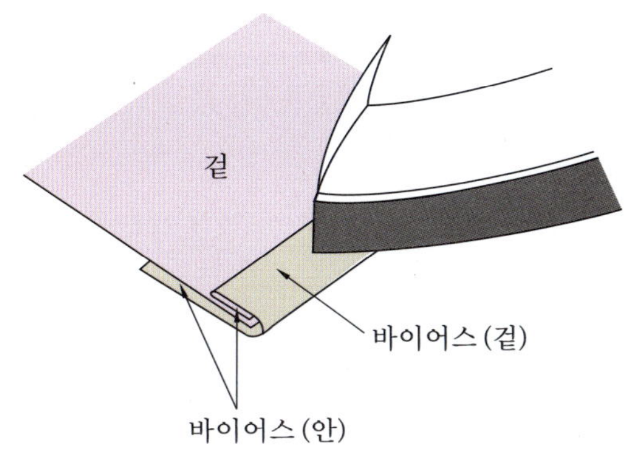

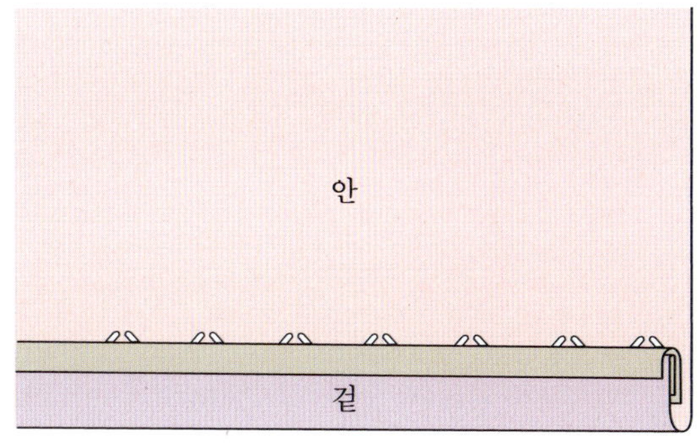

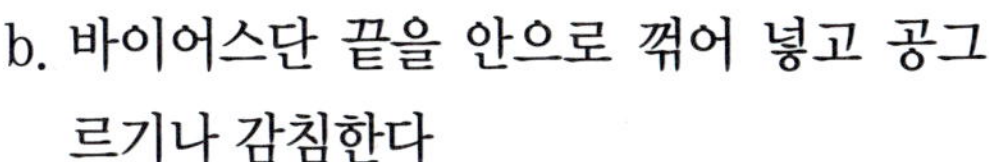

② 부분봉

 2-1 다트박기

(1) 봉제법

a. 다트의 중심선을 접는다.

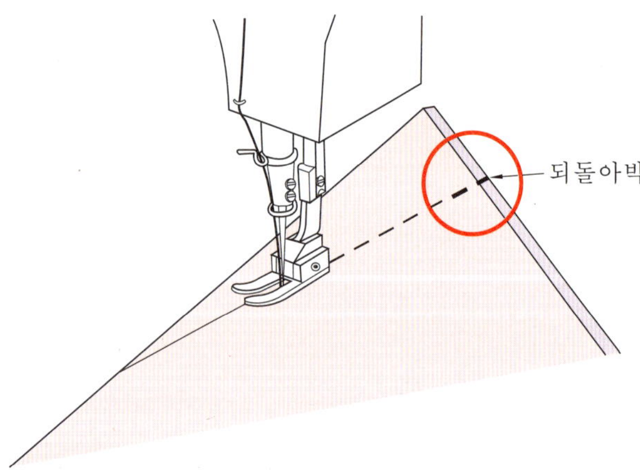

b. 다트 폭이 넓은 쪽에서 뾰족한 끝을 향해 박는다.

c. 처음 부분은 되돌아 박기를 한다.

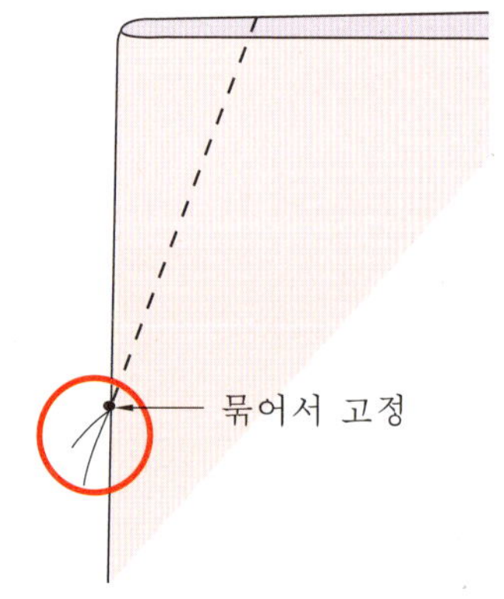

d. 다트 끝 부분은 실을 10cm 정도 남기고 끊은 후 묶어 고정한다(다트 끝 부분은 되돌아 박기를 하지 않는다).

(2) 다트 처리법

① 한쪽으로 눕힐 경우

중간 정도의 두께나 얇은 옷감인 경우에 처리하는 방법이다. 세로방향 다트인 허리다트, 어깨 다트, 목 다트는 중심쪽으로 접어주며 진동둘레 다트, 옆선 다트, 앞중심 다트 등의 가로방향 다트는 시접을 아래로 향하게 하여 다려 준다.

② 가름솔로 할 경우

두꺼운 감의 경우에 처리하는 방법이다.

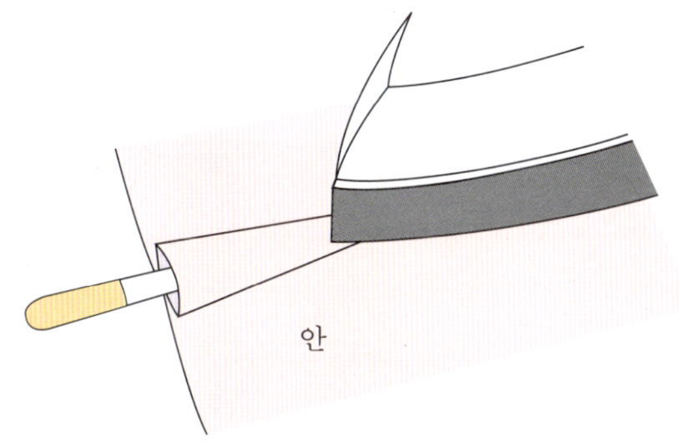

A. 시접을 자르지 않고 가름솔할 경우

a. 끝 부분에 송곳을 끼워 다리미로 다려준다.

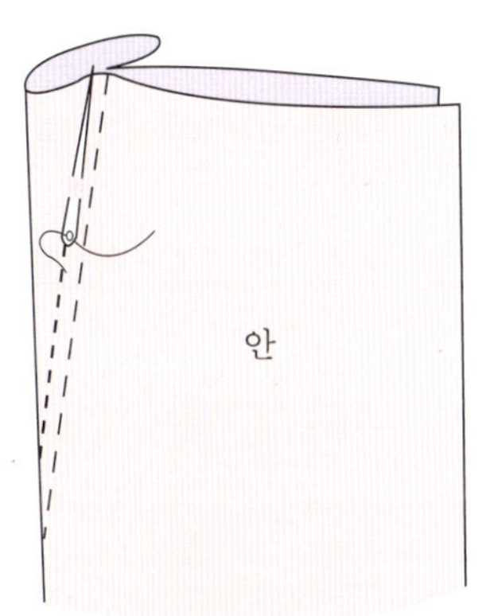

b. 시접에 점박음질을 하여 시접이 움직이지 않도록 한다.

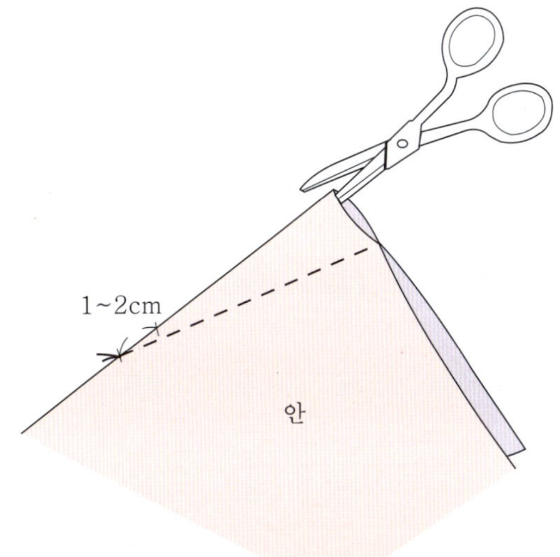

B. 시접을 잘라내고 가름솔을 할 경우

a. 다트 끝에서 1~2cm 정도를 남기고 시접의 중앙을 자른다.

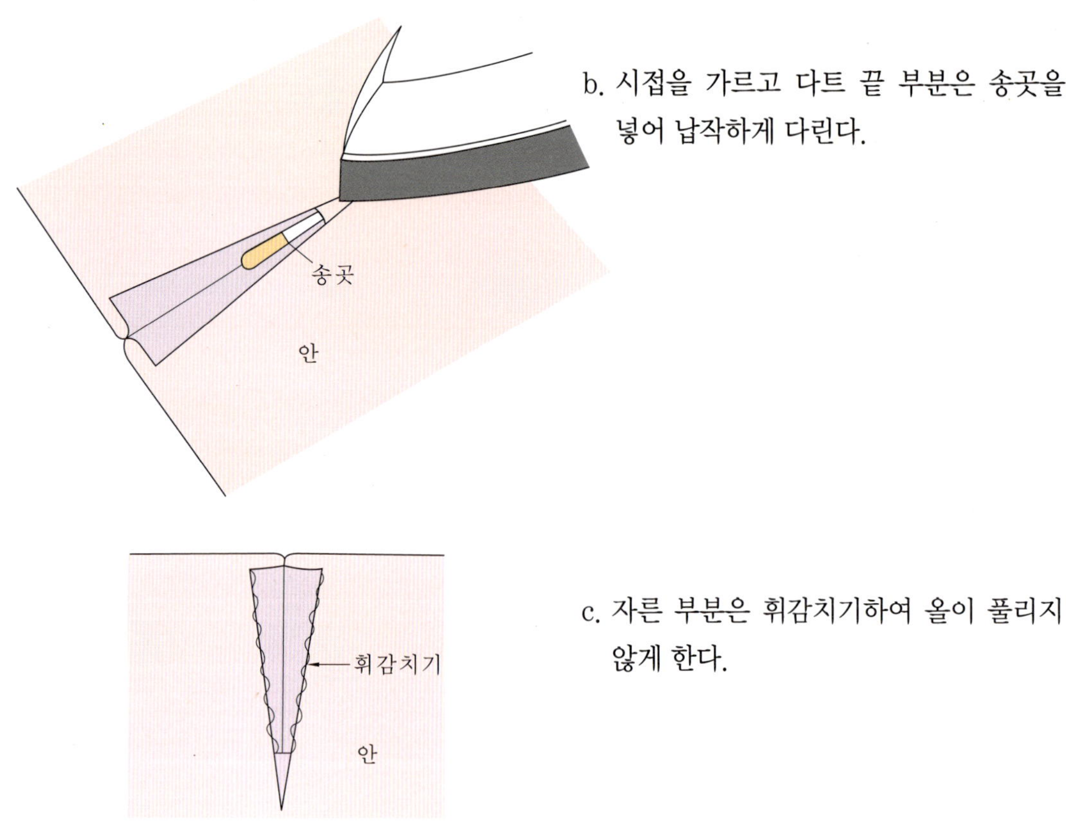

b. 시접을 가르고 다트 끝 부분은 송곳을 넣어 납작하게 다린다.

c. 자른 부분은 휘감치기하여 올이 풀리지 않게 한다.

❸ 천을 덧댈 경우

올이 풀어지기 쉬운 얇은 옷감의 경우 처리하는 방법이다. 덧대는 천은 조직이 치밀한 것으로 겉감과 같은 색상의 얇은 천이나 안감을 사용한다(다트의 크기보다 크게 재단한다).

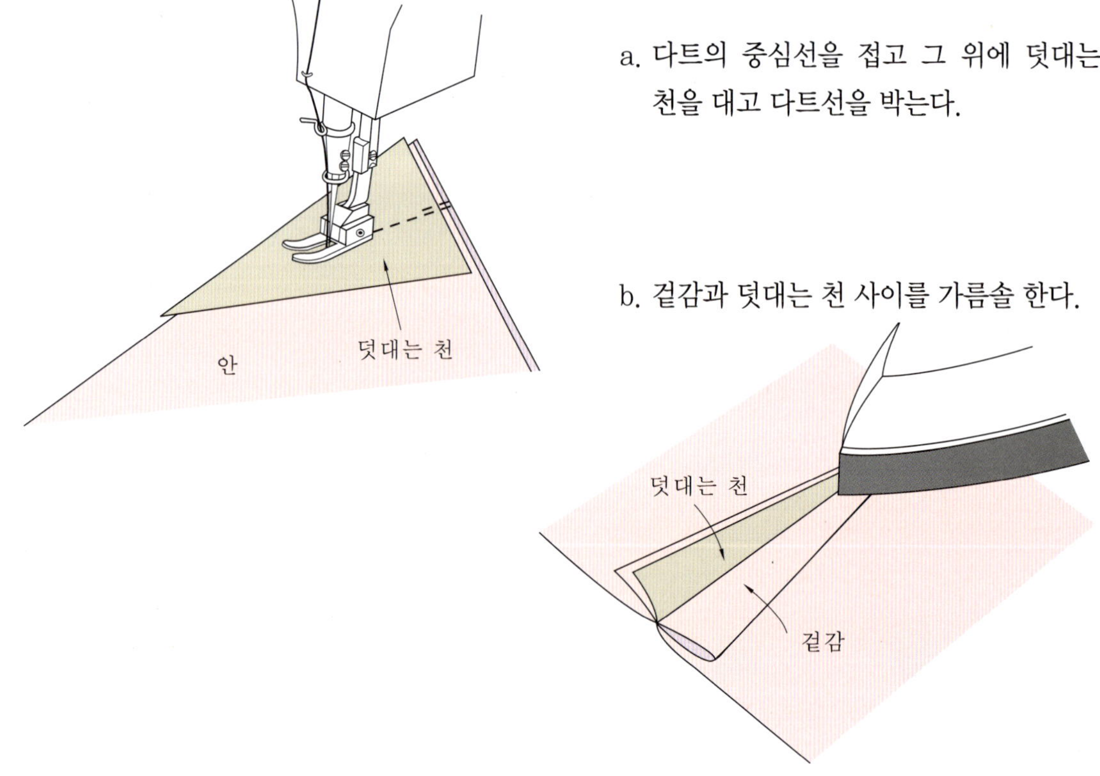

a. 다트의 중심선을 접고 그 위에 덧대는 천을 대고 다트선을 박는다.

b. 겉감과 덧대는 천 사이를 가름솔 한다.

❶ 뚜껑주머니(flap pocket)

a. 뚜껑 겉·안감과 입술감, 주머니속감을 준비한다.

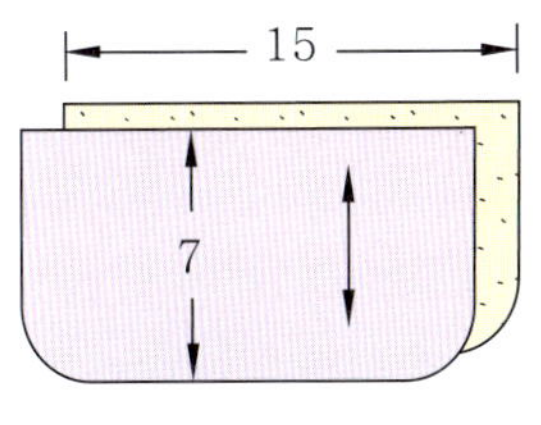

<겉감 1장 , 심지 1장>

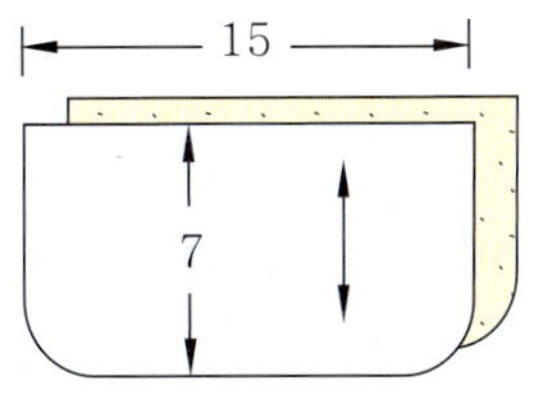

<안감 1장 , 심지 1장>

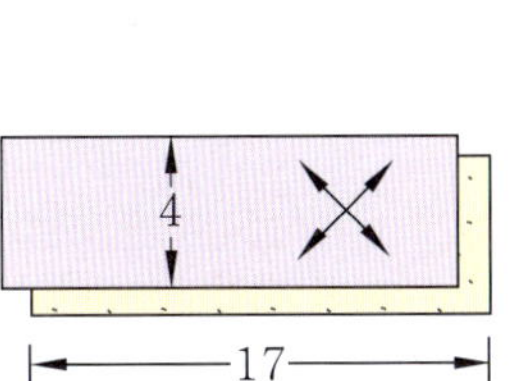

<입술감 2장 , 심지 2장>

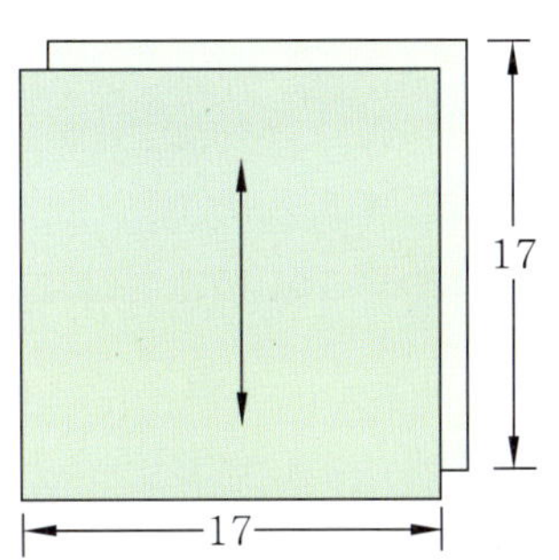

<주머니속감 : 겉감 1장 , 안감 1장>

b. 몸판에 주머니 위치를 표시한다.

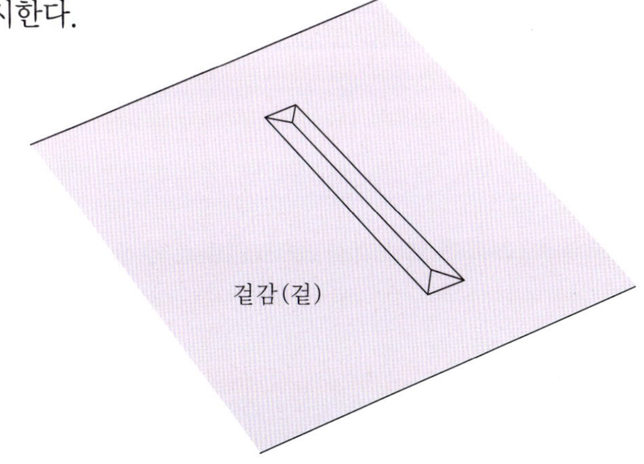

c. 뚜껑 겉·안감과 입술에 접착심지를 붙인다. 입술감은 반을 접는다.

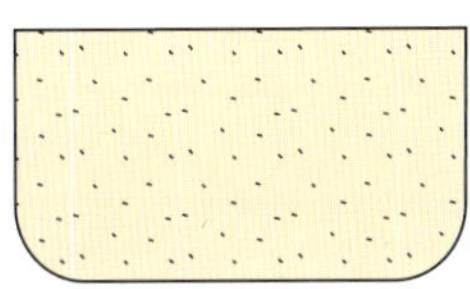
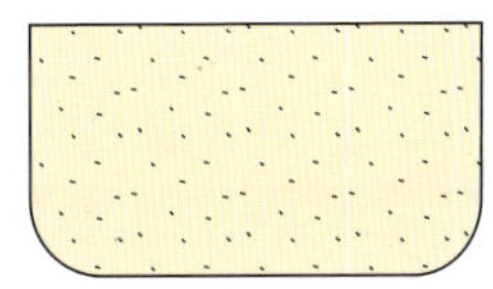

d. 뚜껑 겉 · 안감의 겉을 마주대고 3면을 박은 후 직선은 0.5cm, 곡선은 0.1~0.2cm 시접을 남기고
   자른다.

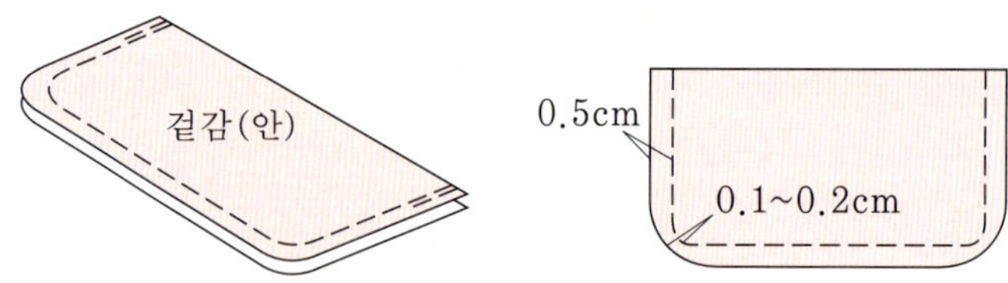

e. 뒤집어 다린다.

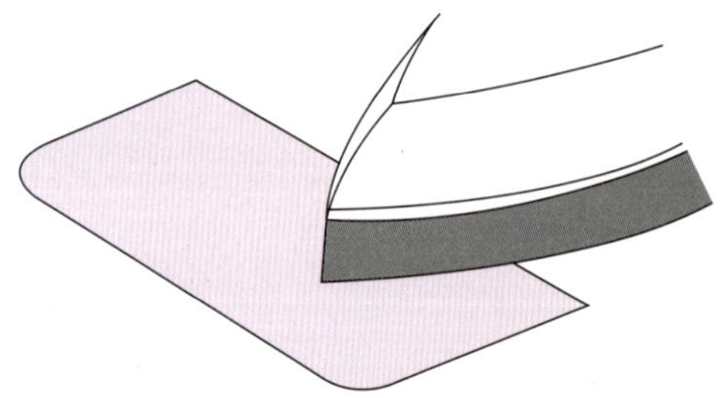

f. 겉감 주머니속감에 뚜껑주머니와 입술감을 놓고 입술폭(0.6cm)만큼 박는다.

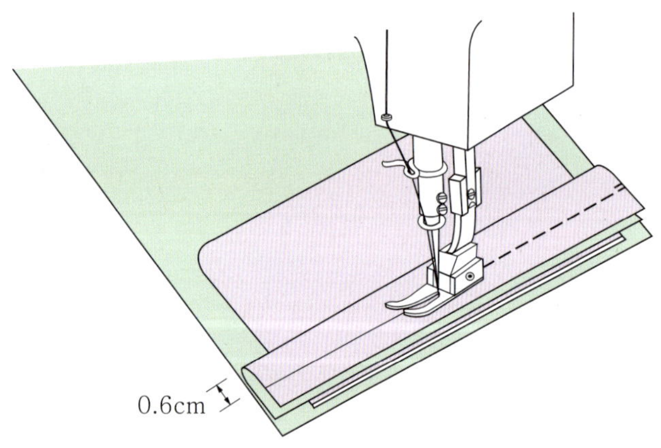

g. 안감 주머니속감에 입술감을 놓고 입술폭(0.6cm)만큼 박는다.

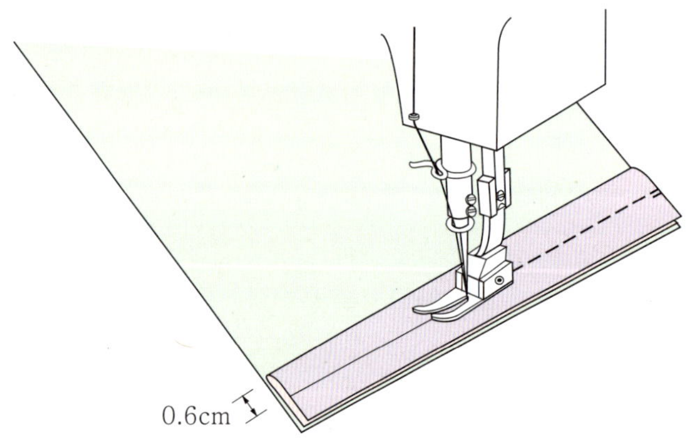

h. 몸판의 겉에 f, g에서 만든 주머니감의 겉을 마주 대고 완성선을 박는다(겉감 주머니속감
은 위(a−b), 안감 주머니속감은 아래(c−d)에 놓는다).

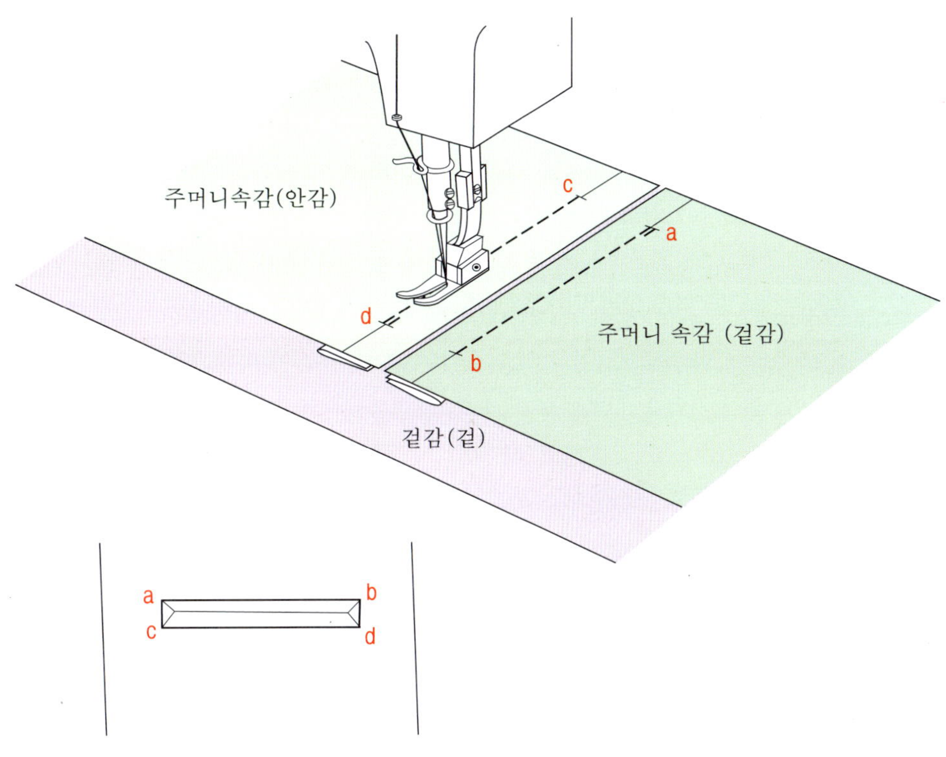

i. 주머니속감을 젖히고 몸판에 〉——〈 형태의 가위집을 넣는다.

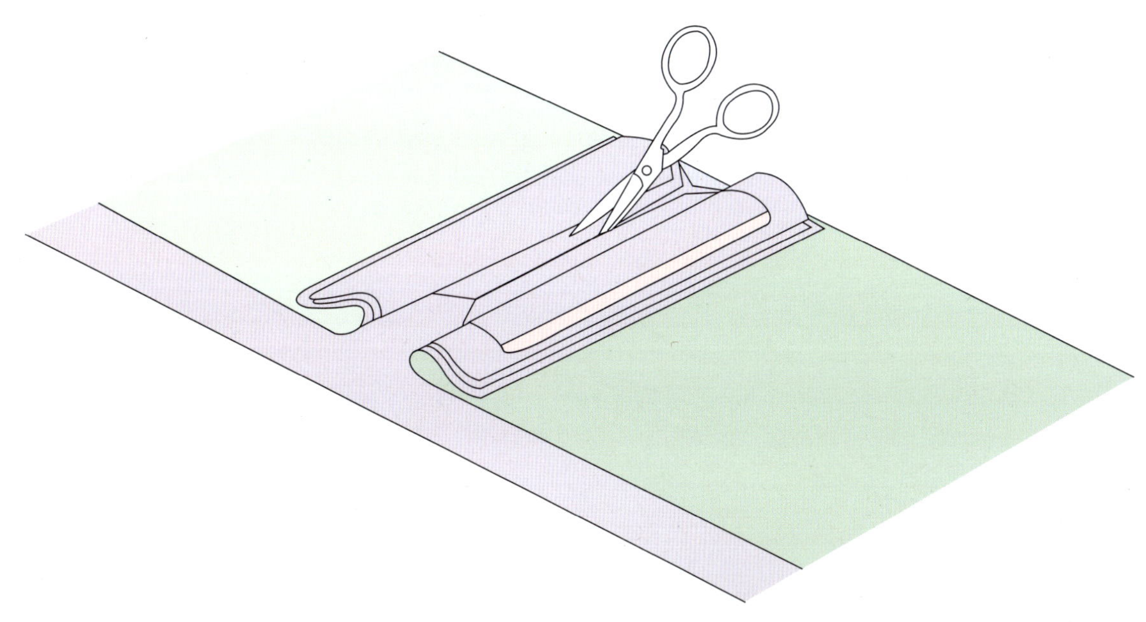

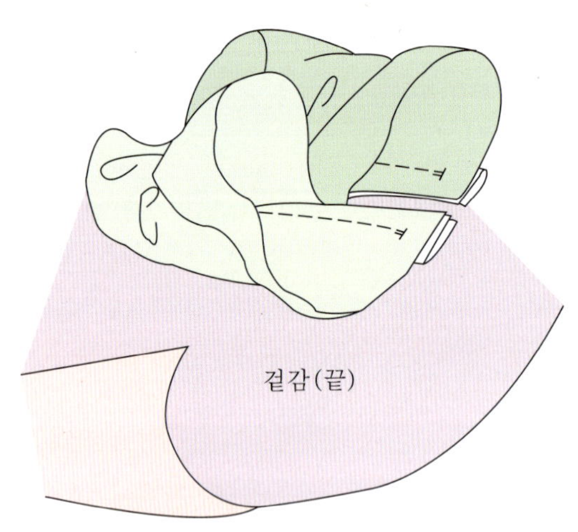

j. 주머니감을 안쪽으로 집어 넣고 양끝 삼각형태의 시접도 안으로 넣은 다음 입술의 형태를 바르게 한다.

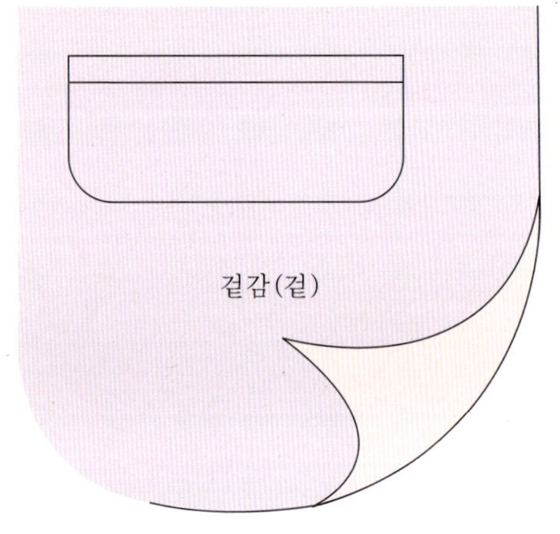

k. 다림질하면 그림과 같은 모양이 된다.

l. 삼각형태의 시접을 되돌아박기 한다.

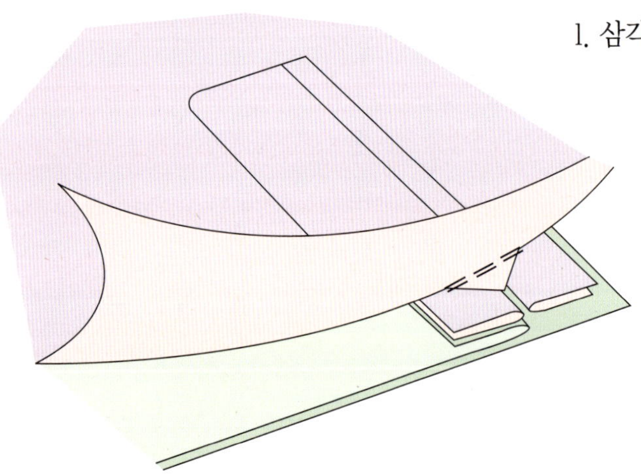

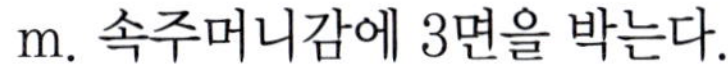

m. 속주머니감에 3면을 박는다.

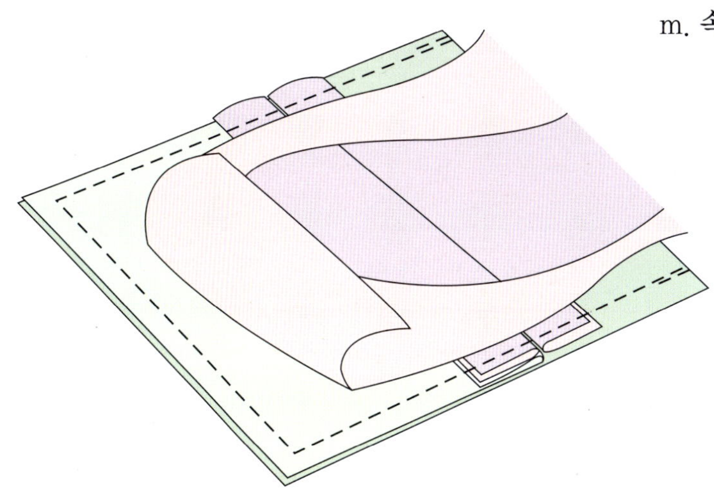

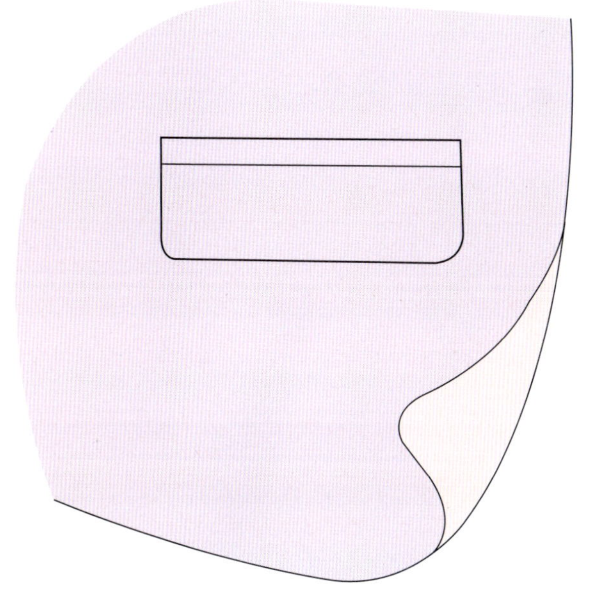

n. 완성된 모양

❷ 윌드포켓(welt pocket)

a. welt감, 주머니속감, 접착심지를 준비한다.

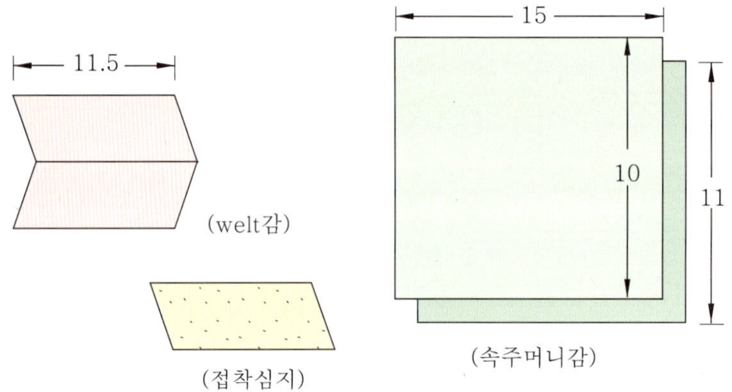

b. welt감에 심지를 붙인 후 겉과 겉을 마주 대고 양쪽의 옆선을 박는다.

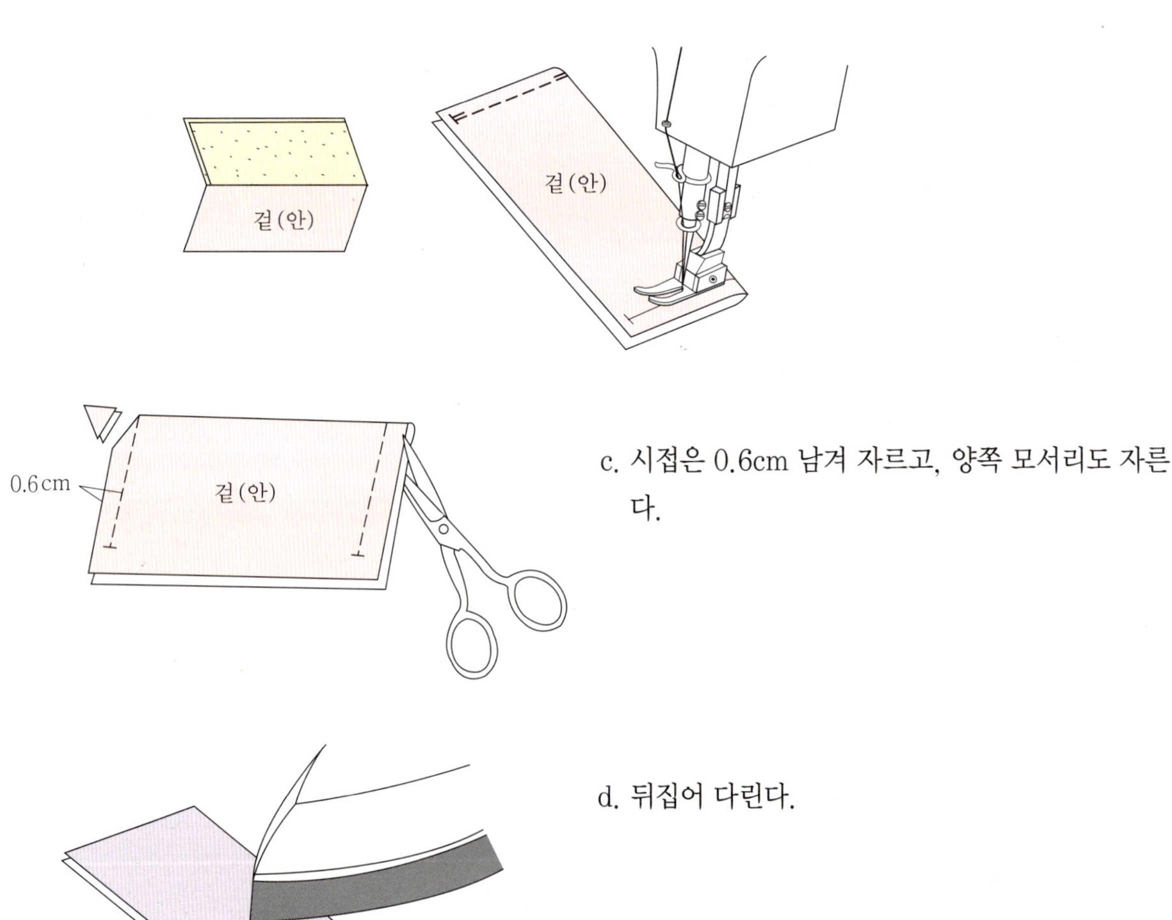

c. 시접은 0.6cm 남겨 자르고, 양쪽 모서리도 자른다.

d. 뒤집어 다린다.

e. welt감을 주머니속감에 연결한다.

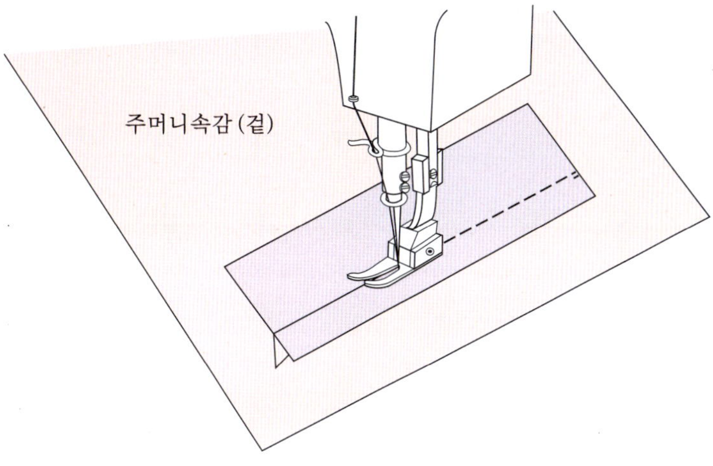

f. 그림과 같은 방법으로 다림질한다.

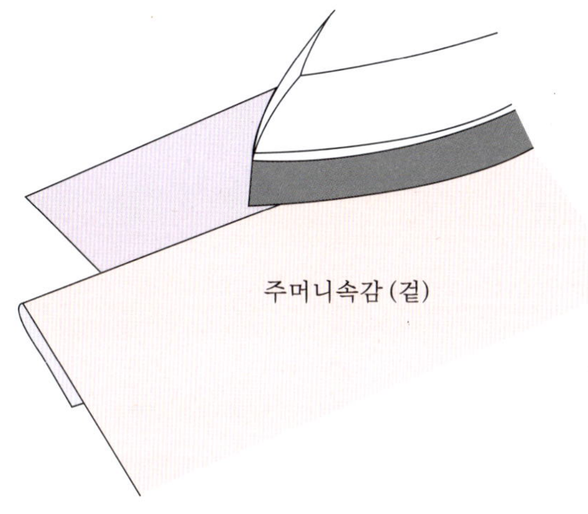

g. 몸판에 주머니 위치를 표시한다.

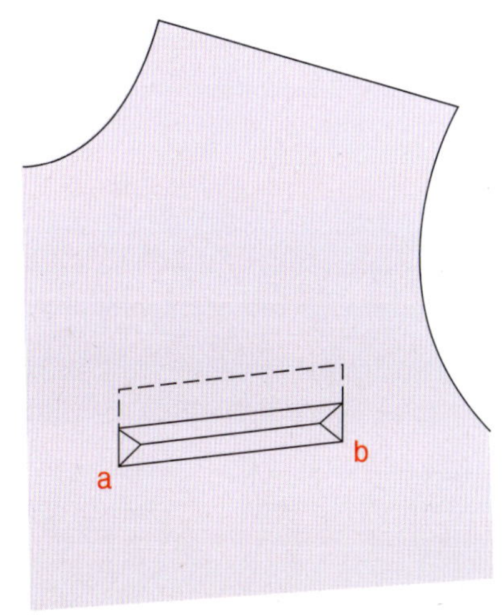

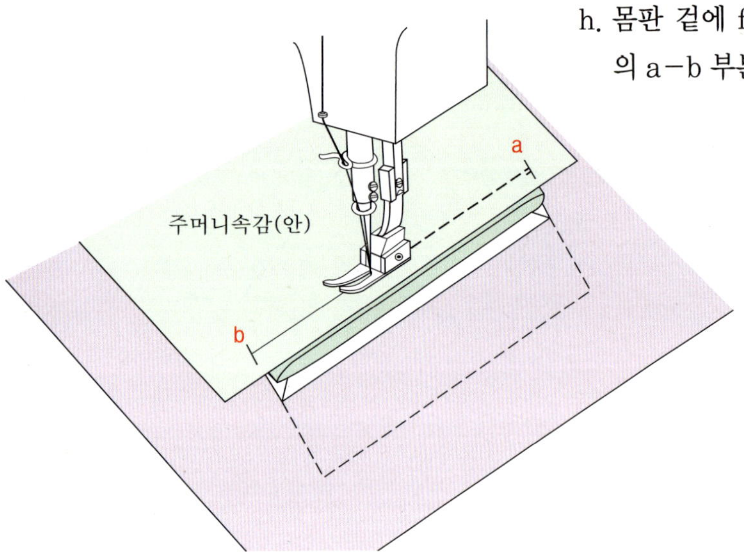

h. 몸판 겉에 f에서 만든 주머니감의 겉을 마주 대고 몸판의 a−b 부분을 박는다.

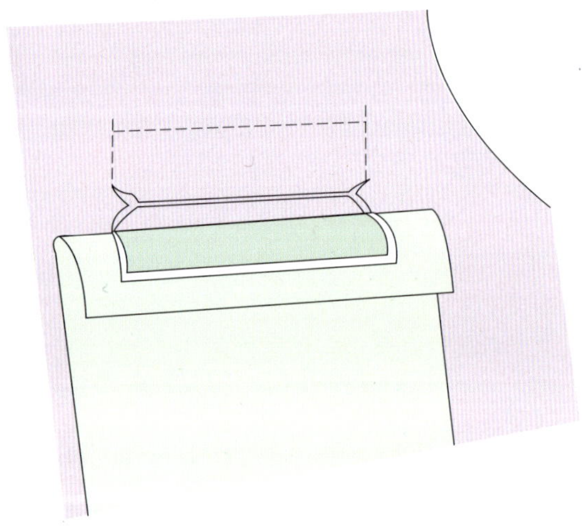

i. 주머니 위치선의 가운데를 〉——〈 모양으로 자른다.

j. 속주머니감을 안쪽으로 집어 넣고 양끝의 삼각형태의 시접도 안으로 넣은 다음 입술의 형태를 바르게 하면서 다림질하면 그림과 같은 모양이 된다.

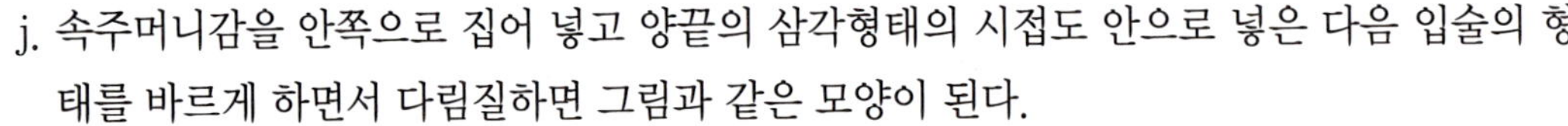

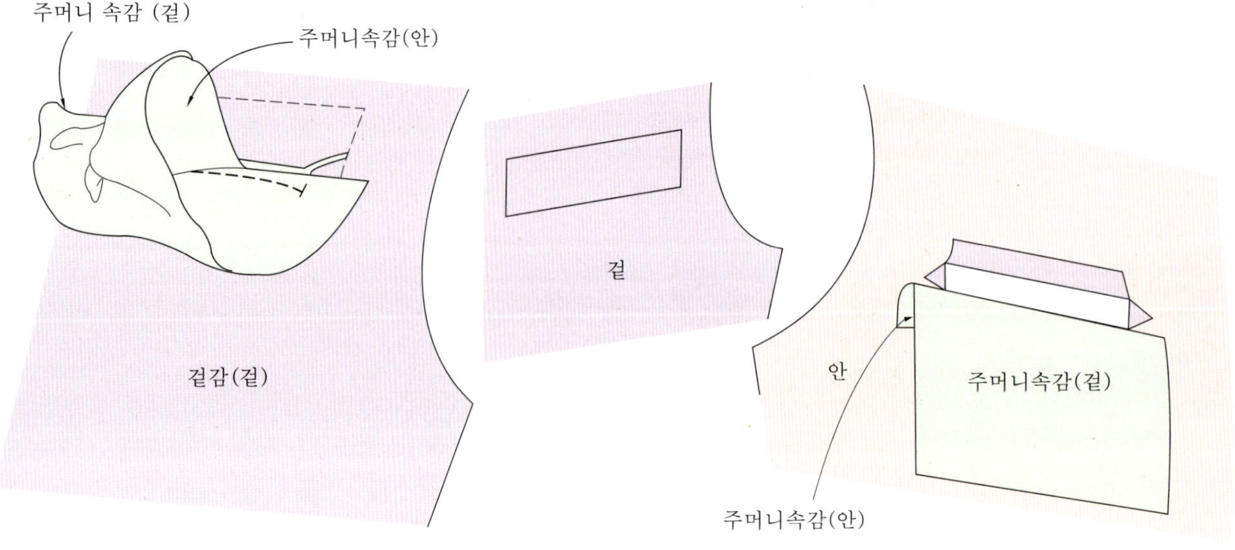

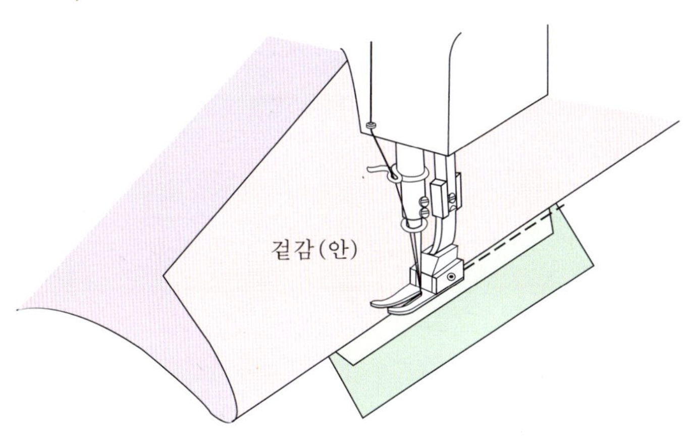

k. 주머니 위치선 윗부분에 주머니속감을
   대고 박는다.

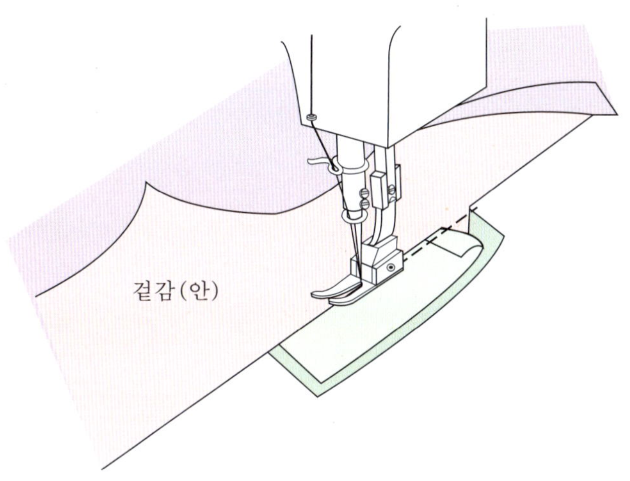

l. 삼각형태의 시접과 속주머니감 둘레를
   박는다.

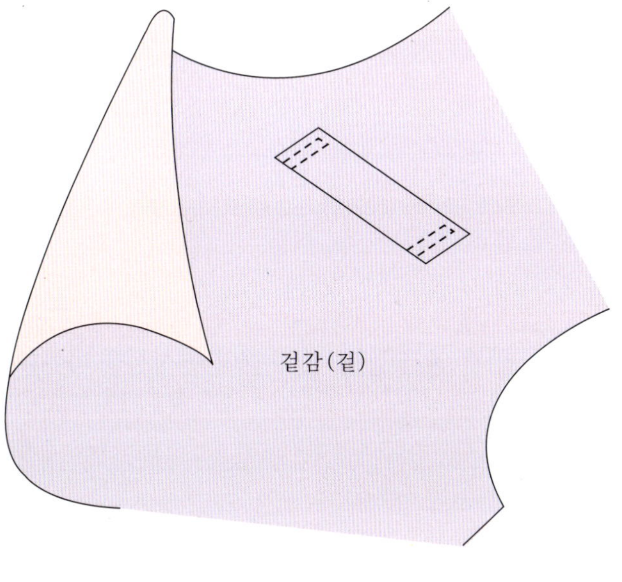

m. 겉쪽의 웰트 포켓(welt pocket) 가장자
   리를 완성선에 따라서 상침한다.

n. 완성된 형태

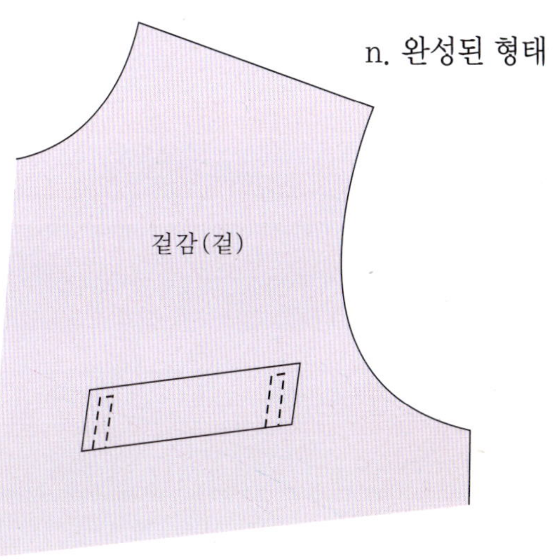

❸ 패치 포켓(pach pocket)

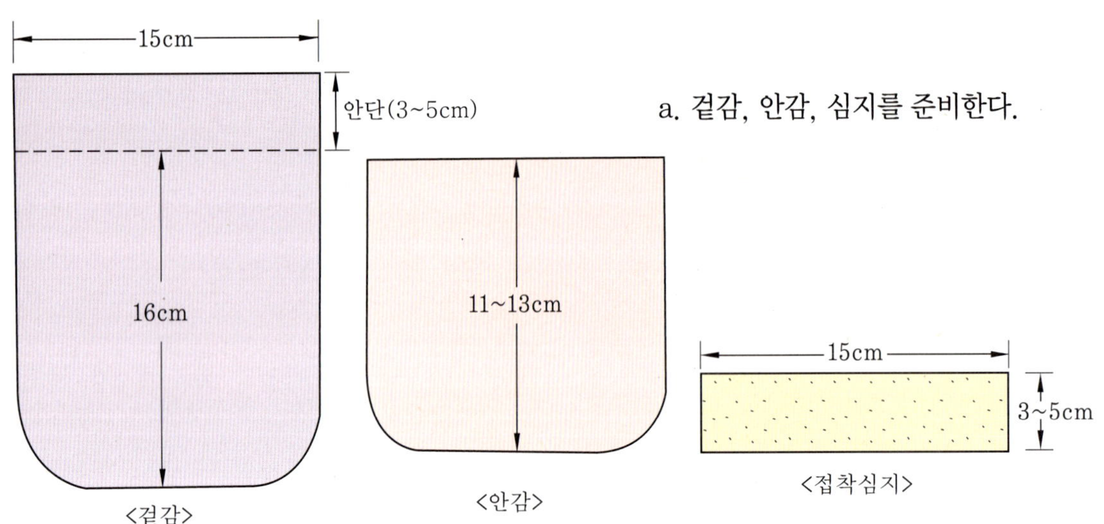

a. 겉감, 안감, 심지를 준비한다.

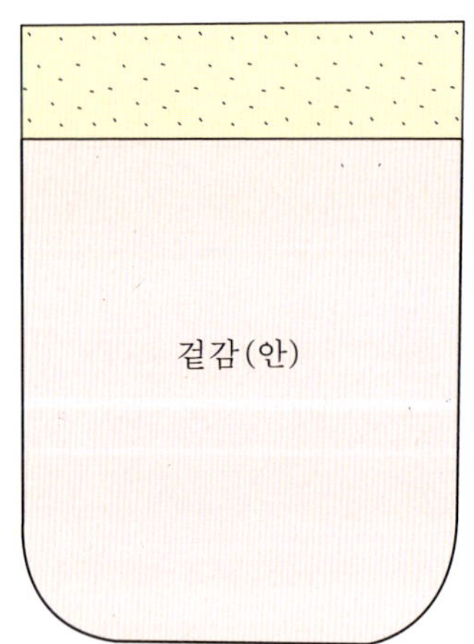

b. 안단에 심지를 붙인다.

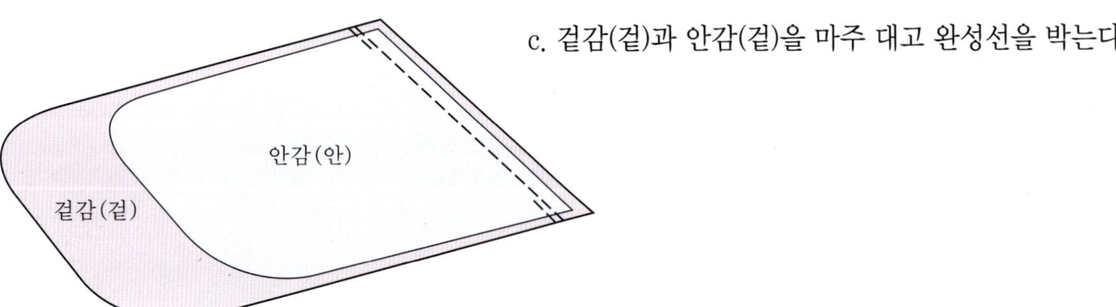

c. 겉감(겉)과 안감(겉)을 마주 대고 완성선을 박는다.

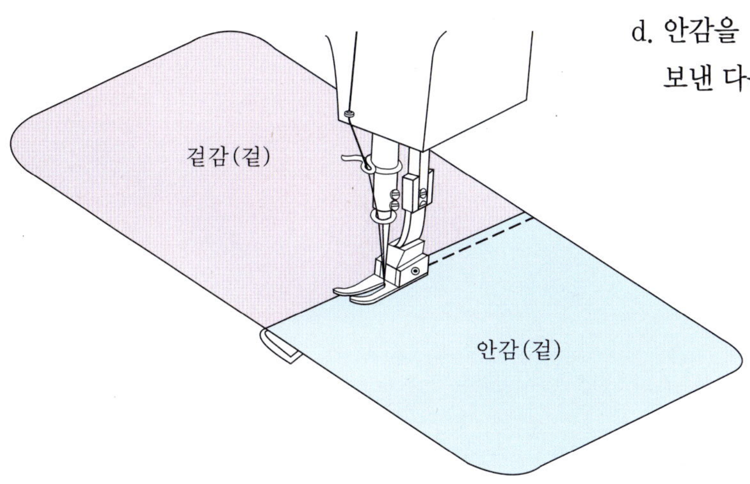

d. 안감을 위로 올리고 시접을 모두 안감쪽으로
보낸 다음 안감 위에서 상침한다.

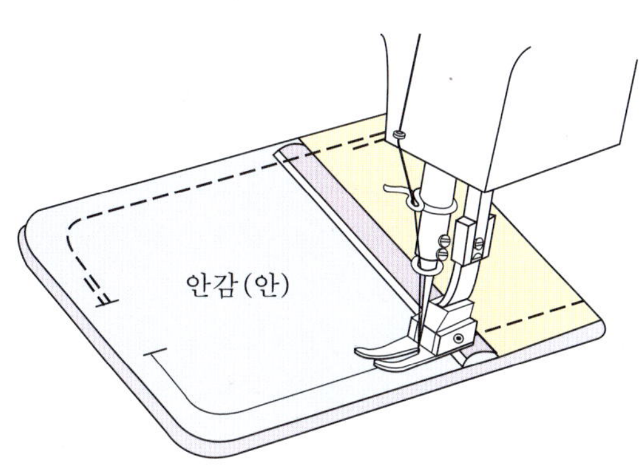

e. 겉과 겉이 마주 보게 놓고 완성선을 박는다. 창
구멍을 남긴다.

f. 창구멍으로 뒤집은 후 다린다.

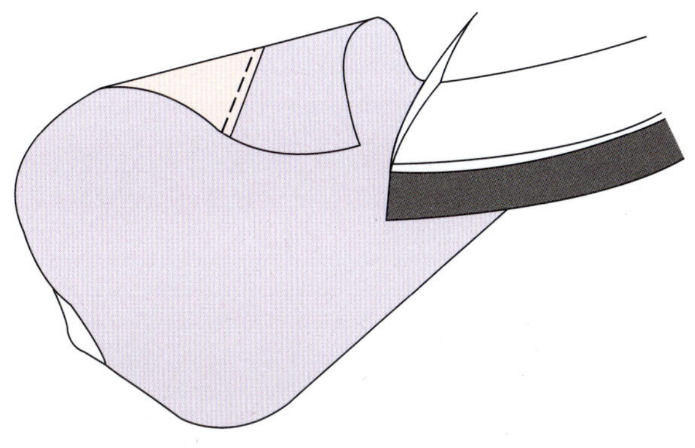

g. 창구멍을 공그르기 한다.

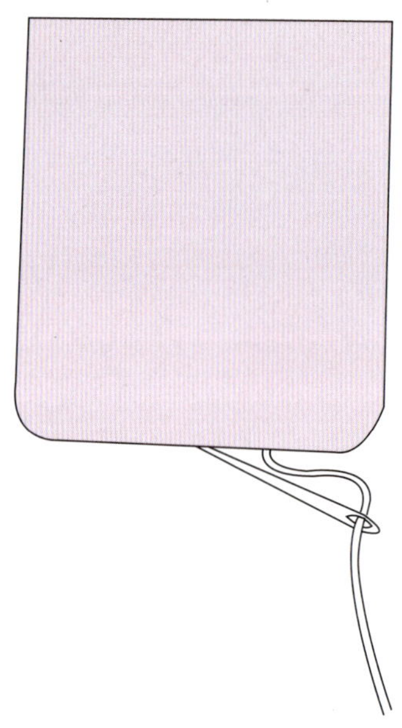

h. 원하는 위치에 핀을 꽂고 솔기를 따라 박는다.

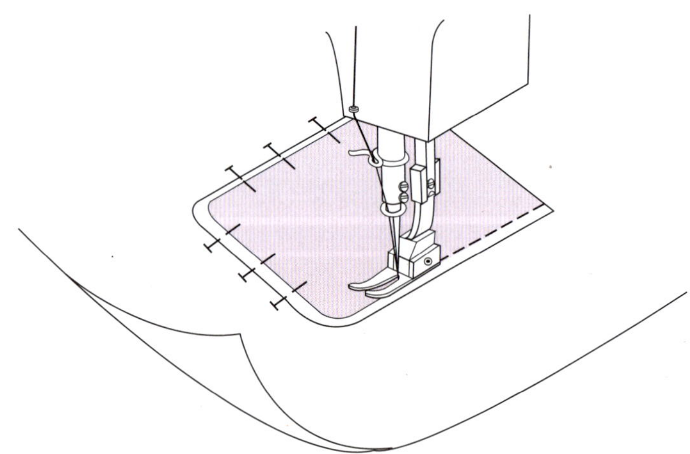

지퍼(zipper)는 옷을 입고 벗는데 사용하는 편리하고 기능적인 여밈 기구이다. 지퍼의 종류에는 한쪽 끝이 연결되어 있고 바지, 스커트 등에 가장 많이 사용되는 전통형, 자켓이나 점퍼에 주로 사용되며 양쪽 끝 모두가 분리되어 있는 분리형, 원피스 뒤중심 트임에 많이 사용되며 지퍼를 닫으면 지퍼의 이빨이 겉으로 드러나지 않는 보이지 않는 형 세 가지가 있다.

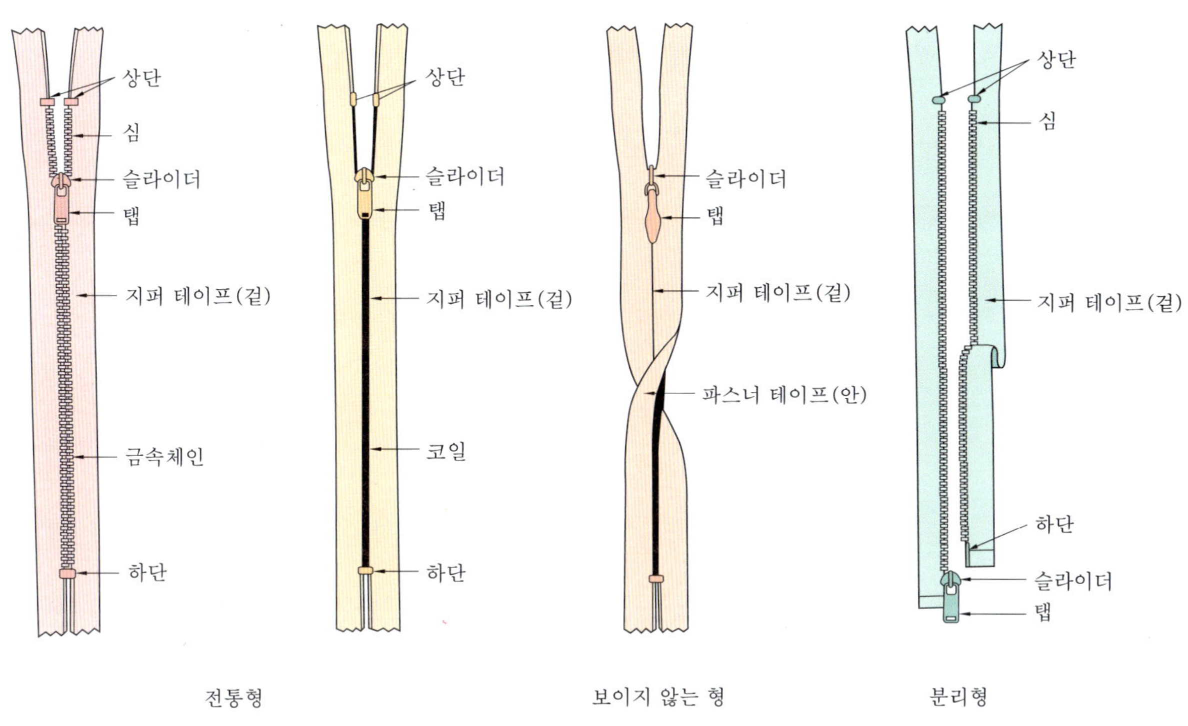

쉘돈의 체형분류

(1) 솔기선이 약간 겹치는 방법(lapped zipper)

스커트나 바지 봉제 방법 중 가장 많이 사용되는 방법이다. 지퍼가 감싸지도록 시접을 **빼내서** 봉제하므로 지퍼의 이빨이 겉으로 나타나지 않는다.

a. 지퍼의 트임 부분을 남기고 박은 후 시접을 가름솔 한다.

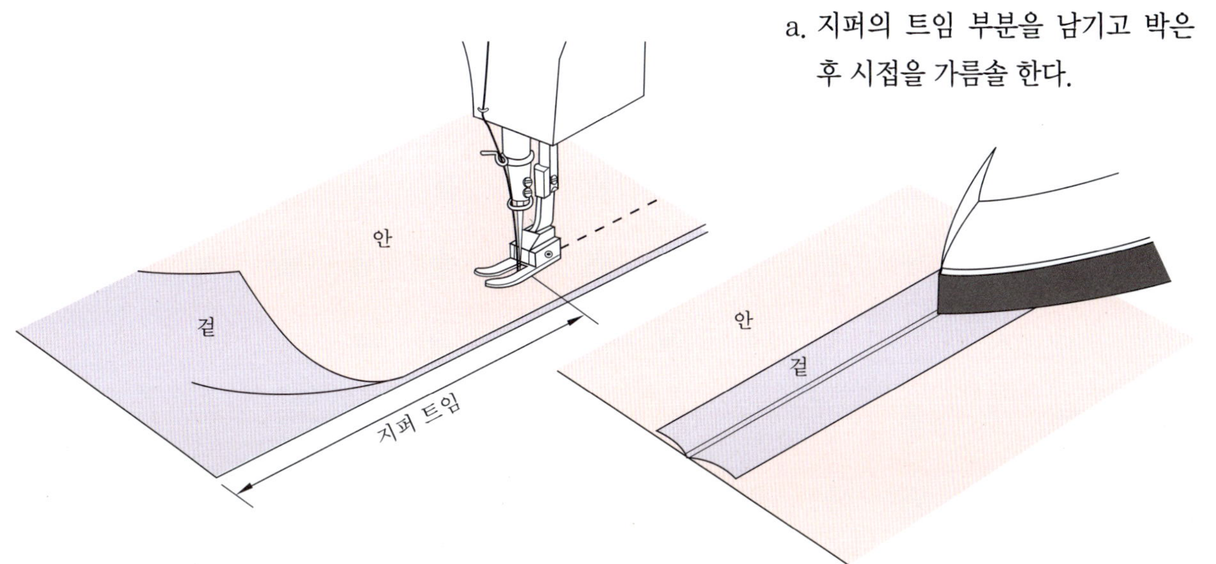

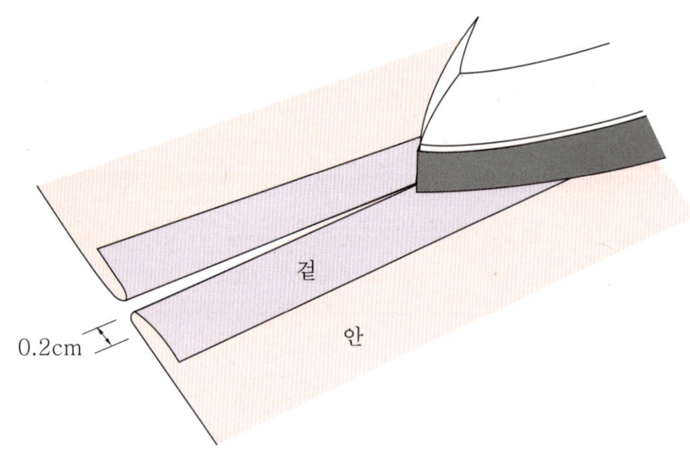

b. 오른쪽 솔기의 완성선에서 시접을 0.2cm
   정도 밀어내어 다려준다.

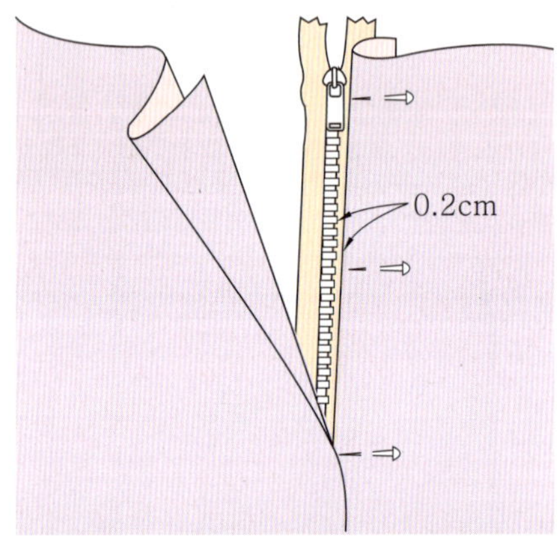

c. 오른쪽 솔기에 지퍼를 0.2cm 정도 떨어지
   게 고정시킨다.

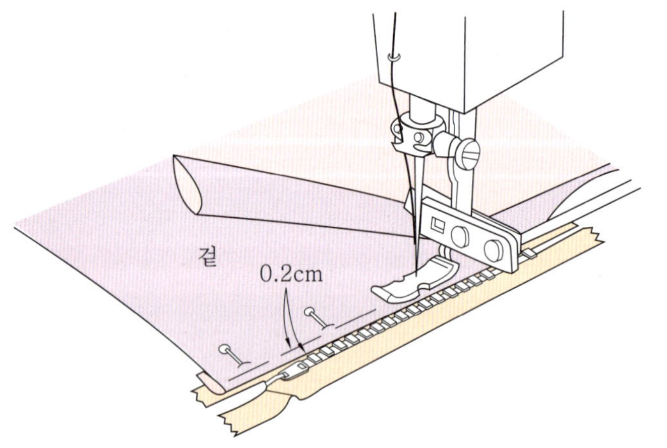

d. 완성선에서 0.2cm 정도 떨어진 부분을 눌
   러 박는다.

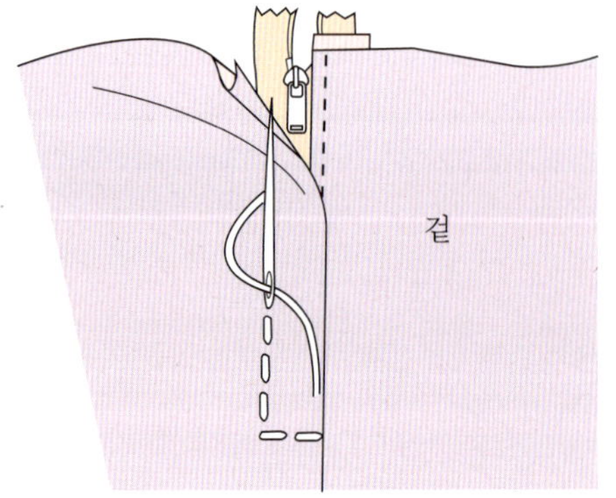

e. 왼쪽 솔기의 완성선을 오른쪽 솔기의 완성
   선에 맞춰 놓고 겉쪽에서 겉감, 지퍼, 시접
   을 붙여 시침한다.

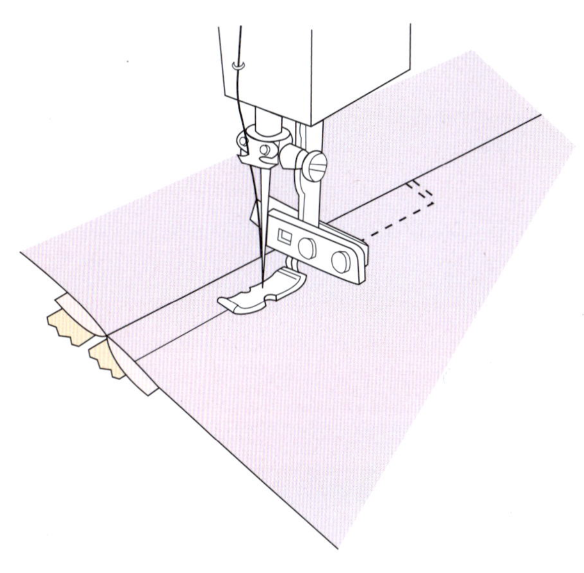

f. 시침선에 따라 박음질한다. 이때 지퍼의 밑부
   분은 두 번 박음질하여 견고하게 하고 시침실
   을 제거한다.

(2) 콘실(conceal) 지퍼 봉제법(invesible zipper)

겉에서 지퍼의 이빨이 보이지 않도록 지퍼를 닫았을 때 지퍼의 이빨이 안쪽으로 들어가도록 만
들어진 것이다. 이 지퍼는 원피스 앞 · 뒤 중심 트임에 많이 사용된다.

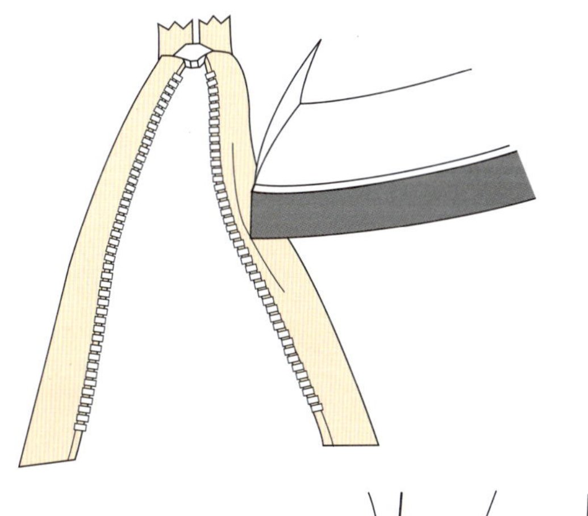

a. 지퍼의 코일부분을 다림질하여 펴준다.

b. 지퍼의 트임 부분을 남기고 박고 시접은 가름
   솔한다.

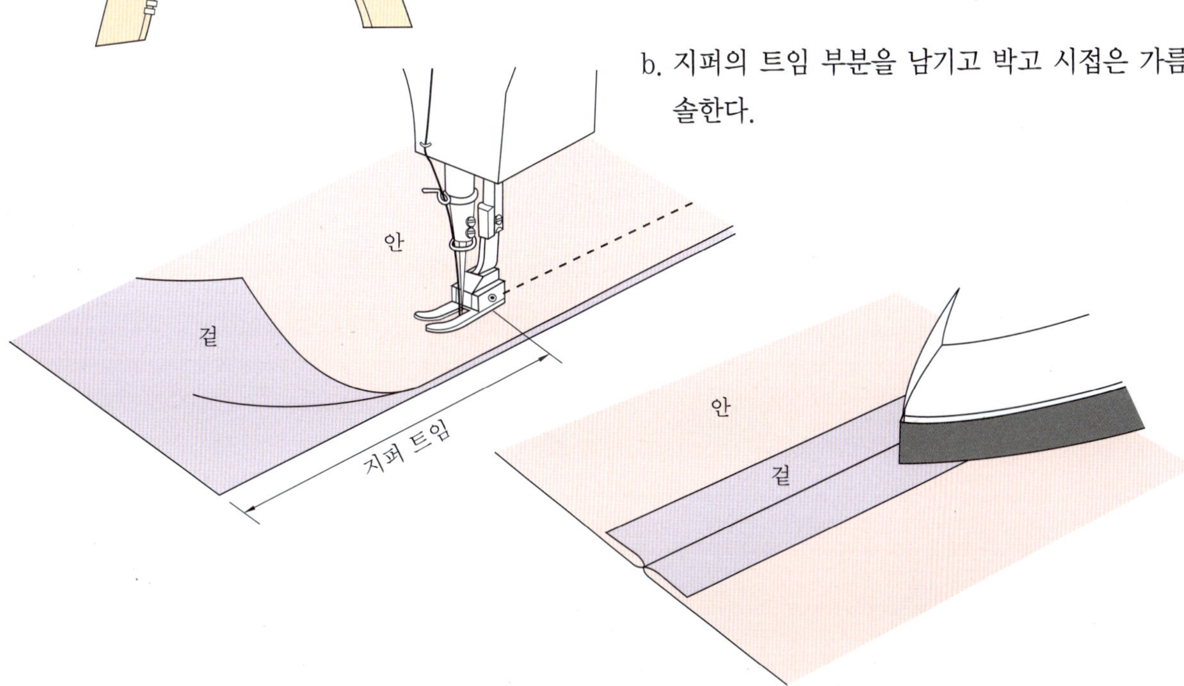

c. 지퍼를 열고 옷감의 겉쪽 완성선에 지퍼의
겉쪽을 대고 코일 끝을 맞추어 완성선대로
시침질한다.

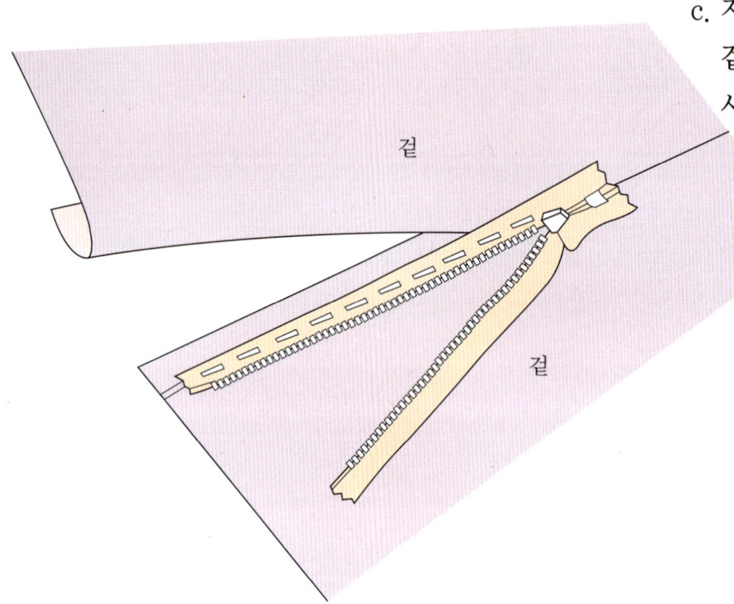

d. 콘실 지퍼용 특수 노루발을 바꾸어 끼고
지퍼 위에서부터 트임 끝까지 박는다.

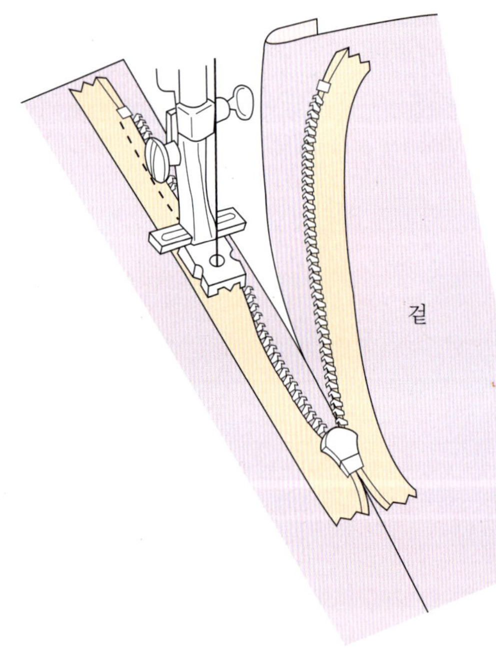

e. 반대쪽도 같은 방법으로 박음질한다.

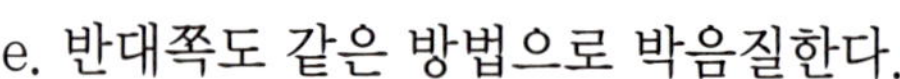

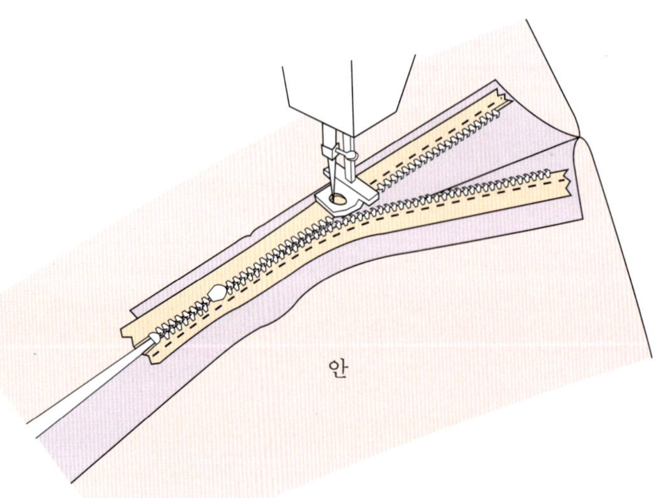

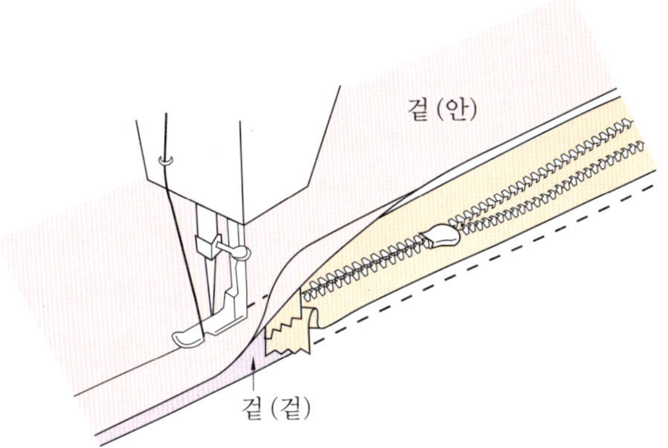

f. 지퍼 노루발을 바꾸어 끼고 지퍼 트임 아래부
분의 중심 솔기를 박는다.

❷ **덧단이 있는 바지 지퍼 봉제법(fly-front zipper)** : 바지의 앞 트임에 주로 많이 사용되는
지퍼 봉제법으로 안단을 사용하여 지퍼 트임의 외관이 좋으며 견고하다. 신사용 바지에 주로
사용되어 왔으나, 요즘은 여성용의 스포티한 스커트나 바지에 많이 사용한다.

a. 안단과 덧단을 준비한다.

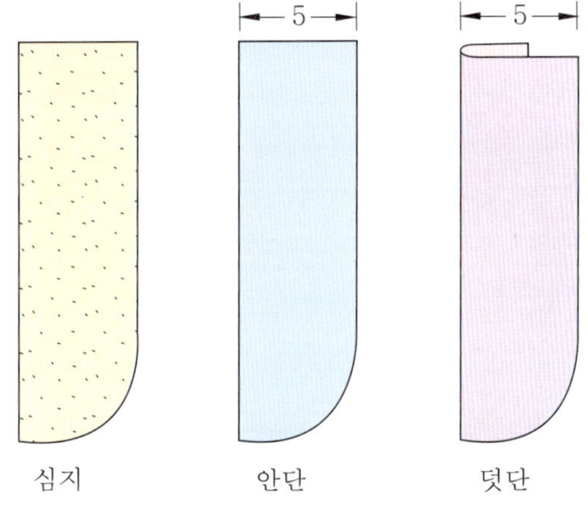

b. 안단에 심지를 부착한 후 오버룩을 친다.   c. 덧단을 접어 박은 후 오버룩을 친다.

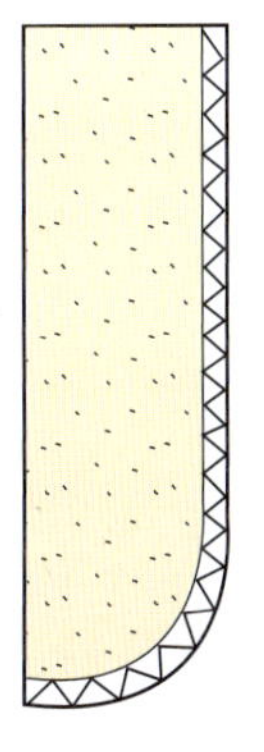

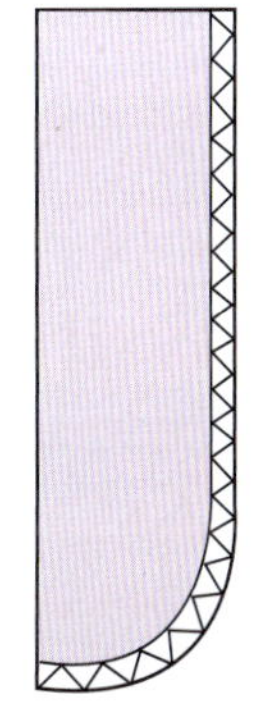

d. 덧단에 지퍼를 박는다.

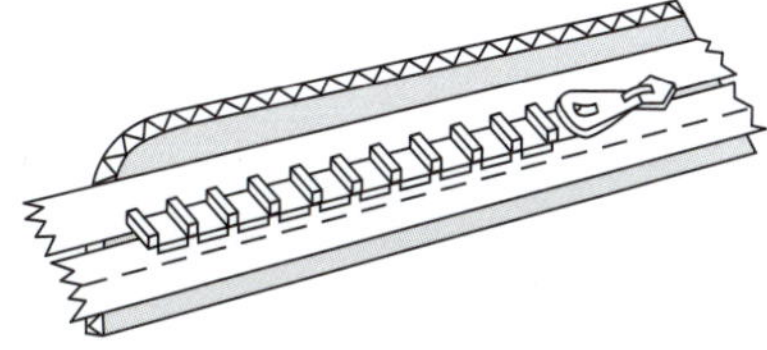

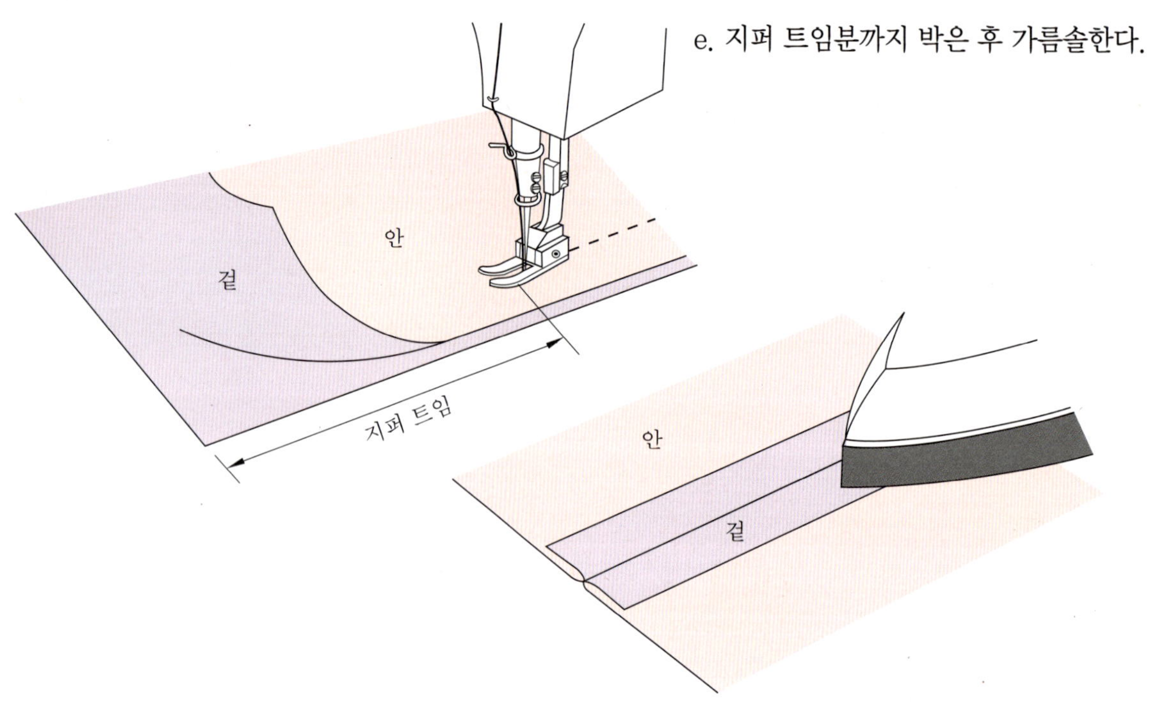

e. 지퍼 트임분까지 박은 후 가름솔한다.

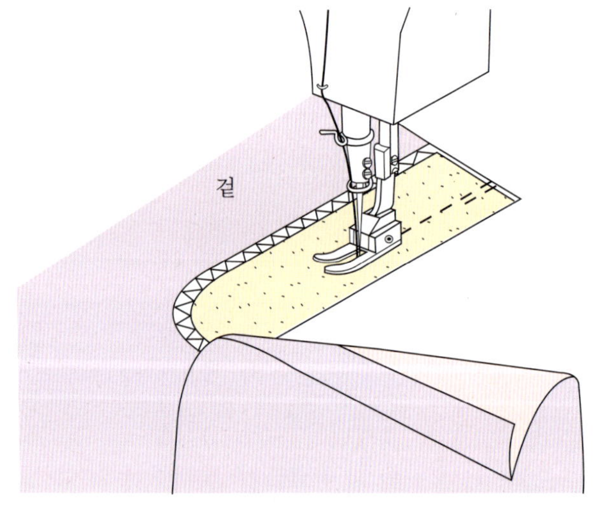

f. 옷감의 왼쪽 겉에서 안단을 대고 박는다.

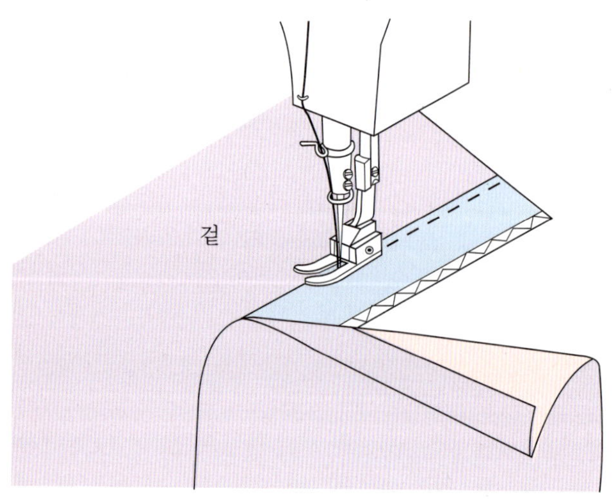

g. 안단을 안쪽으로 시접과 함께 꺾어 놓고 누름상침한다.

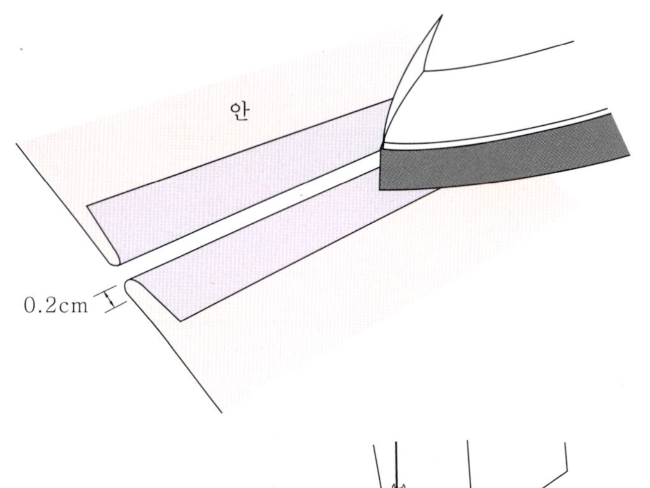

h. 오른쪽은 솔기를 0.2cm 정도 밀어내서 다려
   준다.

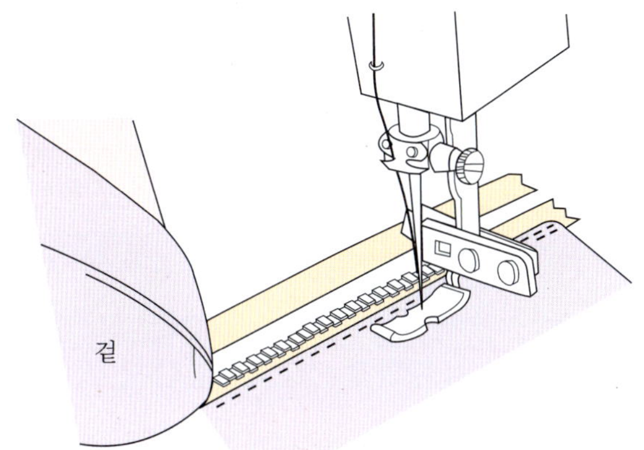

i. 지퍼와 덧단을 겹쳐놓고 완성선에서 0.2cm
   정도 떨어진 부분을 눌러 박는다.

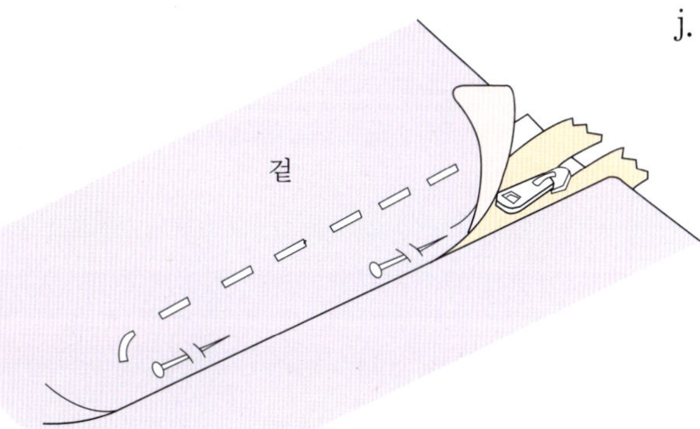

j. 바지 트임의 왼쪽을 지퍼 위에 덮어 놓고 원
   하는 넓이로 완성선을 시침질한다.

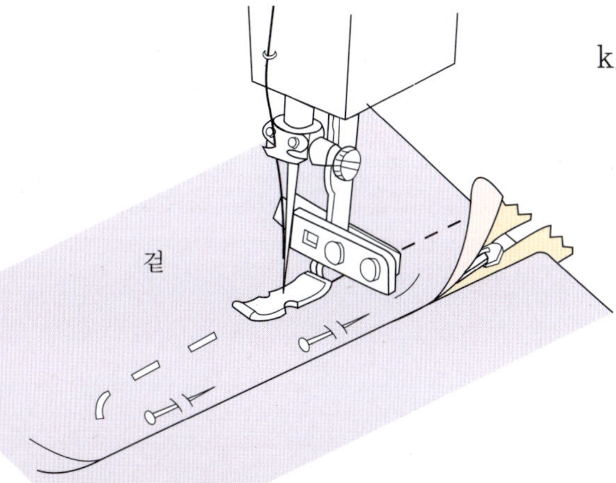

k. 겉쪽에서 완성선을 눌러 박는다. 이때 트임의
   끝 부분은 두 번 박음질하여 튼튼하게 한다.

2-4 실고리

안감과 겉감이 겉도는 것을 방지하기 위해 안감과 겉감을 연결할 때 많이 쓰인다. 진동둘레나 스커트, 코트의 밑단에 많이 쓰인다.

a. 실고리 위치에 옷의 안쪽에서 겉쪽으로 바늘을 꼽아서 실을 당긴 후 한 땀 바느질하여 실이 5cm 반지름의 고리형태를 형성하도록 당긴다.

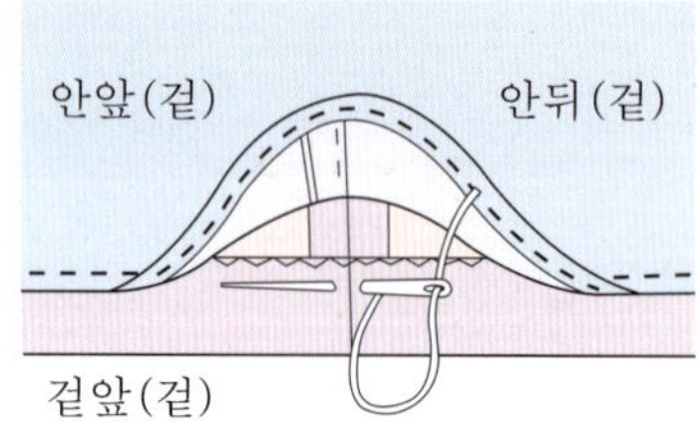

b. 그림과 같은 순서대로 실고리를 원하는 길이가 될 때까지 사슬뜨기를 한다.

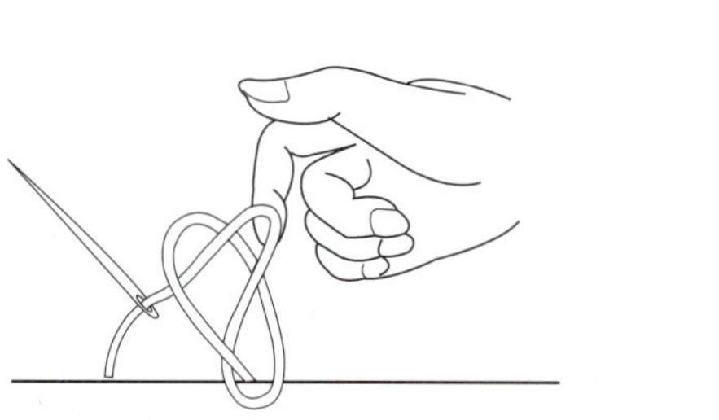
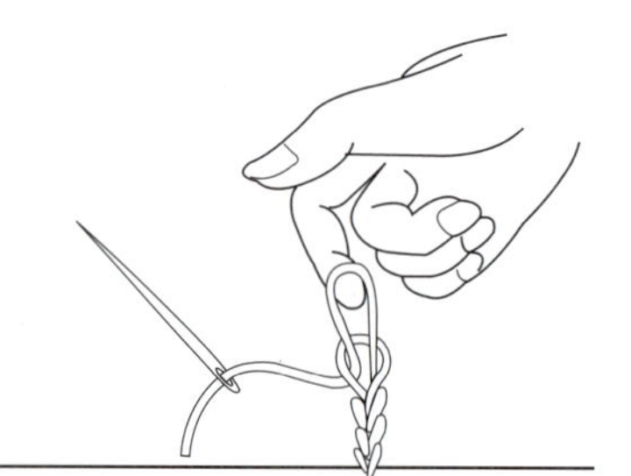

c. 실고리를 끝내려면 바늘을 마지막 고리에 넣고 당겨서 고리 만들기를 한다.

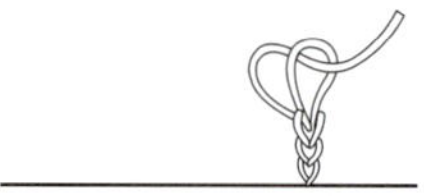

d. 바늘을 원하는 위치의 옷 안쪽으로 꼽아서 한 땀 뜨고 매듭 처리하여 고정한다.

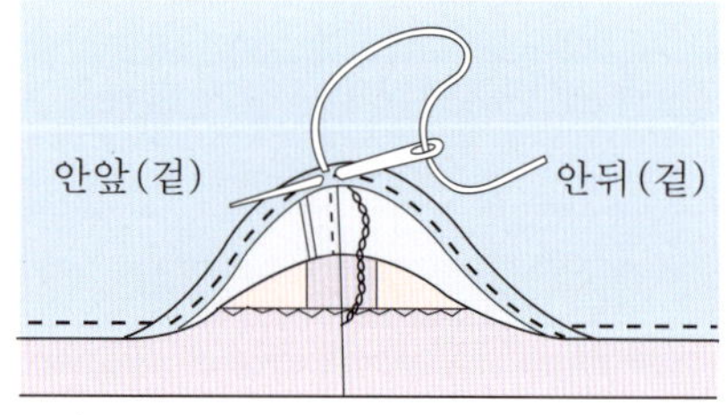

③ 장식봉

    장식봉의 구성효과는 장식의 크기에 따라 체형을 크거나 작게 보이도록 하며 체형의 단점을 보완해 주고 장점을 더욱 살려주는 효과를 나타낼 수 있다.

❶ **바이어스(bias)** : 옷의 일부분에 바이어스 테이프로 배색을 맞추어 효과를 내는 방법을 말한다.
- 겉감에 바이어스를 대고 박은 다음 안으로 접어 감쳐서 완성하며 감칠 때는 실땀을 뜨거나 시침하여 겉으로 숨은 상침한다.
- 바이어스를 두껍게 댈 때는 두 겹으로 접어 대고 박은 다음 안으로 감침질한다

❷ **파이핑(piping)** : 칼라 끝이나 옷 솔기에 끼워 장식효과를 내는 방법
- 코드 파이핑(corded piping) : 바이어스 사이에 코드를 끼워 장식효과를 내는 방법
- 바이어스 파이핑(bias piping) : 장식을 목적으로 0.2cm 너비의 바이어스 테이프를 끼우고 박는다.

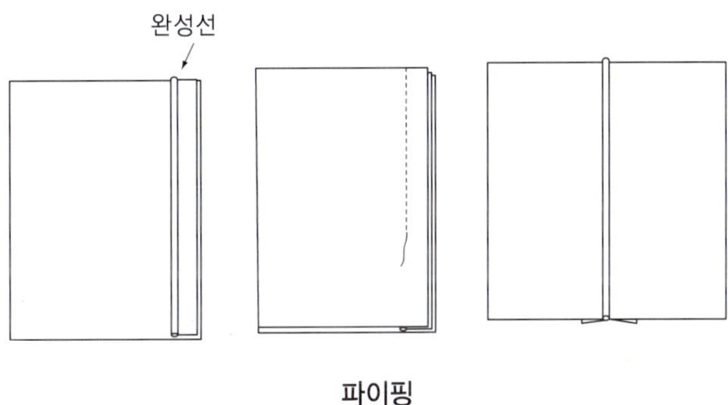

파이핑

❸ **개더(gather)** : 러닝 스티치(running stitch)로 잘게 홈질하거나, 재봉틀 땀수를 크게 놓고 박은 다음 밑실을 잡아당겨 잔주름을 만드는 방법을 말한다. 옷감은 완성된 너비의 2~3배 정도가 필요하나 디자인에 따라 조절할 수 있다.

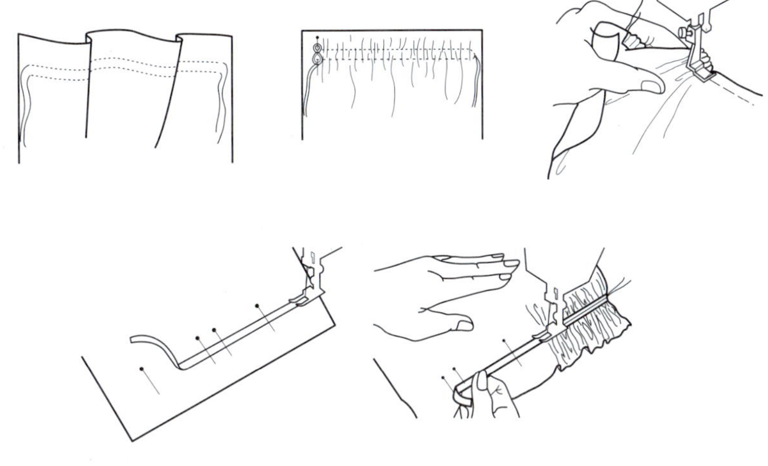

개더

❹ **셔링(shirring)** : 원하는 간격만큼 개더를 모으는 방법으로 개더링의 응용이다. 재봉틀로 박은 다음 밑실을 당겨 주름을 만들고, 개더를 잡은 실은 끊기거나 움직이기 쉬우므로 안을 감침질하여 마무리한다.

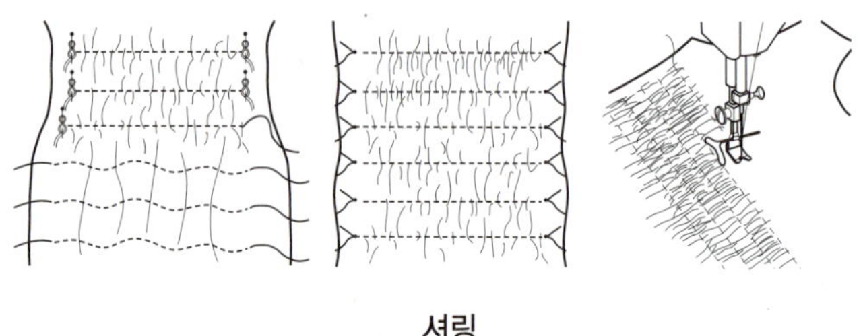

셔링

❺ **턱킹(tucking)** : 가로 또는 세로 방향으로 옷감에 주름을 접어 일정한 간격으로 박아서 장식하는 방법을 말한다.

- 핀 터크(pin tuck) : 핀처럼 아주 가늘게 접은 터크, 폭은 0.1~0.2cm로 한다.
- 스페이스드 터크(spaced tuck) : 터크와 터크의 간격이 떨어져 있는 것

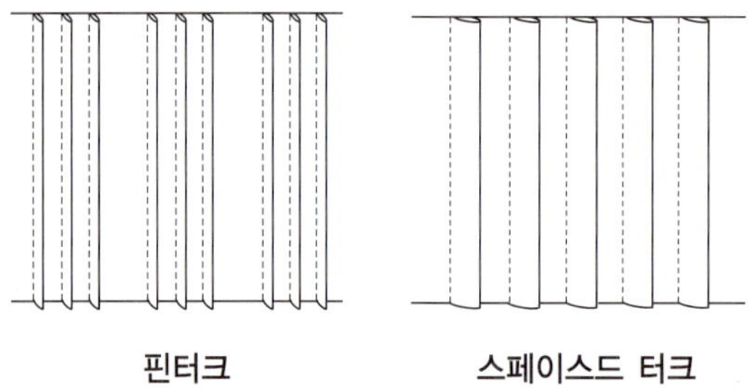

핀터크   스페이스드 터크

❻ **스모킹(smocking)** : 장식적인 주름을 고정시키기 위한 방법으로 규칙적인 잔주름을 잡은 다음 그 위로 수를 놓는다. 블라우스, 특히 여아복에 디테일로 응용되며 사용 옷감량은 스모킹 종류에 따라 다르지만 완성폭의 2.5~3배가 필요하다.

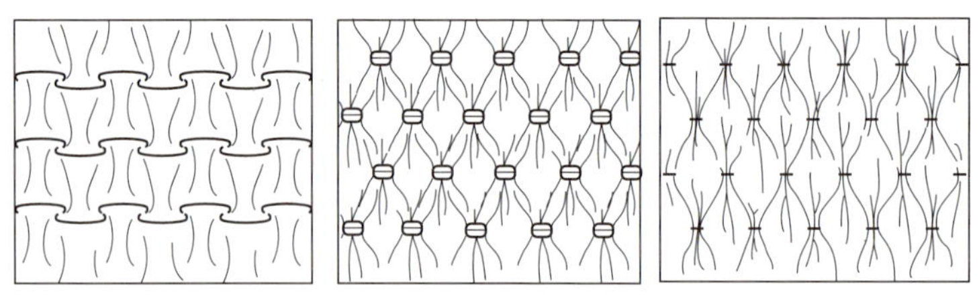

스모킹

❼ **패고팅(fagoting)** : 바이어스 테이프를 만들어 도안에 따라 얽어매면서 배치한 후 무늬를 나타내는 방법으로 블라우스의 네크라인, 가슴부분 등의 디테일로 효과를 나타낸다. 실로 옷감 사이를 새발뜨기하는 방법도 있다.

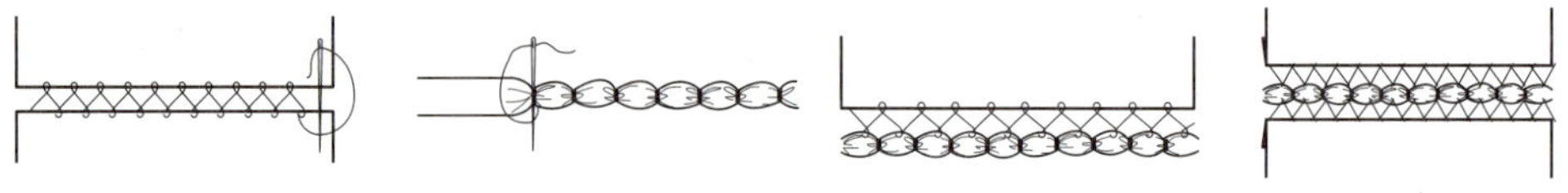

패고팅

❽ **스캘럽(scallop)** : 네크라인, 웨이스트 단 부분에 규칙적인 곡선을 이
용하는 방법으로 곡선을 재단한 다음 안단을 대고 박아 뒤집을 때 마
분지로 형을 떠서 대고 뒤집어 모양을 정리하면서 다린다.

❾ **레이스(lace)** : 레이스에는 직물 레이스(fabric lace)와 실 레이스
(thread lace)가 있고, 만드는 수단에 의해 수공 레이스와 기계 레이스
로 분류된다. 자수 레이스, 마크램 레이스(macrame lace), 필로우 레이스(pillow lace), 니
들 레이스(needle lace), 이미테이션 레이스(imitation lace) 등이 있다.

스캘럽

❿ **러플(ruffle)** : 한 겹으로 댈 때는 가장자리를 박고 두 겹으로 댈 때는 겹으로 접어서 주름을
재봉틀로 박아 밑실을 당겨 골고루 접은 후 대고 박는다.

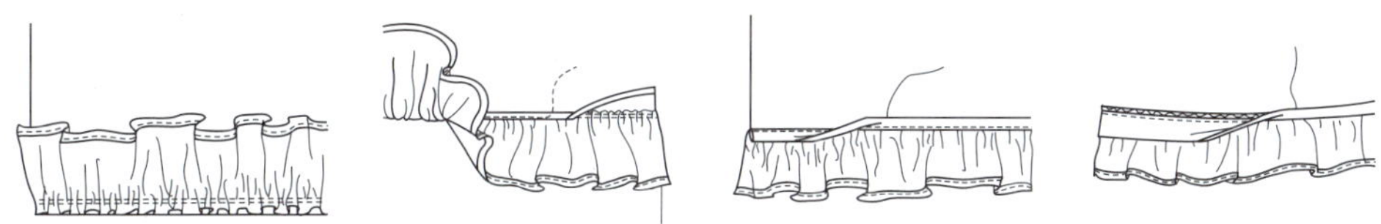

개더

⓫ **스팽글(spangle)** : 금속 또는 합성수지 등의 얇은 판을 여러 모양으로 오려낸 것으로 옷의
색과 맞추어 붙이는 것이다. 디자인에 따라 겹치거나 띄어 붙인다.

⓬ **비즈(beads)** : 스팽글과 같이 이브닝, 애프터눈 드레스 장식에 이용된다.

⓭ **프린징(fringing)** : 옷의 단 부분의 올을 풀고 매듭을 지어 술 장식하는 방법을 말한다.

④ 옷감과 바늘·실과의 관계

의복 봉제시 능률적이고도 의복의 외관을 향상시키기 위해서는 옷감과 바느질 방법에 알맞는 실과 바늘을 선택해야 한다. 실의 엉킴을 막기 위해서는 실의 길이를 너무 길게 하지 않아야 하며, 특히 잘 엉키는 실은 양초에 한번 문지르고 다리미로 다려서 사용한다.

옷 감		재봉바늘	손바늘	재봉실	시침실
면 · 마	얇은 것(오건디)	9호	8호	면 80s/3, 70s/3 P/C 80s/3	이합사
	중간 것(포플린)	11호	4, 5호	면 60s/3, 50s/3 P/C 60s/3	삼합사
	두꺼운 것 (코듀로이)	14, 16호	2, 3호	면 40s/3, 30s/3 P/C 40s/3	삼합사 사합사
견	얇은 것(조젯)	9, 11호	8호	견 21D/4×3	면 30s/3
	중간 것 (세트인)	11호	4, 5호	견 21D/4×3	이합사 면 30s/3
모	얇은 것(머슬린)	11호	8호	견 21D/4×3	이합사
	중간 것(울저지)	11호	4, 5호	견 21D/4×3	삼합사
	두꺼운 것(트위드)	14, 16호	2, 3호	견 35D/4×3	삼합사, 사합사
인 조 섬 유	얇은 것	9, 11호	8호	나일론 30D/3 스펀 폴리에스테르 80s/3 P/C 80s/3	면 30s/3
	중간 것	11호	4, 5호	폴리에스테르 75D/2×3 스펀 폴리에스테르 80s/3 P/C 60s/3, 50s/3 나일론 40D/3, 50D/3	이합사
	두꺼운 것	14, 16호	2, 3호	폴리에스테르 75D/2×3 스펀 폴리에스테르 40s/3 P/C 40s/3, 30s/3 나일론 70D/3	삼합사
인조 섬유와 면·모 혼방	얇은 것(P/C)	9, 11호	4, 5호	견 21D/4×3 스펀 폴리에스테르 60s/3 P/C 80s/3	이합사
	두꺼운 것	14, 16호	2, 3호	견 35D/4×3 스펀 폴리에스테르 40s/3 폴리에스테르 75D/2×3	삼합사

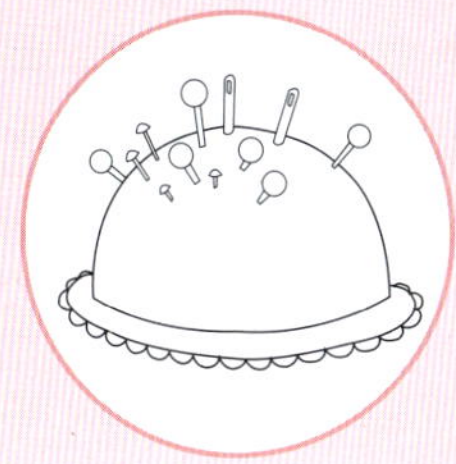

부 록

현장 용어

인체 측정 및 사이즈

	현장 용어	한자, 일어	영 어	국 어
1	고시 (코시)	腰 – こし	waist	허리
2	마에가다 (마에카타)	前肩　まえかた	rounded shoulder	앞어깨
3	사가리 (사가리카타)	下がり肩　さがりかた	sloping shouler	처진어깨
4	시리	尻　しり	hip	엉덩이
5	시리	尻　しり	crotch length	밑위솔기
6	아가리 (아가리카다)	上肩, あがりがだ	square shoulder	솟은어깨
7	에리구리	衿 – えりぐり	neck base line	목밑둘레선

제품 부위 명칭

	현장 용어	한자, 일어	영 어	국 어
8	가다 (가타)	肩 – かた	shoulder	어깨
9	가다마이 (카타마에)	片前 – かたまえ	single breasted jacket	싱글 재킷, 싱글 여밈
10	가자리	飾り　かざり	decorative	장식적인
11	겐볼 (겐보로)	劍, 劍ボロ, 見ボロ, けんボロ	shirts sleeve placket	셔츠소매트임
12	고마데 (코마타)	小股 – こまた	crotch	샅
13	고시 (코시) 2	腰 – こし	stiffness	빳빳함
14	고시우라 (코시우라)		waist band lining	허리안감
15	구찌 (구치)	口	opening	(소매, 바지) 부리
16	나나인치 (나나이치)	七種 –　なないち	shirts button hole	셔츠단추구멍
17	나시	無し	no-sleeve	민소매
18	네무리아나	眠り穴	shirt button hole	장식단추구멍
19	타마부치	玉緣 – たまぶち	bias binding, piping	감싼시접
20	다이바		facing tack	안단 연결 감
21	단작 (탄자쿠)	短册 – たんざく	placket	덧단반트임
22	댕고 (텐쿠)	天狗	fly front	플라이 프론트
23	댕고우라	天狗 うら	fly front lining	플라이프론트안감
24	료마이 (료마에)	兩前 – りょまえ	double breasted jacket	더블재킷
25	마다가미 (마타가미)	股上	body rise	밑위길이

26	마다시다 (마타시타, 인심)	股下 – またした	inseam	바지 밑 아래 솔기
27	바지 밑 아래 솔기	前 – まえ	jacket	재킷
28	마에다대 (마에다테)	前立て – まえたて	placket	덧단 온 트임
29	무까대 (무코우누노)	向こう布	pocket facing, pocket piece	주머니맞은천
30	미까시 (미카에시)	見返し	facing	안단
31	반우라	半裏	patial lining	부분안감
32	비죠 (비죠우)	尾錠 びじょう	tab	탭
33	사이바 (사이바라)	細腹ら – さいばら	side panel	옆길
34	소대 (소데)	袖 – そご	sleeve	소매
35	소대구리 (소데구리)	袖ぐり, そでぐり	arm hole line	소매둘레
36	소대구찌 (소데구치)	袖口 – そでぐち	sleeve hem	소맷부리
37	소대나시 (소데나시)	袖なし,袖無し, そでなし	no-sleeve	민소매
38	소데우라	袖裏 – そでうら	sleeve lining	소매안감
39	수소 (스소)	裾 – すそ	hem	단
40	시다마이 (시다마에)	下前 – したまえ	under front	안자락
41	아대 (아테누노)	當布 – あてぬの	applied patch, reinforcing patch	보강천
42	에리	衿 – えり	collar	칼라
43	에리고시 (에리코시)	衿腰 – えりこし	collar stand	칼라 스탠드분
44	오비	帯 – おび	waist band	허리벨트
45	와끼 (와키)	脇 – わき	side seam	옆솔기
46	와끼포켓 (와키포켓)	脇ポケット	side seam pocket	옆솔기주머니
47	요코에리	横襟 よこえり		가로깃
48	우와마이 (우와마에)	上前 – うわまえ	upper front	겉자락
49	우와에리	上衿 – うわえり	top collar	겉칼라
50	지에리	地衿 – じえり	under collar	안칼라
51	치카라 버튼	力ボタン	back button	밑단추
52	카부라	鏑	turn-up cuffs	바지접단
53	큐큐 (하토메아나)	鳩目穴 – はどめあな	tailored buttonhole, key hole	재킷단추구멍
54	하도매 (하도메)	鳩目 – はとめ	eyelet	아일렛
55	하코 (하코포켓)	箱ポケット,はこポケット	chest pocket, upturned flap pocket	상자주머니
56	후다 (후타)	札, 蓋 – ふた	flap pocket	뚜껑 (주머니)
57	히요꼬	飛(比)翼	fly top	덮단, 숨은 단추집

부자재			
	현장 용어	한자, 일어	영 어	국 어

	현장 용어	한자, 일어	영 어	국 어
58	게싱 (게징)	毛芯 , げじん	wool canvas, hair cloth	모심
59	깡 (깐, 칸)	鐶 – かん	buckle	버클
60	노비도메 테이프	伸び止めテープ	stay tape, keeping tape	늘어남방지테잎
61	다테테이프 (타테테이프)	たてテープ	lengthwise tape	식서 테이프
62	마에깡 (마이캉)	前かん – まえかん	hook & bar	큰걸고리
63	마쿠라지	枕地 – まくらじ	sleeve heading	소매산덧심
64	싱		interfacing	심
65	아나이도 (아나이토)	穴絲 – あないと	button hole thread	단춧구멍실
66	우라 (우라지)	裏(地) – うらじ	lining	안감
67	지누이도			장식스티치사 (굵은견사)
68	카기호크	かぎホック	hook and eye	걸고리
69	혼솔지퍼		conceal zipper, invisible zipper	콘실지퍼

검 품 (원 단)			
	현장 용어	한자, 일어	영 어	국 어

	현장 용어	한자, 일어	영 어	국 어
70	기스 (기즈)	傷 – きず	defect	흠
71	기지	生地 – きじ	fabric	천
72	다데시마 (타테지마)	縱縞	stripe	줄무늬
73	다이마루	台(臺)丸	circular knit	환편물
74	다후타 (타후타)	タフタ	taffeta	태피터
75	덴싱 (덴센)	傳線	ladder	올풀림
76	마키	卷き – まき	roll	두루마리, 롤
77	미미지 (미미)	耳地 – みみ	selvage	식서
78	사까 (사카)	逆 – さか		반대결
79	시마	縞 – しま	stripe	줄무늬
80	시와	しわ	wrinckle	구김
81	쎄무	セーム–	suede	스웨이드
82	오모테	表 – おもてじ	the right side of fabric	(천의) 겉쪽
83	요꼬 (요코)	橫 – よこ	crosswise	위사
84	요꼬시마 (요코시마)	橫縞 – よこしま	crosswise line	가로 줄무늬

검 품 (제 품)			
	현장 용어	한자, 일어	영 어	국 어

	현장 용어	한자, 일어	영 어	국 어
85	스와리	座リ, すねり		놓임새

	현장 용어	한자, 일어	영 어	국 어
86	아다리 (아타리)	あた(當)リ	press mark	다림질자국
87	찐빠 (친빠)	跛 - ちんぱ	difference	짝짝이
88	히까리 (히카리)	光リ - ひかり	shining	번들거림
89	뛴땀 (띔땀)		skipped stitch, floating stitch	

패 턴

	현장 용어	한자, 일어	영 어	국 어
90	가다 (가타)	型	shape	형태
91	가다쿠세 (카타쿠세)	肩癖 - かたくせ		어깨오그림
92	나마꼬 (나마코)	なまこ	hip curve	힙곡자
93	데끼패턴	來き上がリ, パータン	master pattern	완성패턴
94	뒤시리		back crotch length	뒤밑위길이
95	마에사가리	前下がリ		앞처짐
96	상견	上肩	sqaure shoulder	솟은어깨
97	소대야마 (소데야마)	袖山 - そでやま	sleeve cap	소매산
98	소데하바	袖幅 - そではば	sleeve breadth	소매너비
99	스소마와리	裾 回 リ		단둘레
100	쓰리지까이 (쓰리지가이)	摩リ違い		교차수정
101	앞시리		front crotch length	앞밑위길이
102	유토리	ゆとリ	allowance, ease	여유분
103	이세		ease	오그림분
104	킹쿠세 (킨구세)	きんぐせ		샅 줄임

생 산 (스티치 및 심)

	현장 용어	한자, 일어	영 어	국 어
105	가가리 (카가리)	かがりぬい	over handing stitch	감침질
106	가시바리 (카에시바리)	返針 - かえしばリ	fastening stitch	되돌려박기
107	가자리 (카자리) 스티치	飾リ	top stitch	장식스티치
108	간도메 (칸도메)	かんとめ	bar tacking	끝막음박기
109	기리미 (기리지츠케)	切リ仕っけ - きりじつけ	tailored tack	실표뜨기
110	도매 (토메)	止め	fixing	끝맺음박기
111	미쯔마끼 (미쯔마키)	三つ巻き	rolled hem	말아박기
112	세빠	切羽	lapel hole	장식단추구멍
113	수소누이 (스소누이)	裾 縫い, すそぬい		밑단박기
114	시츠케	しつけ	basting	시침질
115	에리가자리	襟飾リ, えりかざリ	collar stitch	칼라상침

번호	현장 용어	한자, 일어	영 어	국 어
116	오또시미싱 (오토시미싱)	落しミシン	crack stitch	숨은상침
117	오바로쿠 (오버록크)	オーバーロック	overlock stitch	오버록
118	와리미싱	割ミシン, わりミシン		쌍줄솔
119	지도리 (가케, 치도리)	千鳥－じどり	catch stitch	새발뜨기
120	하찌사시 (하치사시)		padding stitch	팔자누비
121	호시 (호시누이)	星縫い	prick stitch	한올박음질
122	후세누이	伏 縫い, ふせぬい	mock flat felt seam	

<table>
<tr><td colspan="5" align="center">생 산 (생산 공정)</td></tr>
</table>

번호	현장 용어	한자, 일어	영 어	국 어
123	고다찌 (코다치)	小(個) 裁ち	knife cutting, hand cutting, fine cutting	정밀재단
124	고로시 (코로시)	殺し, ころし	forming, shaping	자리잡음
125	쿠세	癖, くせ		군주름, 턱
126	기레빠시 (키레바시)	切れ端－きればし	scrap, non cuttied fabric	자투리천
127	기리카이 (기리카에, 키리카에)	切替え－きりかえ	cut out (line)	천바꾸기, 절개선
128	기리꼬미 (키리코미)	きりこみ	clipping	가위집
129	나라시	均し－ならし	spreading	연단
130	나오시	直し－なおし	repair	수정
131	나찌 (노치)	ノッチ	notch	가위집, 맞춤표시
132	네지키 (오리야마센)	寝敷き－ねじき (扳り山線)	trousers crease	바지주름선, 바지접힘선
133	노바스 (노바시)	伸ばし, 伸長－のばし	stretch	늘림
134	누이	縫い	stitch	박음질
135	다대 (타테)	縱－たて	lengthwise	식서방향
136	다찌 (타치)	裁ち－たち	cutting	재단, 마름질
137	다찌나오시 (타치나오시)	裁ち直し	recutting－out	재마름질
138	마도매 (마토메)	纏め－まとめ	sewing finishing	봉제마무리
139	삔바리 (핀바리)	ピン針	pin cushion	핀쿠션
140	사시		side quilting	가장자리포개박기
141	사시꼬미 (사시코미)	さしこみ, 差み		끼워넣어 마킹
142	시루시	印－しるし	position marking	위치표시
143	시리누이		seat seam	바지뒤솔기박기
144	시마이	終い, しまい	finishing	끝냄
145	시보리	絞り－しぼり	rib, knit ribbed band	고무뜨기
146	시아게	仕上げ, しあげ	iron finishing	다림질마무리
147	오모데 (오모테)	表－おもて	face	겉
148	우라가에 (우라가에시)	裏返し, うらがえし	turning	뒤집기

	현장 용어	한자, 일어	영 어	국 어
149	쟈고 (쵸크)	ちゃこ	chalk	쵸크
150	죠시 (쵸우시)	調子 - ちょうし	condition	박음상태
151	지나오시, 스폰징	地直し, じなおし	sponging	올바로잡기
152	지노메 (지노메센)	地の目(線), じのめ(せん)	grain line	올방향
153	지누시	じぬし	shrinkage	축임질
154	지누이	地縫い - じぬい	sewing	본봉
155	쿠세도리 (쿠세토리)	癖取り, くせとり	deformation	형태잡기
156	하기 1)	接ぎ, はぎ		이어마름질
157	하미다시	食み出し - はみだし	cord piping	파이핑
158	헤리	緣 , へり	bias binding	바이어스치기
159	호시	乾し - ほし		건조

<table>
<tr><td colspan="5" align="center">생 산 (봉제기기 및 도구)</td></tr>
</table>

	현장 용어	한자, 일어	영 어	국 어
160	가마 (카마)		rotating hook	로터리훅
161	가위루빠 삼봉미싱		cover stitch machine	편평봉 재봉기
162	가자리미싱 (카자리미싱)	飾りミシン, かざりミシン	stitch machine	장식재봉기
163	나라시다이	均し臺 - ならしだい		연단대
164	니혼바리 미싱	二本針飾り縫いミシン	2-needle ornamental stitching machine	쌍침봉 재봉기
165	니혼오바록 미싱		mock safety stitch machine	유사 안전봉 재봉기
166	다이	台, 臺 - だい		작업대
167	데스망 (테츠망)		iron buck	철다림대
168	덴삥 (텐빙)	天枰	take up lever, balance	저울
169	랍빠		folder	폴더보조기
170	루빠		looper	밑실걸이, 루퍼
171	미싱	ミシン	sewing machine	재봉기
172	본봉		lock stitch machine	본봉 재봉기
173	뺑뺑이	鳩目穴かがりミシン	eyelet buttonholing	아일렛 단추구멍기
174	삼봉미싱		cover seaming stitch machine	편평봉 재봉기
175	소매달이 미싱	袖付けポスト型ミシン	post bed sleeve attaching machine	포스트형 소매 달이기
176	스쿠이 미싱	すくいミシン	blind stitch sewing	블라인드 스티치 재봉기
177	시아게다이		iron board	다림질판
178	쌍침	二本針本縫いミシン	2-needle lockstitch machine	쌍침본봉 재봉기

	현장 용어	한자, 일어	영 어	국 어
179	오바록 미싱	オーバーロックミシン	overedge stitch machine	오버록 재봉기
180	우마	馬 – うま	press stand, iron buck	말판
181	웰팅기	自動玉緣作り	automatic welting machine	자동입술 봉합기
182	이도끼리 (이토키리)	絲切り	thread cutting	실절단기
183	이도마끼 (이토마키)		bobbin	북
184	인타록 미싱	インターロックミシン	safety stitch machine	안전봉 재봉기
185	지도리 미싱 (치도리미싱)	本縫い千鳥ミシン	lockstitch zig zag sewing machine	본봉 지그재그 재봉기
186	진다이 (바디)	人台, 人台 – じんだい	dress form, dummy	의류생산용바디
187	체인미싱	二重環縫いミシン	double chain stitch machine	2중 환봉 재봉기
188	칼 본봉	メス付き本縫いミシン	edge trimming sewing machine	칼 본봉 재봉기
189	하기 2)	接ぎ, はぎ		샅바대

생 산(봉제기기 및 도구)

	현장 용어	한자, 일어	영 어	국 어
190	가기바리 (카기바리)	鉤針 – かぎばり	crochet needle, crochet hook	코바늘
191	가타아제	片あぜ	half cardigan	
192	기리가에가라 (키리카에패턴)	切り替え柄	border strip	
193	녹오버캠	ノックオーバーカム	knock-over cam	
194	다떼아미 (다테아미)	經編	warp knitting	
195	단후리	段振り	racking with one bed	
196	가기바리 (카기바리)	鉤針 – かぎばり	crochet needle, crochet hook	코바늘
197	가정기	家庭機	hand knitting machine	가정용편기
198	가타아제	片あぜ	half cardigan	하프카디건
199	기리가에가라 (키리카에패턴)	切り替え柄	border strip	
200	녹오버캠	ノックオーバーカム	knock-over cam	녹오버캠
201	다떼아미 (다테아미)	經編	warp knitting	경편
202	단후리	段振り	racking with one bed	
203	데아미 (테아미)	手編み	hand knitting	수편
204	데아미카바 (테아미카바)	手編みカバー	hand knitting cover	
205	라벤	ラーベン	rahben	라벤
206	라셀아미	ラッセル編み	raschel	라셀
207	레이스편	レース編み	lace stitches	레이스편

208	로 게이지	ローゲージ	low gauge(course gauge)	로 게이지
209	료우아제	兩あぜ	full cardigan	풀카디건
210	루즈속스	ルーズ・ソックス	loose socks	
211	리브	リブ	rib stitches	고무편
212	리브아미속스	リブ編み・ソックス	rib socks	
213	링스가라	リンクス柄	links jacquard	
214	링킹(사시)	リンキング	linking	링킹
215	마루아미	丸編	circular knitting	환편
216	메사시스티치	目刺しステッチ	hand stitch	
217	메쉬가라	メッシュ柄	mesh pattern	메쉬무늬
218	메우쯔시패턴	目移し柄	transfer stitches	
219	밀라노리브	ミラノ・リブ	milano rib	밀라노리브
220	밀라니즈	ミラニーズ	milanese	밀라니즈
221	백호소아미	バック細編み	reverse single crochet	
222	보스가라(보스패턴)	ボス柄	boss pattern	보스패턴
223	소우바리	総針	all needles	
224	스므스	スムース	smooth, double rib	
225	스파이랄가라	スパイラル柄	spiral pattern	나선무늬
226	아란니트	アランニット	aran knit	아란니트
227	아미조직	編み組織	knitting structure	편성구조
228	아미지	編み地	knitting fabric	편포
229	아와세네리(합연)	合わせ撚り	plying twist	합연
230	아이렛편기	アイレット編(機)	eyelet knitting	아이렛편
231	야후리	矢振り	racking with?two bed	
232	양두(링스 앤 링스)	兩頭(リンクス＆リンクス)	links & links	
233	양면아제	兩面あぜ	double full cardigan	더블풀카디건
234	요꼬아미(요코아미)	横編	flat knitting	횡편
235	이도(사)로스꼬미(모찌가가리)	糸ロス込み(持ちかかり)	gross weight	총중량
236	이아미	緯編	weft knitting	위편
237	이중우수(홋도꼬)	二重うす(ひょっとこ)	plated	
238	인테그랄니트	インテダラルニツト	integral knit	인테그랄니트
239	천축	天竺	plain stitches	평편
240	천축 이환	天竺裏目	reverse stitches	
241	천축도찡아이	天竺度違い－	plain stitch with different stitch density	
242	카우친 스웨터	カウチンセーター	cowichan sweater	카우친 스웨터

243	카타부쿠로아미	片袋編み	half milano	하프밀라노
244	컷 앤 소우	カット＆ソー	cut & sew	컷 앤 소우
245	턱	タック	tuck stitches	턱편
246	턱크가라	タック柄	tuck stitches	턱편
247	튜블러니트	チューブラーニット	tubular knit	원형편
248	트리코트아미	トリコット編み	tricot	트리코
249	패셔닝	フフツショニング	fully fashion	성형
250	페어아일	フェア・アイル	fairaile sweater	페어아일스웨터
251	풀가멘트	フル・カーメント	full garment knitting	풀가멘트
252	풀패션아미	フル・アァッション編み	fully fashioned knitting	풀패션편
253	프레서오일	プレッサーホイル	presser wheel	니트용기계
254	플로트	フロート	float	플로트
255	피콧	ピコット	picot	피코
256	하리누끼(하리누키)	針抜き	welt stitches	웰트편
257	하리다떼(하리다테)	針立て	selected rib	
258	하이게이지	ハイゲージ	high gauge (fine gauge)	하이게이지
259	하프트리코트	ハ〜フトリコツト	half tricot	하프트리코
260	호소아미	細編み	single crochet	
261	홀가멘트	ホール・カーメント	whole garment machine	홀가먼트편기
262	후꾸로링킹(후쿠로링킹)	袋リンキング	tubular linking	
263	후라이스	フライス	circular rib	원형리브
264	후리패턴	振り柄	racked rib	
265	히끼소로에(히키소로에)	ひき揃え	plying	
266	히라아미속스	平編み・ソックス	plain knitting socks	평편양말

〈http://sizekorea.ats.go.kr, '의류용어표준화(2005)' 인용〉

참고문헌 

강순희, 《의복의 입체구성(이론과 실기)》, 교문사, 1991

김정숙 · 나미향 공저, 《눈으로 배우는 의류봉제법》, 교학연구사, 1998

김종복, 《Fashion Sewing》, 도서출판 시대, 1992

김표숙, 《초보자를 위한 의류봉제법》, 경춘사 1992

나미향 · 허동진 · 정복희 · 이정순 · 김정숙 공저, 《산업패턴설계 여성복1》, 교학연구사, 2000

박혜숙 · 이명희, 《서양 의복구성》, 수학사, 1985

정흥숙, 《서양 복식문화사》, 교문사, 1995

조규화 편저, 《복식사전》, 경춘사,1995

Connie Anaden-Carwford, 《A Guide to Fashion Sewing》, New York, Fairchild Publication, 1986

Singer 《Tailoring》, Cy Decosse Incorporated, 1993

저자약력

김선희 (E-mail : shkim@kimpo.ac.kr)

이화여자대학교 의류직물학과 졸업
이화여자대학교 대학원 졸업(가정학 석사)
이화여자대학교 대학원 졸업(이학 박사)
이화여대, 동덕여대, 대전대, 배재대, 우석대 등 강사 역임
현재 김포대학교 교수

배주형 (E-mail : jhbae69@hanmail.net)

상명대학교 의상디자인과 졸업
상명대학교 디자인대학원 졸업(미술학 석사)
경희대학교 대학원 졸업(이학 박사)
경희대학교, 동서대학교 겸임교수 역임
상명대학교, 인천대학교 대학원, 가천대학교 등 외래교수 역임
서울종합예술실용학교 교수 역임
(주) 아이시에스, (주) 가비엔터프라이즈, (주) 니사어패럴 근무
화이트드림 대표, (사)한국패션봉제아카데미
현재. API 기획실장, 여주대학교, 한남대학교 외래교수

안현숙 (E-mail : hyunsuk@yeoju.ac.kr)

이화여자대학교 의류직물학과 졸업
이화여자대학교 대학원 의류직물학과 졸업(석사)
성신여자대학교 대학원 의류학과 졸업(박사)
미국 CORNELL UNIVERSITY 연구교수
상명대, 동 대학원, 성신여대, 동 대학원 등 강사 역임
현재 여주대학교 패션코디네이션과 교수

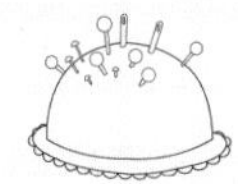

의복 구성

2008년 3월 10일 1판 1쇄
2016년 7월 10일 1판 3쇄

저자 : 김선희 · 배주형 · 안현숙
펴낸이 : 이정일

펴낸곳 : 도서출판 **일진사**
www.iljinsa.com

(우)04317 서울시 용산구 효창원로 64길 6
대표전화 : 704-1616, 팩스 : 715-3536
등록번호 : 제1979-000009호(1979.4.2)

값 18,000원

ISBN : 978-89-429-1017-5